女巫的

日常精油魔法

在日常生活中如何調香、擴香、調配藥方
並使用精油

作者：桑德拉·凱因斯
（Sandra Kynes）

專文推薦

◎可以在本書找依據個人星座、身體症狀調油的方法。個人覺得最有趣的是植物精油在蠟燭與居家風水中的運用方法。蠟燭是女巫施法中重要的工具之一，你可以依據書中的建議點一枝魔法蠟燭來改善居家能量。

——Claudia Studio－女巫的塔羅・芳療／植物系女巫 -Claudia

◎這本書完整揭露植物精油所蘊藏力量，並不保留地分享居家環境、身體照料等配方，從身心靈整合的概念切入，對於大多處於亞健康的現代人，是本值得收藏在家的芳療寶典。

——Judy's Space 香氛覺察創辦人／ Judy

◎在這個人心紛亂、壓力爆表的時代，能尋找到心靈的綠洲是非常重要的。《女巫的日常精油魔法》，就是一本百搭的身心療癒全書，不只有舒緩不適的精油教學，還有星座調油、精油在脈輪上的運用，可說是一本生活、靈性皆適用的芳療好書。想使用精油卻不知從何下手嗎？誠摯推薦此書給您。

—— 心靈芳療師／ Tequila

◎在藥草魔法成為另類顯學的風潮中，終於出現一本實用性高、有憑有據、兼顧靈性和知性的作品。從紮實的芳香療法原理，到精確的魔藥調配指南，看似簡潔易懂，內容卻涵蓋了初學者需要的所有面向，實在令人驚喜不已！

——芳療天后 Gina ／許怡蘭

◎作者 Sandra Kynes 熱愛大自然，涉獵的範圍除了精油、還包含植物、水晶、女神、鳥類、海洋能量、凱爾特樹以及各種儀式。跟著她用有創造力的方式來探索，從星座、脈輪到風水的精油魔法，與東方風水（觀察氣流流動）有異曲同工之妙。透過她的文字、一再告訴我們，與大自然連結、魔法俯拾皆是。Magic is everywhere and explore the magic around you.

——芳療主播、《看植物在說話 居家好運芳療》作者／曾鈺善

推薦序
從心理學的角度來看魔法

　　這不是一本以藥草、生理為基礎的芳療書，而是以傳統薩滿的角度來認識精油。

　　在古代，薩滿文化※是人類原始的宗教，薩滿就是各種原始宗教的通稱，這種文化存在於世界各地不同種族，而人類的神話哲學也因建立於不同薩滿文化而逐漸延伸發展，筆者在心理研究所時，因為姻親族母是台灣原住民卑南族傳統巫師，對此甚感興趣，曾針對薩滿之於身心靈發展作深入的研究，因此為此書寫序，企圖為讀者在參考此書時，能建立對薩滿儀式的「魔法」有一個基本而正確的概念。

　　古代薩滿的療癒元素是結合符號學的心理暗示，而對內在心理起了安定力量，例如咒語祝禱文，星象發展而來的占星學也有結合了符號概念在裡面。

　　在文明發展之初，人類對世界的認知就從觀察大自然而來，當時人們對大自然尚未有宇宙概念僅以空間統稱，這包括了地水火風等基本地球元素，同時因日月交替對星象、四季的變化，人類開始對星星產生好奇，並對此開始進行長期觀察、記錄、研究與思考，隨著文明發展不斷的累積直到後來，結合科學對天體的研究而總結出一定的規律。

　　人們把這些觀察和人文活動等客觀現象進行了聯結，古代人類發現每個季節乃至每個月份、每一天，太陽系中每一顆或大小行星（即太陽、月亮、金、木、水、火、土），都對他產生依角度和距離的不同而有著顯著差異的磁場效應，並查覺到人被日月星象的物換星移中，影響了行為軌跡，因而占星術於焉產生。

　　事實上，不只是人類，包括在的地球上所有的生命，皆因日月交替、季節變化而隨之改變，不同的氣候環境也長成不一樣的性格，也發現植物甚至在肉眼所看不見的空間，也以其相對應的「氣質」而存在著，其實這些就是我們所謂的靈性，以愛因斯坦的相對論來理解，靈氣是一種微物質，在不同生命體裡的這些微物質會因循宇宙的流動脈絡，自然而然地找到相對應的微物質。

　　一直以來，資深芳療師都稱精油就是植物的靈魂，特別是經過高溫、高壓後淬鍊出來的精油，祂們就如一個經歷逆境淬鍊後的「得道高僧」，一個被淬鍊過後的純淨靈魂，在充滿生命挑戰的現今人類，若能藉由找到合適的植物靈魂陪伴，就像每一位薩滿女巫在靈性空間有一位守護神，祂能讓我們深層內在的靈性得以有個穩定的力量支撐著，在走向艱辛的靈性揚升之路時，享有一隅休憩的片刻。

──**島嶼芳療師 Fanna**

※ 薩滿文化具有多跨學科的學術研究價值，是人文學者研究原始文化的重要途徑和標的。薩滿研究需要累積大量的田野調查，並以結合文獻學、考古學資料、民族學、宗教學、符號學、心理學等多學科的研究方法，對薩滿教文化內涵進行了系統的梳理和深入的探討。薩滿文化可分別從信仰概念及哲學發展、自然科學、薩滿預測（預言）、薩滿治病、薩滿藝術、薩滿符號、薩滿神話、舞蹈、音樂等方面多元發展，而現今的哲學、天文學、地理學、命理占星學、傳統醫學、法學、符號學、文學、藝術、心理學等多學科都能有古代薩滿的基礎，並在此基礎上，探討薩滿與諸學科的關係及對民族文化的深遠影響。

目錄 CONTANT

◆ 第四篇 **用精油照護身心靈**

◆ 第五篇 **精油的居家用途**

◆ 第六篇 **女巫的 60 種精油使用指南**

目錄 CONTANT

第七篇 基底油與其他材料

◆ 基底油介紹

前言

　　氣味可以刺激我們、賦予我們靈感並且使我們為之陶醉。由於我們的嗅覺和記憶與情緒息息相關，因此氣味攸關一個地方對我們的影響力。我最鮮明的童年記憶有一部分就是和我奶奶的房子有關。那棟房子裡滿是各種植物和大型的老舊傢具，但我記得最清楚的卻是那裡的氣味。那些氣味來自奶奶用來薰香的乾燥花草、她那寬大的廚房以及屋外的幾座庭園。那真是一座由香氣構築而成的仙境。

　　就像許多人一樣，我因著精油那迷人的香氣而開始對它們產生興趣，並熱切的期盼著有朝一日我能用精油調製出屬於自己的香氛。我天生熱愛學習、研究，總是不停的求取新知，但大多時間都是自行摸索，偶爾才會去上個課或參加工作坊。在嘗試使用精油期間，我發現有些精油混合起來的效果不如預期，於是我便開始搜尋這方面的資料。

　　我找到了許多配方，有一陣子也從中得到了許多樂趣，但我想知道更多有關精油的種種，並了解其中的原理。剛好我對製作「百花香」（potpourri，用來薰香房間的乾燥花瓣及葉子）也有興趣，而且我知道製作過程中往往也會用到精油。於是，當我發現了一個在星期六下午舉行的工作坊時，便毫不猶豫地報名參加了，希望能在那裡學到更多調香的技術。然而，那門課程固然上得很好，但還是無法完全符合我的期待。我感覺自己在精油方面的學習進展得很慢。

　　當時，我很想了解為何有些精油混合在一起效果很好，但有些精油則否，也想知道該如何才能做出正確的抉擇。這一來是因為有些精油要價不菲，二來也是為了要滿足我個人的好奇心。無論做任何事情，我除了想知道做法之外，也想知道這些做法之所以有效或無效，原因究竟何在。

　　儘管如此，我並不想去上那些動輒要好幾百美元的芳療師培訓課程。我只想知道該如何選擇用來調製香氛的精油。所幸我運氣很好，剛好發現一個朋友正在努力研習自然療法，以便通過幾項相關的檢定，而其中一個項目便是芳香療法。更棒的是，她願意和我分享她所學到的知識。雖然如何選擇香氛精油只是她的研究範圍當中的一小部分，但已經足以彌補我在知識上的不足。於是，我便跟著她學習了一段時間。當時，我感覺自己彷彿置身天堂，因為我終於懂得了個中的門道。

　　除了精油之外，我對調製藥草方子也很有興趣，而我在精油方面的研究正好彌補了我在藥草知識上的不足。我之所以會這樣說，其實並不奇怪，因為兩者的歷史原本就密不可分。打從我很小的時候，我的家人在生病、身體不適或受傷的時候通常都會先用從廚房或

奶奶的花園裡找來的藥草治療或急救。儘管市售的成藥最終還是進駐了我們家的醫藥箱，但母親還是經常會用她從小學到的那些草藥方子來為我們治病。因此，我對這些方子自然也非常熟悉。隨著我使用精油的經驗日益豐富，我也逐漸發現那些精油讓我在調製草藥方子時有了更多、更好的選擇。

在繼續下文之前，我必須先聲明我之所以使用精油，為的是滿足自己的需求，而不是要治療他人或販售任何產品。你可能會覺得奇怪：那我為什麼要撰寫這本書呢？事實上，我的目的是要鼓勵人們放心大膽的探索那迷人的精油世界，也希望能提供一些靈感，讓大家能夠發揮創意，調製適合自己的香氛或處方。但儘管如此，我還是希望讀者們在這個過程中能注意自身的安全。

此外，我希望能寫出一本涵蓋面向較廣的書。這書的英文書名當中之所以有「完全」（complete）二字，指的並非書中所討論到的精油種類有多麼豐富完整，而是書中所呈現的全方位視角。我希望讀者們在自行調製精油處方時，除了能了解各種精油的特性之外，也能對基底油和其他重要材料有所認識。書中雖然提供了許多精油處方，但重點是在讓讀者能夠了解這些處方。在書中，我將會針對這些處方進行說明，並逐步引導你挑選適合自己的處方，讓你知道該如何調製並使用這些處方，以及有哪些不同的使用方法，同時，也幫助你充分運用手上的精油。

本書的第一篇會先概述精油的歷史，說明精油是什麼、與其他芳香產品有何不同，並提供與基底油相關的知識。此外，精油雖是天然之物，但效果強大，使用時必須小心，以免誤用。因此，為了安全起見，我們也將會談到使用精油時必須注意的事項。除非有專業醫事人員指導，否則我不建議把精油拿來內服。

在第二篇中，我將針對調香的方法做深入的說明。其中談到了兩個很基本的選擇精油的方法，一個是根據精油的「香調」（perfume note），另一個則是根據「氣味類別」（scent group）。此外，這一篇還包含一個頗具趣味性的章節：如何根據每個人的太陽星座來調製他（她）專屬的生日香水。在介紹每一種精油時，我都會說明它和哪些精油比較搭配。但關於香氣之美，每個人的感受不同。你可以依照我建議的方法和自己的嗅覺來選擇精油，以創造出專屬於你的、獨一無二的複方。

「芳香療法」（aromatherapy）這個名詞在我看來涵蓋面太過狹隘，可能會讓人覺得精油唯一的用途就是拿來薰香。事實上，它們還可以拿來塗抹，以對抗感染、治療肌膚問題、

舒緩肌肉痠痛和關節疼痛等。在本書第三篇中，我將探討精油在草藥醫學中所扮演的角色，詳細說明調製藥方的方法，並列舉各種病症所適用的精油以及最有效的用法。

第四篇的主題是個人的身心靈照護。在這一篇當中，我將說明該如何製作自己專屬的護膚與護髮用品，以及如何用精油來照顧自己的情緒（傳統的芳香療法）並提升靈修的境界。此外，我也將討論一個與個人的身心健康有關的議題：如何用精油來調節脈輪的能量，並探討該如何用精油與蠟燭為我們的生活創造一些魔法。

在第五篇中，我將討論精油的另外一個很實際的用途：清潔居家環境、淨化家中空氣並且杜絕害蟲。我們可以把精油添加在一般的家庭用品（例如醋）當中，以取代市售的化學清潔劑。當然，並非所有精油都適合，但它們都可以用來改善風水。這便是所謂的「芳香風水」（aromatic feng shui）的概念。在第十五章中，我將提供一個很簡單的辦法，讓你能把精油用在中國古老的風水概念中。在第六篇中，我將針對 60 幾種精油做深入的探討。第七篇的內容則是介紹各種基底油以及那些經常被用在家庭製劑中的重要材料，其中包括各種不同的水。書末的目錄中包含了「度量衡換算表」和「精油稀釋比例表」以及最後面的「辭彙表」，藉以讓讀者們能做進一步的探索與學習。

有幾種知名的精油並未被列入本書討論的範圍，其中之一便是花梨木（rosewood，學名為 *Aniba rosaeodora*，別名 bois de rose）精油。花梨木由於遭到濫伐，已經被列入「國際自然保護聯盟」（International Union for Conservation of Nature，簡稱 IUCN）的「瀕危物種紅色名錄」（Red List of Endangered Species）中，而且根據 IUCN 的資料，這個樹種目前並沒有明顯的再生跡象。除了花梨木外，穗甘松（spikenard，學名為 *Nardostachys jatamansi*）也被列入了 IUCN 的紅色名錄，而且是屬於極度瀕危的物種。另外一個便是印度檀香（Indian sandalwood，學名 *Santalum album*）。這種樹木的氣味廣受喜愛，但很不幸的，它也因為被過度濫採而走上了滅絕的道路。目前，檀香木已經被 IUCN 列為「易危物種」（vulnerable species），距離「瀕危」只有一步之遙。所幸，澳洲政府為了確保它能永續生存，已經立法管制澳洲檀香木（*Santalum spicatum*）的採收，使得這個樹種的命運出現了一線生機。

有時，同一種植物身上可以萃取出兩種不同的精油。以歐白芷（angelica）為例，用它的根所萃取出的精油和用種子所萃取的精油並不相同。在必須有所區分的時候，我會在文中註明是「歐白芷根」精油還是「歐白芷籽」精油。如果只寫「歐白芷」，則是同時涵蓋兩種精油。此外，我們也會區分由相近的物種所提煉出的精油。以尤加利為例，當我們指

的是特定的品種時，會特別註明是「藍膠尤加利」（eucalyptus blue）還是「檸檬尤加利」（eucalyptus lemon）。如果只寫「尤加利」，就表示兩種精油都可以用。

我之所以撰寫這本書，是為了幫助你充分運用自己喜愛或手上現有的精油。雖然書中所列的配方會顯示哪些精油可以互相搭配，但重點還是在幫助你自行調配出屬於自己的組合。如果有個配方必須用到某一款精油，而你手上剛好沒有，你可以參考書中的簡易疾病指南或其他說明表，看看有哪些精油可以取而代之。

一個方子要有效，並不一定要用到很多藥材。事實上，千百年來，許多藥草專家都是用所謂的「單方」（也就是只有一種藥草的方子）來治病。因此，剛開始時，你不妨一次只用一種精油，以便對它有所認識，並且看看它是否適合你。

書中所列的配方都只能製作少量的成品，目的是要讓製作過程既快速又方便，並確保成品的新鮮度。現在，就讓我們進入那令人著迷的精油世界，讓我們的生活變得更加豐富吧！

免責聲明

本書所提供的資訊無法取代專業的醫療建議。在沒有醫師或合格的醫療保健人員監督的情況下，不應將精油做為內服之用。若你已經因為某種疾病而就診，請先請教你的醫師再決定是否要使用精油來改善病症。在使用精油處方治療輕症時，若問題遲遲不見改善甚至更加惡化，請和你的醫師連絡。

第一篇
背景資料

在本篇中，我們將簡要地回顧精油的歷史以及人類對精油的喜愛。我們將會談到古代全球各地的諸多文明如何將精油用於醫療與宗教儀式中。我們也將發現：將芳香植物加以蒸餾以製成精油的歷史或許比我們所想像的更加古老。雖然到了20世紀之後，許多藥物與香水都是以化學物質製成，但我們將會談到精油後來如何得以再度翻身。

談完了歷史後，我們會稍稍進入科學的領域，以便了解精油是由哪些成分組成的、植物為何會產生精油以及精油和市面上其他的芳香產品有何不同。我們將會說明提取精油的各種方法以及精油的各種副產品。此外，由於市面上有些芳香產品經常被誤認為是精油，因此我們也將會檢視這些產品的萃取過程。

由於精油通常會和基底油一起使用，因此在這一篇中，我們也會詳細說明各種基底油的提煉方法。當你明白這些方法之後，你可能會對家裡的食用油改觀。此外，我們也會談及我們在購買精油和基底油時經常看到的那些行銷術語以及購買時應該注意的事項。

植物的俗名固然比較容易記住，但也可能會造成混淆。在購買精油時，我們務必要買到正確的品項，因為即使是看起來相近的精油，它們的特性和使用禁忌可能也不盡相同。儘管精油是天然的產品，可以用來取代化學製品，但如果使用不當，還是可能會造成危險與傷害。因此，在這一篇當中，我們會使用通俗易懂的語言揭開精油學名的神祕面紗，讓你能確保自己買到的是對的精油。同時，我們也將說明在使用精油時應該如何保障自己、家人以及寵物的安全。

第一章
精油的歷史

　　精油的歷史得從精油問世之前開始說起。自古以來，人們便喜愛各種芳香油脂，會把芳香植物浸泡在油脂中，然後用來治病或舉行宗教儀式。這種現象在世界各地的文化中都可以看到。古人普遍相信：香氣是物質世界與靈性世界連結的管道。幾乎所有人都會用香水或芳香油脂塗抹身體。這種做法一直延續到今天。在英文中，perfume（香水）這個字源自拉丁文中的 per（即「經由」之意）和 fume（煙霧）[1] 這兩個字。

古人如何使用芳香油脂

　　公元前 16 世紀的「埃伯斯草紙醫典」（Ebers Papyrus）是記錄埃及人如何使用藥草的最古老文獻[2]。書中除了詳細說明各種植物的特性之外，也列出了許多藥草方子以及有關香水和柱香的資料。根據書中的記載，當時埃及的醫師往往具有調香師的技能，因為他們所製造的藥用芳香油脂也可以當成香水使用。除了醫師之外，那些專門負責用芳香油脂塗抹死者屍體以防止其腐爛的技師也會憑著自己的本事調配香料以供人們美化肌膚，避免嚴酷的沙漠氣候對肌膚造成損傷。

　　乳香向來是珍貴的貨物，在當時更被視為「諸神的香水」，除了用在寺廟的儀式中之外，也是香水的基本成分。但由於芳香油脂價格高昂，因此只有上層階級的人士才用得起。他們往往會把這類油脂存放在由雪花石膏、玉石或其他珍貴的材料所製成、既美觀又實用的瓶子裡。在數千年後，當考古學家找到這些瓶子並將它們打開時，其中有些仍然散發著香氣。

　　除了埃及人之外，巴比倫人也有使用芳香植物的習慣。他們後來甚至成為鄰近國家主要的植物原料供應者。當時，雪松、絲柏、香桃木（亦稱桃金孃）和松樹都被視為珍貴的植物。另外，亞述人也頗好此道。他們不僅會把芳香植物用在宗教儀式中，也會用在個人的生活中。

　　《吠陀經》（Vedas）是印度最古老的文獻之一。這些經卷大約撰寫於西元前 1500 年左右，其中除了讚頌大自然的美好之外，還記載了各種芳香植物的資料，包括肉桂、芫荽

籽、沒藥、檀香和穗甘松等。[3]這些資料構成了「阿育吠陀療法」(Ayurvedic medicine，一般相信，這是世界上最古老的療法)的基礎。儘管人們往往以為蒸餾法是 10 世紀的波斯醫師暨哲學家伊本‧西那(Ibn Sina，，980-1037)──亦稱阿維森納(Avicenna)──所發明的，但事實上考古學的資料顯示印度人在西元前 3000 年左右就已經開始以蒸餾法從芳香植物中提煉精油了。[4]

　　傳統的中醫療法始自一本名為《黃帝內經》的典籍。書中也提到了芳香植物的用法。由於古代的腓尼基商人在地中海一帶買賣芳香油脂，遠東地區那些珍貴的芳香植物後來也被引進了歐洲，尤其是希臘與羅馬兩地。

　　其後，希臘人日益喜愛使用香氛，對藥草和芳香油脂的療效也有普遍的認識。但和埃及人不同的一點是：在希臘，使用芳香油脂乃是全民運動，並非上層階級特有的專利。其後的羅馬人也沿襲了希臘人使用植物治病和薰香的風氣，除了用芳香油脂塗抹身體之外，他們還會用芳香植物讓自己的衣服、住宅乃至公共澡堂和噴泉都散發著香氣。

　　羅馬帝國衰亡後，歐洲進入了「黑暗時代」，芳香植物的使用也隨之式微。為了躲避動亂，有辦法的人紛紛遷徙到君士坦丁堡(也就是現今土耳其的伊斯坦堡)，也把各種知識帶到了那裡。因此，這段期間，雖然歐洲文明已經衰頹，但希波克拉底等人的著作卻在中東各地被廣泛譯介與流傳。

中世紀時期

　　這段期間，許多人仍不斷針對芳香植物進行各種實驗，包括我們先前提過的波斯醫師阿維森納。他用玫瑰花提煉出了「花之油」(當時稱為 otto 或 attar)。當歐洲文化逐漸復興時，使用芳香植物的風氣就從中東傳入了西班牙，而且廣為流行。十字軍東征之後，阿拉伯的香料在歐洲各地都十分搶手。到了 13 世紀時，中東和歐洲之間的貿易又再度蓬勃興盛。

　　當時，有位名叫西洛尼穆斯‧布朗希威格(Hieronymus Brunschwig，c. 1450-1512 左右)的德國醫師針對蒸餾技術進行實驗。他說他用這個方法提煉出了杜松、迷迭香和穗花薰衣草的精油，並將蒸餾過程詳細記錄下來，寫成了一本書。當時，他的主要目的是在製造純

---

1. Groom, *The New Perfume Handbook*, 177.

2. Dobelis, ed. *Magic and Medicine of Plants*, 51.

3. Chevallier, *The encyclopedia of Medicinal Plants*, 34.

4. Başer and Buchbauer, eds., Handbook of Essential Oils, 6.

露（aromatic water）。對他來說，精油只是蒸餾過程中的副產品。後來的德國博物學家暨藥草醫師亞當·盧尼澤（Adam Lonicer，1528-1586）則反其道而行。他把主要目標放在精油而非純露之上。經過一連串的實驗，他提煉出了大約 61 種精油，並且一一詳細的說明。逐漸的，這些精油便被納入了草藥醫學的範疇。[5]

到了 16 世紀中葉，歐洲各地人士再度開始重視薰香的藝術。由於精油可以掩蓋身上的體味，於是便日益受到歡迎。就像古代的羅馬人一般，當時的法國人也喜歡把身體、住所和公共噴泉都弄得香噴噴的。歐洲人也開始嘗試將本地的植物（如薰衣草、迷迭香和鼠尾草）提煉成精油。

17 和 18 世紀時，歐洲各地的藥師仍然繼續進行著與精油有關的研究。到了 19 世紀後半，因著安東·拉瓦西耶（Antoine Lavoisier，1743-1794）和讓－巴普提斯特·杜馬（Jean-Baptiste Dumas，1800-1884）這兩位法國化學家的研究，人們開始廣泛使用精油。這段時期，由於化學家已經有能力解析出精油中的各種成分並加以研究，於是他們也開始在實驗室中製造化學合成的精油。

現代

20 世紀初期，由於化學技術的進步，藥草和精油在醫藥上的用途逐漸被化學製品所取代。不僅如此，由於人工合成的香水較為便宜而且容易製造，因此以化學合成的香水和美妝用品受歡迎的程度也逐漸凌駕了天然的藥草和精油。但說來諷刺，精油的用途之所以在 1920 年代再度受到人們重視，卻要歸功於一位名叫雷內·莫里斯·蓋特福斯（René-Maurice Gattefossé，1881-1950）的法國化學家。某天他在實驗室工作時，有一隻手被燙傷了，於是他便隨手抓了身邊的一瓶液體（後來發現是薰衣草精油）來塗抹，沒想到傷口竟然迅速癒合。這個現象引起了他的興趣，於是後來他便全心研究精油，並將他的研究心得命名為「芳香療法」（aromatherapy）。

儘管 20 世紀期間，人們廣泛使用化學物質製造藥品和香水，但環保運動的興起讓人們逐漸意識到人類的健康取決於地球環境的健全。這樣的轉變使得人們開始對草藥、精油以及其他天然療法與相關的學問產生了興趣。隨著大家愈來愈能夠接受這類「替代」療法，我們也逐漸發現把傳統療法與現代醫藥加以結合的做法，能夠集兩者之精華，產生最佳的效益。

---

5. Ibid.

第二章
各式精油萃取法

　　植物之所以會分泌精油，是為了促進生長、吸引昆蟲授粉或對抗真菌或細菌。大多數植物所分泌的精油數量都很少，但那些被通稱為「芳香植物」的植物卻有足夠的精油供我們採收並享用。市面上眾多的精油乃是由植物的各個不同的部位提煉而成。有時，不同的部位所分泌的精油也不相同。以歐白芷為例，它的根部和種子都會分泌精油，但兩種油並不相同。事實上，植物身上可以萃取出精油的部位很多，包括葉、莖、小枝、花朵和花苞、柑橘屬植物的果皮或整顆果實、木材、樹皮、樹脂、油性樹脂、樹膠、根部、地下莖、球莖、種子、果仁和堅果等等。

　　大多數人都知道精油是什麼，但也有很多人誤以為只要是用天然的材料製成的芳香產品就是精油。事實上，真正的精油具有兩個重要的特質：第一，它們可以溶於酒精或油脂，但不溶於水。第二，它們暴露在空氣中時會逐漸揮發。大多數精油都呈液態狀，但有些（例如玫瑰精油）隨著室溫的變化可能會變成半固體狀。

蒸餾與壓榨

　　要分辨何者為精油，何者不是，要看製造商是用什麼樣的方法從植物原料中萃取出油脂。精油（又名「揮發油」）是透過蒸餾與壓榨的方式取得，而一般的「芳香萃取物」（aromatic extract）則是以溶劑萃取而得。兩者並不相同。後者除了含有揮發性成分之外，也含有不會揮發的成分。下面就讓我們來仔細看看這幾種萃取法以及它們所製造出來的產品。

　　要取得精油，最古老也最容易的方法便是「壓榨」。這種方法也被稱為「冷壓」法。對喜歡以橄欖油烹飪的人士而言，「冷壓」這個名詞聽起來可能很熟悉。但如果要萃取精油，冷壓法只適合用在柑橘類的水果上，因為這類水果的果皮內就含有大量的精油。但同樣是柑橘類的水果，有些是以整顆果實來壓榨，有些則只取果皮的部分。壓榨完成後必須再以離心機處理，讓揮發油與其他原料分離。這種方法很簡單，只需要用到機器，無須加熱，也不必使用化學製品。然而，如果植物並非有機栽種，它的果實就有可能會被噴灑殺蟲劑，而這些殺蟲劑可能會有少量殘存於精油中。

另外一個萃取精油的方法是「蒸餾法」。這種方法用的是水或蒸氣。在蒸餾的過程中，植物中的揮發性物質和可溶性物質會被分離出來，剩下的便是精油。有時，萃取出來的精油還會經過二次蒸餾，使其更加純化，並去除第一次蒸餾後殘存的可溶性物質。

在使用蒸氣蒸餾時，蒸氣是從植物原料的下方被灌入蒸餾槽。這些蒸氣所產生的熱氣與壓力會使植物原料分解，並釋放出揮發油。這些油蒸發後會隨著蒸氣通過蒸餾器，進入一個冷凝器，並在那裡逐漸冷卻。在這個過程中，油和水會逐漸還原成液體狀。這時，揮發油會因為本身密度的關係，浮在水面上或沉到水底。但無論是浮是沉，它都能輕易地被分離出來。不同的植物和部位所需要的蒸餾時間和溫度都不太相同。

另一種蒸餾法就是所謂的「擴散滲透法」（hydrodiffusion），只不過在使用這種方法時，蒸氣是由植物原料的上方（而非下方）進入蒸餾槽。此法的好處是：它所需要的蒸氣比較少，時間通常也比較短。有些香水業者認為：相較於標準的蒸氣蒸餾法，用擴散滲透法所萃取出來的精油香氣比較濃郁。

當蒸餾過程中用的是水而非蒸氣時，植物原料會被完全浸泡在熱水中。這種方法所需要的壓力比蒸氣蒸餾法小，溫度也稍微低一些，但已經足以使某些植物（例如快樂鼠尾草和薰衣草）分解。另外，有些對高溫很敏感的植物（例如橙花）也比較適合這種方法。

在蒸餾過程中，當精油從水中被分離出去後，剩下的水便是一種氣味芬芳的副產品，名為「純露」（hydrosol）。過去，它們往往被稱為「花水」（floral waters 或 rosewater），其中含有芳香植物的水溶性分子。在英文中，hydrosol 也被稱為 hydroflorates 或 hydrolats。後者源自拉丁文中的 latte（即愛喝咖啡的人士都很熟悉的「拿鐵」）一字，意思就是「牛奶」。之所以會有此稱呼，是因為純露剛剛和精油分離時看起來頗為混濁，色澤頗似牛乳。儘管它們的化學成分與同種植物所提煉出的精油不同，但香氣卻相近。只不過，純露是水性的物質，和油難以融合。此外，純露的製作環境和那些可以服用的產品不同，因此不應被用於花精療法（flower essence remedy）中。

「花精」（flower essence）這個名詞可能會造成一些誤解，因為這類產品既無香氣，也非精油。它們只是把花朵泡在水裡，然後再和 50% 的白蘭地溶液混合所形成的產品。白蘭地可以充當防腐劑，以免花精變質，但純露卻有可能會產生腐敗現象。

在使用蒸氣或水蒸餾的過程中所產生的熱氣可能會導致植物原料和其精油發生變化。這有時是一件好事，但有時則否。舉例來說，德國洋甘菊中的化學成分母菊素 (matricin) 在高溫之下會轉化成母菊天藍烴 (chamazulene)，使得德國洋甘菊的精油變成藍色。就療效而言，這是一件好事，因為母菊天藍烴的存在使得德國洋甘菊精油具有消炎作用。相反的，

茉莉花則不適合用這種處理法，因為它的花瓣太過嬌嫩，在溫度過高或有水氣的環境下，它們的揮發油將會被破壞殆盡。

其他萃取法

為了避免高溫和水對某些植物造成不良的影響，業者會用溶劑來萃取精油。其方法是用丁烷、己烷、乙醇、甲醇或石油醚把植物原料中的揮發油漂洗出來，最後得出一種半固體的蠟狀成品，名為「凝香體」（concrete），其中除了揮發油之外，還含有該植物的蠟質與脂肪酸。就茉莉花而言，它的凝香體是由 50% 的蠟質與 50% 的揮發油所組成。凝香體的優點是它比精油更穩定也更濃縮。

得出凝香體後，再用酒精或乙醇加以漂洗（有時還會經過冷凍處理），就可以去除其中所含的溶劑與蠟質，得到一種名為「原精」（absolute）的物質。原精通常是黏稠的液態狀，但也可能呈固體或半固體狀，是一種高度濃縮的物質，香氣也比精油更加強烈、濃郁，也更像植物本身的氣味。對於香水製造業者來說，這是一大優點。溶劑萃取法能夠提煉出的精油比蒸餾法更多，通常比較適合用來處理那些含油量較低的植物。有時業者也會將原精和凝香體加以蒸餾，以提取精油。不過，原精、凝香體和由這兩者所蒸餾出的精油都有一個根本性的問題：它們都含有微量的化學物質（用來將精油與植物原料分離的那些化學物質），不夠純淨。

為了避免這個問題，有人研發出了一種「二氧化碳萃取法」（CO_2 extraction）。此法有時也被稱為「超臨界二氧化碳萃取法」（super-critical CO2 extraction）。這種方法是用高壓的液態二氧化碳溶解植物原料，使其釋放出精油，然後再把壓力降低，讓二氧化碳還原到氣體狀態。這時剩下來的便是精油。用這種方法萃取的精油據說不含任何化學殘留物，但就像那些用溶劑萃取出來的精油一樣，它們還是含有植物的脂肪、蠟質和樹脂。

用「二氧化碳萃取法」提煉出的產品分成兩種。一個是在比較低的壓力下製造出來的，被稱為「精選萃取物」（select extract，簡稱 SE）。此物呈液態狀，所含的植物脂肪、蠟質或樹脂較少。另一種則是「完全萃取物」（total extract）。它比「精選萃取物」更加濃稠，且含有較多的非可溶性植物原料。根據芳療作者暨訓練師英格麗・馬丁（Ingrid Martin）的說法，在實驗室進行的測試顯示：真正的精油和用二氧化碳萃取出來的產品，兩者的「化學成分顯著不同」。[6]

---

6. Martin, *Aromatherapy for Massage Practitioners*, 13.

另一種用標準的溶劑萃取法提煉出來的物質被稱為「香膏」（resinoid）。此物來自植物中的樹脂狀物質，包括樹脂、香脂、油性樹脂和油膠樹脂（有關這些物質的資料請參見書末的辭彙表。）有些香膏是呈黏稠的液態狀，有些則是呈固體或半固體狀。如果再用酒精來萃取這些香膏，就可以得出一種名為「樹脂原精」（resin absolute）的產物。

另外一種萃取法名為「脂吸法」（enfleurage），但這種方法極其耗時、費工，以致成本高昂，因此現在已經很少用了。這種方法是用來從那些昂貴的花朵（例如茉莉）中萃取出原精，但在過程中並不使用化學溶劑，而是用動物的脂肪組織（例如牛油、羊油或豬油）。其方法是在一個有框的玻璃板上鋪上一層脂肪，然後再放入一層花瓣，接著再在這層花朵上放一塊玻璃板，而後再在上面鋪一層脂肪，接著再放入一層花瓣。如此這般，層層相疊。

這整疊玻璃板必須每天拆解一次，把裡面的花瓣一一挑揀出來，並在原來的脂肪中放入一層層新的花瓣，然後再把這些玻璃板重新堆疊起來，直到有一天那些脂肪都吸滿了揮發油為止。這個過程所需的時間視花朵的種類而定。茉莉需要大約 70 天。到了最後一天，花朵都被取出來之後，業者便會用酒精漂洗這些脂肪，把其中的揮發油分離出來。在酒精都揮發淨盡之後，剩下來的便是原精。有時，用這種方法製成的原精也被稱為「脂吸原精」（enfeurage）。

還有另外一種產品叫做「浸泡油」（infused oil）。其做法是把植物原料浸泡在植物油當中，讓油充滿植物的芳香與化學成分，做法簡單而且成本很低。這種油雖然有一些藥效，也很適合用來烹調，但其中所含的精油成分很低。（有關「浸泡油」的詳細資料，請參見第七篇。）這種浸泡法也被稱為「浸漬法」（maceration），是古代的埃及人所用的方法，歷史非常悠久。浸泡油在醫藥和烹飪上有其價值，但要記住它並不是精油，因此不應該被當成精油來出售或使用。

小心陷阱

在購買精油時要注意幾個事項。首先，不要買到合成的精油。這類精油雖然成本較低，但品質也較劣，因為它們都是用化學方法製造的，而且用的通常都是石油的副產品而非植物原料。這種油聞起來可能很像真正的精油，但並沒有精油的療效。其次，不要買到用基底油稀釋過的精油。有一個很簡單的方法可以測試你買到的是不是這種油：把它滴在紙上，等到它揮發之後，觀察紙上是否殘留任何痕跡。如果紙上有油漬，那就表示其中混有基底油。

　　另外，在購買精油時，要注意價格。如果一家公司所販售的精油價格都差不多，這通常表示它們有攙雜別的油，否則便是人工合成的精油。這是因為有些植物的價格較高，而這自然會反映在精油的售價上，所以不可能每種精油的價格都差不多。此外，精油的包裝上如果標示著「等同天然」（nature-identical）的字樣，那通常就表示它是化學合成或摻有其他油脂的產品。在我看來，「天然」就是天然，沒有「等同天然」這回事。最後，要注意的是：精油是來自植物而非動物的產品。因此，麝香、麝貓香以及其他取自動物或鳥類的油都不應該被歸類為精油。

　　既然我們已經了解了有關精油的種種，接下來就讓我們來探討基底油是如何製造出來的。

第三章
基底油

之所以要使用基底油（carrier oil），是因為：我們如果直接把精油塗抹在肌膚上可能會造成疼痛、發炎的現象或其他問題。在英文中，基底油又被稱為 base oil（基礎油）或 fixed oil（非揮性油），因為它們可以做為精油的基料，而且它們即使暴露在空氣中，也不會像精油那般揮發。而精油具有高度的親脂性，很容易被油脂和蠟質所吸收。「脂吸法」之所以會把花瓣放在豬油、牛油或羊油裡面，藉以萃取精油，就是基於這個原理。

由於基底油是從植物的脂肪部位提煉出來的，因此它們很容易就能吸收精油，並達到分散並稀釋精油的作用。大多數基底油都是由植物的種子、果仁或堅果製成。有些則是來自植物的果實，例如酪梨和橄欖等。對堅果過敏的人應該避免使用以堅果製成的基底油。

儘管有人建議用超市買來的合格植物油當基底油，但這種做法其實並不妥當，個中原因我們稍後將會加以探討。同樣的，礦物油或嬰兒油也不適合當成基底油，因為它們都是由石油產品製成的。

由於基底油是用植物的脂肪提煉的，因此如果儲存不當可能會產生油耗味。就像精油一樣，它們應該被存放在密閉的深色瓶子裡，遠離陽光與人工照明的光線。把基底油放在冰箱裡，能讓它們保持新鮮並延長使用期限。不過，就像冰箱裡的其他食材一樣，它們到頭來還是有可能會變質，因此如果油品看起來或聞起來已經不太對勁了，還是把它扔掉吧。

大多數基底油的氣味都很清淡，聞起來可能甜甜的，或者有堅果、青草或香料的氣息，但並不像芳香油那麼強烈，通常也不會干擾香薰複方的氣味。有時候你可能會發現基底油的香氣可以提升香薰複方的氣味。建議你在購買基底油時每種只買少量，然後試試看哪一種最適合你所調配出來的方子。

基底油的煉製方法

讀到這裡，你心裡可能會想：超市所販售的合格植物油並沒有味道呀。這是因為業者使用了化學溶劑將它們脫色、除味並殺菌。這樣的做法固然可以延長保存期限，但也意味著我們會把化學物質吃進肚子裡或塗抹在肌膚上。

　　無論你要買的是基底油還是烹飪油，最好選擇未經精煉的油品。如果可能，就盡量購買有機的產品。市售的精煉油都是廠商為了降低製造成本，以化學溶劑製造的。其中有些甚至是以經過基因改造的植物為原料。

　　精煉過的食品級油脂都經過去味、脫色的程序，使它們聞起來沒有味道，看起來也幾乎沒有顏色（不知道為什麼，人們一直認為這是一件好事）。有些植物原料在被送去榨油之前往往已經在倉庫裡存放了一年以上。當它們終於被運出倉庫後，會先經過一道用化學藥劑洗滌的程序，以去除在儲存期間可能長出的黴菌。

　　接著，業者會以溶劑進行萃取，把固體的植物原料中所含的油脂分離出來，接著再進行蒸餾，以去除清洗時所用的化學物質。經過這些手續之後所得出的黏稠液體叫做「原油」（crude oil）。這些原油又會再經過一道過濾的手續。你可能會以為所謂的「過濾」，是用類似咖啡濾網那樣的器具來去除雜質，但事實上，他們的做法是把油加熱，並加入氫氧化鈉（又名「鹼液」）或碳酸鈉（一種含有碳酸的鈉鹽）來加以中和。但到了這個階段，製作過程尚未結束。之後，業者還會使用漂白土（矽酸鋁）或一種黏土來脫色，以便盡量淡化油色。這些土壤的顆粒都非常細小，很能吸附雜質和汙物，也可以去除那些使油脂看起來有顏色的分子。

　　這樣的過程不斷反覆。在油裡加了某種東西之後，接下來就要設法去除那些東西。因此，加了漂白土之後，就得把油脂再過濾一次，以去除裡面的土，然後再把油放在高溫的真空蒸氣設備裡除臭。這時，油品中的養分已經所剩無幾。最後一道手續叫做「冬化」（wintering）。其作用是使油品在低溫下不致變得混濁。未經精練的油脂放進冰箱後，看起來可能會有些混濁，但它們的化學成分、營養價值或療效並不會因此而有所改變。就我個人而言，我寧可選用那些會變得混濁而且比較不耐放的油品。

行銷術語

　　市面上有些基底油會標示著「部分精煉」（partially refined）的字樣。這表示它們曾經過上文所描述的幾個加工步驟。其中通常包括漂白、去味和冬化，但也可能還經過其他一些手續。「部分精煉」的目的是要讓那些保存期限較短的油品變得比較安定，或是中和那些色澤較深或氣味較濃的油品。

　　在購買油品時，你可能還會看到其他一些術語，其中包括「純淨」（pure）這個字。這表示該油品並未摻雜任何其他油品。標籤上若有「天然」（natural）這個字樣，就表示該油品並

未以人工合成的油品稀釋，至於「有機」（organic）一詞，則表示用來榨油的植物是依照一定的標準種植的。

　　未經精煉的油品上可能會標著「冷壓」（cold pressed）的字樣。這表示它並未經過高溫處理。我們在前一章中已經提過，所謂「冷壓」是以機械榨取油脂，並未以高溫處理。儘管在壓榨的過程中難免還是會產生一些熱氣，但通常都不會超過 60-80°F（約 15-26℃）。還有一種類似的方法稱為「機榨」（expeller pressed）法，是用水壓機來壓榨。這種方法雖然也沒有使用外來的熱源，但壓榨過程中因摩擦的緣故可能會使油品的溫度上升至 200°F（約93℃）。用水壓機榨油成本較低，可以降低油品的售價，而且根據我的研究，這種方法所產生的熱氣並不致對油品造成損害。

　　在使用水壓機榨油時，通常都會把植物原料多榨幾次，以便儘可能把油脂榨出來。第一次榨出的油被稱為「初榨油」。在最後一道壓榨手續後，業者會依次用棉布和紙濾網過濾油脂，以便去除其中所殘存的植物原料。之後，榨出的油脂就可以裝瓶了。

　　在下一章中，我們將說明植物的學名有何重要性，以及在選購和使用精油時應該注意哪些事項，才能保障我們自身的安全。

第四章
學名的重要性與精油使用禁忌

　　植物的俗名固然好記，但也可能會造成混淆，因為同一種植物可能有好幾個俗名，也可能兩種不同的植物名稱卻相同。舉個例子，烹調用的月桂（bay，學名為 *Laurus nobilis*）其俗名就和「西印度月桂」（West Indian bay，學名為 *Pimenta racemosa*）相同。市面上以這兩種植物做成的精油，有時都被叫做月桂精油，但問題是：這兩種精油的藥效不同，使用禁忌也不一樣。因此，在購買精油的時候，務必要注意該植物的學名（包括屬和種），以免買錯精油。

　　「屬」和「種」都是瑞典博物學家林奈（Carl Linnaeus，1707-1778）所創建的一套複雜的命名系統的一部分。後來的《國際植物命名法規》（International Code of Botanical Nomenclature）就是根據這套系統制定的。到了 2011 年時，這套法規又被更名為《國際藻類、真菌、植物命名法規》（International Code of Nomenclature for algae, fungi, and plants）。不過，即使一種植物有了學名，如果其後科學家們對它有了新的認識，它的名字也會隨之改變，以便反映新的資訊。

　　不過，植物雖然有了新的名字，但由於舊名有助辨識，因此並不會完全被捨棄。這是為什麼同一種植物會有幾個學名（同物異名）的原因之一。以甜馬鬱蘭（marjora）為例，它的學名欄通常會寫著：「*Origanum majorana*, syn. *Majorana hortensis*」*。造成同物異名現象的另一個原因則是學界的看法分歧，有些時候則是科學家們之間的面子之爭。

　　大多數學名都是拉丁文。這是因為在林奈那個年代，從事科學研究的人士多半使用拉丁文。學名的第一個字指的是該植物的屬名。它通常是一個專有名詞，而且第一個字母永遠要大寫。第二個字則是種名，是形容詞，通常用來描述該植物的某種特性。舉例來說，芫荽籽（coriander）的屬名 *Coriandrum* 就是該植物的拉丁名，是源自希臘文中的 koriannon 這個字。種名 *sativum* 也是拉丁文，意思是「非野生的」（cultivated）[7]。偶爾，你可能也會看到第三個字，前面有 var. 的字樣。這表示該植物是一個變種。以佛手柑（bergamot）為例，它的學名就是 *Citrus bergamia* syn. *C.aurantium* var. *bergamia*。

---

7. Cumo, ed., *Encyclopedia of Cultivated Plants*, 436.
* 譯註：這裡的 syn. 是 synonym 的縮寫，表示植物的另外一個學名

此外，你可能也會看到一個學名裡面有個乘號（×）。這表示該植物是兩種植物雜交所形成的品種。舉個例子，胡椒薄荷學名為 *Mentha × piperita*，因為它是綠薄荷（*Mentha spicata*）和水薄荷（*Mentha aquatica*）自然雜交所形成的品種。有時，學名後會跟著一個字母或縮寫，以表明該植物的命名者。例如 F. Muell 就是德裔澳洲籍的植物學家費迪南德·馮穆勒（Ferdinand von Mueller，1825-1896）的縮寫。學名末尾如果有字母 L.，則表示這個名字是由林奈取的。

我們雖然不需要記住植物的學名，但在選購精油時，不妨將它記在紙片上隨身攜帶。正如我先前所說，買到對的精油是很重要的，因為即使是相似的精油可能也會有不同的特性以及使用禁忌。

安全第一

我撰寫本書的目的是要鼓勵其他人大膽探索精油，並從中得到樂趣與益處。然而，使用精油時必須要有相關的知識與常識。儘管精油是天然的產品，但使用時還是必須注意安全。

精油就像植物一樣，如果使用不當，可能會造成危險與傷害，因此務必要將它存放在兒童拿不到的地方。孕婦、授乳中的婦女以及病人在使用時都應該閱讀相關的注意事項，並加以遵守。一般來說，如果手指上沾到了精油，應該避免揉眼睛或碰觸隱形眼鏡，因為有些精油可能會讓你的眼睛疼痛、發炎，並損害你的隱形眼鏡。如果精油進入了眼睛，你可以用冷牛奶沖洗。這是因為牛奶中富含脂質，其作用就像基底油一樣，可以稀釋精油。由於精油不溶於水，因此千萬不要用水沖洗，否則不但不能把精油沖掉，反而會讓它擴散到別的地方。除此之外，也要避免讓精油汽化後所形成的煙霧進入你的眼睛，因為這些煙霧可能也會讓你的眼睛感到不舒服。

如果沒有事先請教醫師或專業的醫事人員，精油不應該拿來內服。如果你使用局部塗抹的方式治療輕症，但問題卻遲遲沒有改善甚至還更加惡化，你就必須去看醫生。

我先前已經提過，精油必須經過稀釋才能塗抹在身體上，唯一的例外是薰衣草。檀香和伊蘭伊蘭雖然也很溫和而且經常被用來製成香水，但在使用前還是務必要先做貼布試驗並且閱讀使用禁忌。

做貼布試驗時，要先滴 2-3 滴精油在你的手腕上，然後貼上 OK 繃（不用貼太緊）。過 2-3 個小時之後，再把 OK 繃拿下來，看看手腕上的皮膚有沒有發紅或疼痛、發炎的現象。如果有，就用冷牛奶沖洗。你可以找個時間拿用基底油稀釋過的精油再測試一次，也可以

在另一隻手腕上做。如果你的肌膚比較敏感，最好每次都先用稀釋過的精油測試一下。

　　儘管凡事都有例外，而且每一個人對同一種油的反應可能都不盡相同，但在使用精油時還是小心為上。使用前要閱讀製造包裝或瓶身上的標示。如果不確定是否安全，就不要用。有癲癇或其他抽搐、痙攣症狀的人士以及高血壓患者在使用前應該先請教醫生。把精油用在兒童身上時，最好也先諮詢一下你的小兒科醫師。一般來說，把精油用在兒童和高齡者身上時以少量為宜。下表是本書所涵蓋的各種精油在使用時應該注意的事項以及使用禁忌。詳細資訊請參閱第六篇中各種精油的介紹。

表格 4.1 精油的安全指南

兒童	以下幾種精油該避免用在兒童身上，尤其是六歲以下的孩童：大茴香籽、黑胡椒、白千層、小荳蔻、香茅、藍膠尤加利、茴香、天竺葵、檸檬草、胡椒薄荷（12歲以下不適用）、松樹、羅文莎葉和迷迭香
皮膚疼痛、發炎	以下精油可能會造成肌膚疼痛、發炎的現象，尤其是在濃度很高時：大茴香籽、羅勒、月桂、黑胡椒、白千層、葛縷子籽、雪松、洋甘菊、肉桂葉、香茅、丁香、欖香脂、尤加利、冷杉、生薑、葡萄柚、永久花、杜松漿果、檸檬、香蜂草、檸檬草、甜橘、胡椒薄荷、松樹、羅文莎葉、綠薄荷、迷迭香和檀香
癲癇或抽搐經攣症狀	有此類症狀者應該避免使用的精油：茴香、牛膝草、迷迭香
高血壓	高血壓患者應該避免使用的精油：牛膝草、胡椒薄荷、松樹、迷迭香、百里香

順勢療法	在接受順勢療法的治療期間不應使用的精油：黑胡椒、尤加利、胡椒薄荷、綠薄荷
藥物	在服用某些藥物時要避免使用的精油：月桂、快樂鼠尾草、葡萄柚、薰衣草
低劑量使用	使用以下精油時劑量宜低：大茴香籽、羅勒、月桂、黑胡椒、肉桂葉、丁香、芫荽籽、尤加利、茴香、牛膝草、杜松漿果、甜馬鬱蘭、胡椒薄荷、鼠尾草、伊蘭伊蘭
光敏性	塗抹以下精油後如果在12-18小時內暴露在陽光或紫外線之下，皮膚可能會起疹子或變黑：歐白芷（根）、佛手柑、生薑、葡萄柚、檸檬、萊姆、柑橘、甜橙
孕婦	懷孕期間應該避免使用的精油：歐白芷、大茴香籽、羅勒、月桂、黑胡椒、野胡蘿蔔籽、大西洋雪松、肉桂葉、香茅、快樂鼠尾草、丁香、芫荽籽、絲柏、茴香、乳香、天竺葵、牛膝草、杜松漿果、檸檬草、甜馬鬱蘭、沒藥、胡椒薄荷、松樹、羅文莎葉、玫瑰、迷迭香、鼠尾草、百里香 可能會導致流產的精油：維吉尼亞雪松
致敏性	以下精油可能會導致皮膚過敏：月桂、茴香、天竺葵、生薑、牛膝草、檸檬、香蜂草、玫瑰草、綠薄荷和茶樹

精油與寵物

　　我們自己在使用精油時固然要小心謹慎，但是當我們把精油用在寵物身上時更要注意，因為牠們無法表達自己的感受。儘管有些精油可以用來為狗兒洗澡或者讓焦躁的狗兒

變得比較平靜、放鬆，但你要把精油用在你家的狗兒身上之前還是要先請教你的獸醫。正如同成人和小孩所適用的稀釋比例不同，狗兒所適用的稀釋比例也會隨著牠們的體型大小、是成犬抑或幼犬而有所不同。狗兒的年紀和身體狀況也應該被納入考量。此外，並非所有對人類來說安全無虞的精油都可以用在狗兒身上。關於這個問題，本書受限於篇幅，無法做深入的探討，但我呼籲讀者們在把精油用在寵物身上之前一定要做相關的研究。

當你在身上塗抹精油後，一定要等到這些精油被你的皮膚充分吸收之後才能碰觸你的寵物。如果你養的是貓或其他小型動物，更要特別注意這一點。貓對氣味非常敏感，因此當你在家裡使用精油時要格外小心，因為那些精油對你的貓來說可能有毒。在使用擴香儀或霧化器時，一定要確保你的貓能夠輕易走避到另一個房間。如果你用精油來清掃家中環境，一定要避開貓砂盆或飼料碗所在的區域。用精油清過的地方一定要充分洗淨或用吸塵器吸乾淨。絕對不要把精油塗抹在貓身上，因為牠們在舔毛的時候會把那些精油一起吃進去。

除此之外，如果你家裡有倉鼠、天竺鼠或兔子等小型寵物，你在使用精油時也要小心。不要在有魚或鳥的房間裡使用擴香儀。正如同我先前所言，你要先請教你的獸醫，並且在網路上做一些研究，才能在你的寵物身上使用精油。事實上，只要稍費心思，你就能夠在享受精油的同時確保家中寵物的安全。

精油的保存期限

購買精油後，要將它們儲存在陰涼、乾燥的地方，不要放在浴室或廚房裡，因為這兩個地方的溼氣和溫度上的變化可能會影響精油的品質。有些專家建議把精油放在冰箱裡，尤其是當你住在氣溫較高的地帶時。在把精油放進冰箱之前，最好先用塑膠袋或保鮮盒把它們包起來，以避免影響冰箱裡的食物的味道。

儲存精油時一定要小心，因為如果讓精油暴露在高溫、陽光、溼氣或空氣中，它們的品質將會劣化，香氣會變淡，療效也會降低。此外，精油一旦氧化，其中的化學成分也會改變，而這可能會造成一些危險。要判定精油是否已經變質，可以觀察它的質地是否變得比較混濁、黏稠，或者它的氣味是否已經出現了變化。不過，由於精油放在冰箱裡時往往會變得稍微濃稠一些，而且柑橘類的精油在氣溫較低時也會變得有點混濁。因此，要判斷精油是否已經變質，最好還是看它的氣味是否已經改變。有些精油瓶子在瓶口裝有漸縮管（reducer），有助防止多餘的空氣進入瓶中，並且讓質地較稀的精油比較容易倒出來。此外，你不妨把買來的精油分裝在較小的瓶子裡使用，以減少儲存期間它們在瓶中所接觸到的空氣。

表格4.2精油保存期限一覽表

9–12個月	9–18個月	2–3年	4–6年
歐白芷、絲柏、冷杉、松樹、大多數由柑橘類植物（佛手柑除外）的果皮所萃取的精油、葡萄柚、檸檬、萊姆、柑橘、甜橙	白千層、乳香、檸檬草、綠花白千層、茶樹	大多數精油，包括佛手柑、維吉尼亞雪松 保存期限更長一些的精油：黑胡椒、野胡蘿蔔籽、肉桂葉、丁香、尤加利、永久花、薰衣草、胡椒薄荷、羅文莎葉	大西洋雪松、沒藥、廣藿香、檀香、岩蘭草

　　由於影響精油保存期限的變數很多（包括精油本身的品質以及製造、包裝、運送的方式等），因此我們很難訂出一個明確的期限。上表所列只是概略的參考值。

　　在第二篇中，我們將學到如何選擇並調配精油，以打造你個人專屬的氣味，用來當成香水，或為你的護膚、護髮產品增添香氣。

第二篇

依香調、星座調配精油

在本篇中，我們將說明兩個選擇香氛精油的基本方法。其中一種是根據精油的「香調」（perfume note）來決定。這種方法源自19世紀時將香氣視為音符的概念，一直廣受歡迎。當然，根據音階將氣味分類的做法不但複雜，也很麻煩。但把它簡化成三個調子，就變得比較簡單而且容易操作了。在這一篇中，我們將檢視這三個「調」各自代表什麼意涵。不過，並非所有精油都能被歸類於這三個範疇當中的一個，因此在這一篇中，我們也將說明介於這三個「調」當中的幾個調。

除了「香調」之外，還有一種選擇精油的方法，那便是根據它的氣味類別（scent group），又稱「香氣類別」（fragrance group）或「香味家族」（fragrance family）。把香氣分類的方法有許多種，有些比較複雜，有些則較為簡單。在這一篇中，我們將檢視幾種將香氣分類的有趣方法。本篇會詳細描述一套簡單的方法，將氣味分成六大類，並提供三種選擇精油的方法。但由於氣味是很主觀的東西，因此所有的選擇方法只是提供我們一個起始點，讓我們得以做進一步的探索。最終我們還是要依賴自己的鼻子。

除了以上這兩種選擇香氣的基本方法之外，我也介紹了一種既特別又有趣的生日調香法，就是根據你的星座來挑選精油。這種方法是比照「生日石」（birthstone）的概念，找出各種植物和精油與星座的關連性。我們可以用這種方法為自己調配特殊的複方精油，並為別人製作專屬於他們的禮物。

本篇最後一章將會逐步說明調配複方精油的步驟，並教你製作液態和固態的香氛。當然，你也可以用你個人專屬的香氛複方來製作泡泡浴球、沐浴蒸氣香球（shower melts）和其他美容用品。關於這個部分，我們將在本書的後面幾篇中詳細加以說明。

第五章
根據香調選擇精油

要調配香氛精油時,最常用的方法之一就是根據精油的香調。這個概念始自英國的一位分析化學家暨調香師塞普蒂姆斯·皮埃斯(G.W. Septimus Piesse,1820-1882)。他發明了一種方法,將香氣比照音階中的音符加以分類。他在他的著作《香水的藝術》(The Art of Perfumery)一書中指出,他之所以發明這種方法是因為他認為在人的大腦中,聲音和氣味彼此之間有著連結。根據皮埃斯的說法,用不同的音符來代表不同的香氣可以讓調香師調製出和諧的香氣。舉例來說,你可以根據 C 和絃,把檀香、天竺葵、金合歡、橙花和樟腦精油調在一起。有人認為發明這套系統的其實是皮埃斯的兒子查爾斯,因為身為《香水的藝術》一書的編輯,他在他父親死後就把後者的名字從後來印行的版本中拿掉了。

三個調子的音階

皮埃斯的系統由於過於複雜,因此並未被廣泛應用,直到威廉·亞瑟·普徹爾(William Arthur Poucher,1891-1988)將它簡化為三個「調」為止。普徹爾是英國雅麗公司(Yardley of London)的化學研究員和首席調香師。他根據各種香味的揮發速度將它們分類。他的大作《香水、化妝品與肥皂》(Perfumes, Cosmetics and Soap)一書出版於 1923 年,迄今仍在印行,而且仍然是美妝界的經典參考書。他的方法是根據精油的主要特性與揮發速度將它們分成三個「調」,通常被稱為「前調」(top note)、「中調」(middle note)與「後調」(base note)。

「前調」也被稱為「頭調」(head note)或「峰調」(peak note)。它是你最先聞到的成分,通常也是最濃烈的,但它的揮發速度也最快,只能維持 10 分鐘到幾小時的時間。「前調」是打頭陣的,接下來就由香氣中的其他成分上場了,這便是所謂的「中調」。「中調」也被稱為「心調」(heart note)或「修飾調」(modifier),通常要在搽上香水 10-45 分鐘後才聞得到,而且可以持續幾個小時到幾天。「後調」也被稱為「體調」(body note)或「固定調」(fixative)。它的作用是在減緩前調揮發的速度,並且有定香的功能。「後調」的香氣能持續好幾天甚至一個星期以上。這幾種不同的香調可以協同作用,前調居先,中調和後調則扮演核心的角色。在調香時把這三種不同香調的精油混合,可以調製出飽滿厚實、有層次的香氛。

根據香調調香

　　理論上，我們最好同時用到三個香調的精油，但並非所有精油都能很明確的被歸類為前調、中調或後調。有些精油比較複雜，不只屬於一個香調。以歐白芷籽精油為例，它雖然經常被歸類為「前調」，但其實是介於前調和中調之間。這類精油除了可以「跨界」演出之外，也能在複方精油中扮演銜接兩種香調的角色。

　　這類精油可以當成兩調之中的任何一調來用，至於它要扮演哪一個香調的角色，則要視複方中的其他精油決定。舉例來說，當複方中含有橙花（中調）、雪松（中調至後調）以及西印度檀香（後調）時，橙花就可以充當前調的角色，而西印度檀香則充當後調。一個含有胡椒薄荷（前調）、薰衣草（中調至前調）和杜松漿果（中調）的複方雖然沒有後調的精油，但仍然算是具備了三個香調。你可以放心大膽的嘗試不同的香調，盡情探索並享受其中的樂趣。

　　我先前提過，由不同種類的植物或部位所做成的精油香調也不盡相同，我將會在下表中註明。舉例來說，德國洋甘菊和羅馬洋甘菊就有著不同的香調。由歐白芷的種子和歐白芷的根部所做成的精油以及其他幾種精油也是如此。至於尤加利，兩種尤加利的香調都相同，因此在下表中「尤加利」一詞就代表兩種不同的尤加利。

表格 5.1 精油的香調

前調	中調至前調	中調	中調至後調	後調
大茴香籽	歐白芷（籽）	藏茴香籽	歐白芷（根）	西印度檀香
佛手柑	羅勒	小荳蔻	黑胡椒	乳香
茴香	月桂	胡蘿蔔籽	雪松	沒藥
檸檬	白千層	羅馬洋甘菊	德國洋甘菊	廣藿香
萊姆	香茅	肉桂葉	快樂鼠尾草	檀香
柑橘	尤加利	丁香	絲柏	岩蘭草
胡椒薄荷	葡萄柚	芫荽籽	生薑	
羅文莎葉	牛膝草	欖香脂	永久花	
玫瑰	薰衣草	冷杉	伊蘭伊蘭	
綠薄荷	檸檬草	天竺葵		

前調	中調至前調	中調	中調至後調	後調
	甜橙	杜松漿果		
	苦橙葉	香蜂草		
	松樹	松紅梅		
	迷迭香	甜馬鬱蘭		
	茶樹	橙花		
	百里香	綠花白千層		
		玫瑰草		
		鼠尾草		

　　當你剛開始用這種方法調製香氛複方時，最好不要貪多，一次用三種精油就夠了。這樣你就會知道每一種精油在香調上的表現如何，之後才會比較知道在較為複雜的複方中應該如何混合多種同一個香調的精油。

　　要根據香調調香，有一個基本法則。那便是從 3:2:1 的比例開始，也就是 3 滴前調、2 滴中調再加上 1 滴後調。前調的精油氣味雖然比較濃烈，但香味較不持久，因此用量不妨大一些。你可以先每一種香調各滴 1 滴，然後再加 1 滴中調的精油和前調的精油。如果味道聞起來很不錯，就可以再加 1 滴前調的精油。

　　偶爾，你可能會發現你比較喜歡 1:2:3 這樣的比例，尤其是在你希望能強調後調的香氣時。這時，你可以根據自己的嗅覺，慢慢的、1 滴 1 滴的加，以創造你獨有的複方。請依照第七章所描述的程序來評估一種複方精油熟成所需要的時間，然後容許它慢慢熟成。有些精油會隨著時間變得愈來愈深沉濃郁，這將會使得用它們所調製的複方發展出不一樣的風味。這類精油包括乳香、廣藿香和玫瑰。

　　就像所有調香法一樣，這樣的比例只是一個起始點。在用三種油調製了兩三個複方之後，你不妨試著增加每個香調的精油數量。如果你發現其中有幾種氣味特別突出，可以用其他精油（例如黑胡椒、檸檬或天竺葵）來加以平衡。你也會發現如果加強後調精油的份量，你所調出來的複方就會有比較強烈的香料或泥土氣息。薰衣草和檀香固是很美好也很經典的搭配，但你可以加上檸檬做為前調，讓兩者的組合更加迷人。此外，你也可以用薰衣草或檀香來提升或凸顯其他精油的美妙。迷迭香或甜馬鬱蘭則有助於讓一個複方更加和諧流暢。

　　在下一章中，我們將學習如何根據「氣味類別」來選擇精油，以及如何根據你的星座來調配生日複方。

第六章
根據氣味類別和太陽星座挑選精油

　　氣味的分類方式有好幾種，有的比較複雜，有的比較簡單。卡爾・林奈根據植物的構造和演化過程制定了標準分類法，這是一項革命性的創舉，但除此之外，他還把植物的氣味也加以分類。不過，他著重的是植物的藥用價值。根據他的分類法，植物的氣味可分成「臭的」、「香的」、「有蒜味的」、「有羊臊味的」、「有麝香味的」、「令人作嘔的」和「辛辣的」，只不過就調香而言，這實在不能給人什麼靈感。

　　1916 年時，德國心理學家漢斯・韓寧（Hans Henning，1885-1946）發明了一套將氣味分成六大類的系統，並稱之為「氣味稜鏡」（smell prism）。1927 年時，美國化學工程師厄尼斯特・克羅克（Ernest Crocker，1888-1964）宣稱他認為人的嗅覺神經共分成四種，因此形成了他所謂的「氣味方形」（odor square）。[8]聞名倫敦和巴黎兩地的香水師尤金・芮彌（Eugene Rimmel，1820-1887）在這方面的看法則大相逕庭，著眼點也不相同。他在他的著作《香經》（The Book of Perfumes）中把氣味分成 18 種。

香水的分類

　　時至今日，各種氣味分類法差異甚大，有時需要加以說明才能讓人理解。比方說，名為「綠色」的這一類通常包括藥草、薄荷和松樹。「東方」則包括一些令人興奮的香料以及樹脂般的氣息。「絲柏」（chypre，這是 cypress 的法文）包括木頭味和苔蘚味，「蕨類」（fougère，這是 fern 的法文）則包括較清淡的藥草或蕨類般的氣息。另外還有三個比較新的類別，分別是「水果味」（fruity）、「美食味」（gourmand）和「與水有關的氣息」（aquatic）。最後面這一類包括人工合成的香氣。[9]

　　除了方形和稜鏡之外，也有人用圓形來將氣味分類。1980 年代早期，香水迷麥可・愛德華（Michael Edwards）發明了所謂的「香水輪」（fragrance wheel）。輪子的中心是，「蕨類」

---

8. Stokes, Matthen, and Biggs, eds, *Perception and Its Modalities*, 226.

9. Groom, *The New Perfume Handbook*, 262.

（fougère），輪子的外緣則是「花香」（floral）、「清新的」（fresh）、「東方味」（oriental）和「木頭味」（woody）這四大類，而後面這四類又各自被分為三或四個子群。

　　至此你或許已經看出來了，氣味是很主觀的東西。不過，透過研究，我發現了一個簡單易懂的氣味分類法，可以做為調香時的參考。這個方法是由芳療師兼作者與訓練師茱莉亞·蘿莉絲（Julia Lawless）所推薦的。它將氣味分成了六大類，如圖6.1。[10]

圖6.1 這個氣味分類輪可以做為調香時的簡易指南

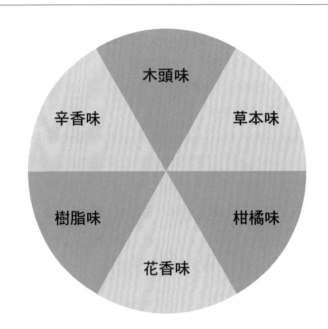

　　輪中的類別包括「木頭味」、「草本味」、「柑橘味」、「花香味」、「樹脂味」和「辛香味」。它們分別描述各類植物的特性。就像麥可·愛德華的分類法，這個輪狀圖顯示了各個類別之間的關連以及這個調香法的動態性質，因此頗為好用。

根據氣味類別調香的三種方法

　　要根據氣味類別來選擇精油，有三種方法可以使用。第一種方法我稱之為「單一類別」（single group）調香法，也就是完全使用同一類別的精油。這種方法之所以有用，是因為

---

10. Lawless, *The Illustrated Encyclopedia of Essential Oils*, 44.

同一類的精油往往有著相似的化學成分，彼此可以相容。因此，大多數花香類的精油彼此調和後效果都很不錯。辛香類、柑橘類和其他類別也是如此。本章稍後所附的表格 6.1 將會列出每一類包含了哪些精油，以供你參考。

　　一旦選好了精油，你就可以依照第一章所描述的步驟，來調製自己喜愛的複方。這個步驟適用於所有的調香法，因為混合精油並評估效果的步驟其實都是一樣的，差別只是在於規劃並選擇精油的階段。當你購買了一瓶新的精油時，不妨在標籤上註明它的香氣類別，這樣你在規劃要調配新的複方時就會比較方便。

　　第二種方法是所謂的「好鄰居法」（good neighbor blending）。顧名思義，這指的就是每一類的精油都很適合搭配旁邊那個類別的精油。比方說，木頭味的精油就很適合搭配辛香類和草本類的精油，而柑橘類的精油則很適合搭配草本類和花香類的精油。如此這般，依此類推。在這個圓形圖中，每一類的精油都可以搭配左右兩個類別的精油。

　　當你用這種方式來調香時，就可以同時選擇兩個類別的精油。舉例來說，你可以挑選木頭味和辛香味的精油，或者木頭味與草本味的精油。但請記住，這些都只是基本的原則。一旦你對手邊精油的氣味已經很熟悉了，而且你感覺把某些辛香味、木頭味和草本味的精油調在一起效果應該很不錯時，就勇敢的試試看吧。

圖 6.2 每一類的精油都可以搭配左右兩類的精油

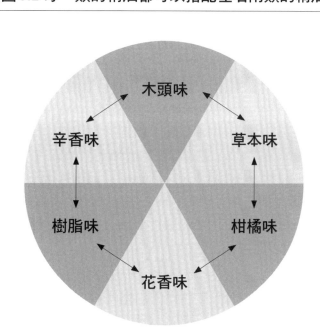

　　第三種方法是「相反類別調香法」（opposite group blending）。正如圖6.3所顯示，這種方法比較複雜。在這個圓形的圖表中，木頭類和花香類、辛香類和柑橘類的精油正好是兩個相反的類別。兩者搭配起來效果很好。不過，草本類和樹脂類雖然也是兩個相反的類別，而且其中有幾款精油還挺適配的，但大致上來說，這兩類搭配起來的效果可能沒有其他幾類那麼好。相反的，辛香類和花香類的精油雖然不是相反的類別，但混在一起效果往往不錯。當你要混合三種精油時，其中一種可以使用相反的類別，這會讓你的複方變得更有趣，而且你還可以藉此探索更多的可能性。

圖6.3相反類別的精油搭配起來效果可能會很好

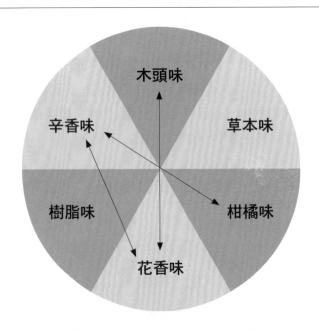

表格 6.1 各種精油所屬的類別

木頭類	草本類	柑橘類	花香類	樹脂類	辛香類
西印度檀香、白千層、雪松、絲柏、藍膠尤加利、冷杉、杜松漿果、廣藿香、松樹、羅文莎葉、檀香、岩蘭草	歐白芷、羅勒、野胡蘿蔔籽、洋甘菊、香茅、快樂鼠尾草、永久花、牛膝草、麥盧卡、甜馬鬱蘭、綠花白千層、胡椒薄荷、迷迭香、鼠尾草、綠薄荷、茶樹、百里香	佛手柑、檸檬尤加利、葡萄柚、檸檬、香蜂草、檸檬草、萊姆、柑橘、甜橙	天竺葵、薰衣草、橙花、玫瑰草、玫瑰、伊蘭伊蘭	乳香、沒藥	大茴香籽、月桂、黑胡椒、藏茴香、小荳蔻、肉桂葉、丁香、芫荽籽、欖香脂、茴香、生薑、苦橙葉

生日複方

　　自古以來，人們就相信星座對人有著影響，而且也會預示未來即將發生的事情。在中世紀時期，占星學分成兩派，一派專事占卜，另一派則致力於醫療。著名的英國草藥學家尼可拉斯・卡爾佩波（Nicholas Culpeper，1616-1654）就曾經撰寫好幾本有關占星學的著作，並且把這些知識和他的草藥療法加以結合。從此植物和精油就像水晶（生日石）一般，和星座有了連結。

　　你可以為某人量身打造專屬於他（她）的生日複方。這將會是一份很美好的禮物。表格6.2 列出了與十二個太陽星座相關的各種精油。（星座的起訖日期只是大概。）有些精油和一個以上的星座有關連。在選擇生日複方的精油時，你不妨參考香調與氣味類別調香法的概念，或者根據自己的嗅覺做一些嘗試。

表格 6.2 精油與太陽星座

摩羯座 （12月22日至1月19日）	肉桂葉、絲柏、尤加利、麥盧卡、沒藥、廣藿香、松樹、茶樹、岩蘭草
水瓶座 （1月20日至2月18日）	大茴香籽、快樂鼠尾草、絲柏、乳香、薰衣草、檸檬、柑橘、沒藥、廣藿香、胡椒薄荷、松樹、迷迭香、鼠尾草、檀香
雙魚座 （2月19日至3月20日）	大茴香籽、月桂、小荳蔻、丁香、絲柏、欖香脂、尤加利、薰衣草、檸檬、麥盧卡、沒藥、玫瑰草、松樹、鼠尾草、檀香、茶樹、伊蘭伊蘭
牡羊座 （3月21日至4月19日）	歐白芷、羅勒、黑胡椒、小荳蔻、雪松、肉桂葉、丁香、芫荽籽、茴香、冷杉、乳香、天竺葵、生薑、杜松漿果、甜馬鬱蘭、橙花、胡椒薄荷、苦橙葉、松樹、迷迭香、百里香
金牛座 （4月20日至5月20日）	小荳蔻、雪松、香茅、絲柏、尤加利、永久花、廣藿香、羅文莎葉、玫瑰、鼠尾草、百里香、岩蘭草、伊蘭伊蘭
雙子座 （5月21日至6月21日）	大茴香籽、月桂、佛手柑、藏茴香、茴香、葡萄柚、永久花、薰衣草、檸檬、檸檬草、甜馬鬱蘭、胡椒薄荷、羅文莎葉、綠薄荷、百里香
巨蟹座 （6月22日至7月22日）	小荳蔻、洋甘菊、尤加利、天竺葵、牛膝草、檸檬、香蜂草、沒藥、玫瑰草、松樹、玫瑰、檀香
獅子座 （7月23日至8月22日）	歐白芷、大茴香籽、羅勒、月桂、洋甘菊、肉桂葉、丁香、乳香、生薑、杜松漿果、薰衣草、萊姆、橙花、綠花白千層、甜橙、苦橙葉、迷迭香、檀香
處女座 （8月23日至9月22日）	佛手柑、野胡蘿蔔籽、絲柏、茴香、葡萄柚、薰衣草、甜馬鬱蘭、綠花白千層、廣藿香、胡椒薄荷、迷迭香、檀香
天秤座 （9月23日至10月23日）	西印度檀香、快樂鼠尾草、甜馬鬱蘭、羅文莎葉、玫瑰、綠薄荷、百里香、岩蘭草
天蠍座 （10月24日至11月21日）	羅勒、快樂鼠尾草、丁香、生薑、沒藥、綠花白千層、廣藿香、松樹、羅文莎葉
射手座 （11月22日至12月21日）	大茴香籽、白千層、雪松、丁香、乳香、生薑、牛膝草、杜松漿果、麥盧卡、甜橙、玫瑰、迷迭香、鼠尾草、茶樹

　　既然已經學會了幾種挑選精油的方法，下一章我們就要逐步說明如何調配並評估精油複方的氣味了。

第七章
基本調香法

　　儘管要把幾種不同的精油混合在一起，似乎不用花什麼腦筋，但還是有幾個步驟能讓你從你的調香經驗中得到最大的收穫，並且在技巧上有所成長。至於設備方面，調香時所需要用到的器具其實很少：

- 幾個附有旋轉瓶蓋的小瓶子，以供混合並存放精油，也可用來添加基底油。不妨準備幾個不同尺寸的瓶子。
- 幾支小滴管，用來把精油和基底油滴進混合瓶中。
- 一支附有小匙或刻度（以毫升為單位）的藥用滴管，用來測量基底油的量。如果沒有也不要緊，但要是有，會比較方便。
- 小型的自黏標籤。
- 一個筆記本和一支筆。
- 幾根棉花棒或幾片試香條。沒有也沒關係，但有了會比較方便。

　　所有用來裝精油的瓶子都必須是深色的玻璃瓶。深色的瓶子可以預防精油因暴露在光線底下而變質。市面上的瓶子大多是琥珀色或鈷藍色，而且有各種尺寸。絕對不要用塑膠瓶，因為塑膠的化學成分可能會和精油互相作用。2ml 和 5ml 的瓶子適合用來調香，15ml 和 30ml 的瓶子則適合用來混合精油與基底油。

　　在把不同的精油滴進混合瓶時，要分別用不同的滴管，以避免不同的精油混在一起。要確定瓶子和滴管都乾燥潔淨。

　　許多精油瓶都有分流器，可以防止過多空氣進入瓶中，增加精油氧化的速度。不過，你可以視精油的種類來決定是否要把分流器拿掉，因為分流器雖然能讓你在倒出那些質地較稀的精油時不致於一下子倒太快，但遇到像西印度檀香、廣藿香和檀香這類比較黏稠的精油時，則會讓它變得比較不好倒出來。

如果你用的精油濃稠度各不相同，你不妨做一下點滴試驗。方法是：把每種精油各滴 1 滴在一個盤子上，以比較每 1 滴的大小。大多數質地較稀的精油每 1 滴的大小會差不多，但質地較濃稠的精油每 1 滴的份量會明顯的比較大。在調香或製作藥方時要記住這一點，才能讓每種精油的量保持在適當的比例。

調香時最好能在一個可以清洗的檯面上進行，因為精油可能會損害亮光漆、油漆和塑膠表面。此外，你最好在你的工作區域鋪上一層紙巾，以承接任何不慎滴落的精油。

動手調香

第一次調香時，不妨先從三種油開始，以便讓過程既簡單又不失趣味。事實上，你所用的精油種類不一定愈多愈好。有時只要用兩種精油就可以調出很棒的香氛。調香的第一步是熟悉各種精油的氣味。方法是：打開一瓶精油，然後用一根棉花棒或一片試香條沾一點油，輕輕的在鼻子底下來回揮動。

這時，你要閉上眼睛，讓那香氣對你說話。它是否讓你產生任何感受、情緒或者想到任何畫面？把你的印象和精油最初的濃烈程度寫在你的筆記本上。所謂濃烈程度通常分為「清淡」、「溫和」、「中等」、「強烈」或「非常強烈」。以後你打算調製複方時，這些資訊將會派得上用場。

在試聞了一種精油的氣味後，你就可以把那根棉花棒或試香條擱在一旁，然後走到別的房間去，讓你的鼻子休息一下，準備品聞第二款精油。雖然我沒有試過，但我聽說把剛磨好的咖啡粉湊在鼻子底下晃一晃，可以清理嗅覺。當你準備好了時，就可以重複之前的步驟，一一的品聞其他幾款精油。

在混合精油之前，最後一個步驟是把剛才用過的那三根棉花棒或試香條同時放在你的鼻子底下擺動。這樣可以讓你預先得知這三種精油混合以後的氣味，不過必須等到那些精油已經混合並經過一段時間的沉澱和熟成之後，你才能知道它們真正的效果如何。

接下來，你要用不同的滴管，分別把三種精油滴進混合瓶中，每種各 1 滴，並且要先從後調的精油開始。你應該還記得後調的精油也被稱為「固定調」，因為它們可以發揮定香的作用。

電影上的特務 007 喝馬丁尼時喜歡先搖一搖杯子，但在混合精油時，我們要採用旋轉的方式。將瓶身旋轉幾下後，你就可以把瓶子湊近鼻子，來回移動幾下，聞一聞精油混合後的氣味。要記住每一種精油最初的氣味強度。如果其中一種聞起來比另外兩種強烈得多，你可以再多加 1 滴另外兩種精油。如果三種精油的強度不一，你可以據此調整每種精

油的用量，但一次只能多加 1 滴。加完後，要離開原地，過一陣子再回來品聞。在這個過程中，務必要記下每種精油各加了幾滴。

這時，你所調出的複方仍處於「嬰兒期」，但不要害怕做些調整。如果你的鼻子告訴你再加 1 滴某種精油效果會更好，你就儘管嘗試吧。這樣你才能夠從中學習並打磨你的調香技巧。不過，如果調出的複方聞起來似乎差不多了，或者你不太確定，就不要再添加任何精油。這時，你可以把瓶蓋蓋上，把滴管洗淨，然後讓你的複方靜置兩三個小時，之後再聞一次。聞了之後，你如果發現味道變得不太一樣了，要把它記下來。這時，除非你不滿意它的氣味，否則就不要再做任何變動了。

之後，你可以把你調出的複方放個兩三天再來試聞。這段時間，你還是要避免做任何調整。讓那些精油自行發揮它們的魔法。接下來，你還要再等至少一個星期（這個部分可不容易），讓你的複方有時間可以熟成。這是因為精油裡的某些分子會逐漸分解，並和其他精油形成新的分子，因此這些精油的化學性質需要經過一段時間才會改變並發展。最後你可能會很驚訝的發現：你原本以為有待調整的複方居然出落得如此美妙。

在調香過程中的每一個階段，你都務必要做筆記。這樣當你發現合適的配方時，才能輕易的加以複製並多做一些，而如果調出來的成果不太理想（我就有過這樣的經驗），你也不致重蹈覆轍。失敗的狀況難免會發生，但這是學習必經的過程。不過，只要你懂得挑選精油的方法，你就更有機會能調出自己滿意的複方。

調好精油後後，你要在瓶身上標註調製日期，並為你的複方取個名字，或者僅僅標示其中所含的精油種類。然後，你要把瓶子密封，放在陰涼的地方，並確保家中的孩童無法取得。

調製你個人專屬的香水

過了一個星期左右，當你調製的複方已經熟成後，你就可以將它加入基底油中，並拿來使用了。我先前曾經提過，基底油很重要，因為你如果把未經稀釋的精油直接塗抹在皮膚上，可能會導致疼痛、發炎的現象，因此千萬不可這麼做。

在拿取精油與基底油時一定要分別使用不同的滴管。我先前在列出調香器材清單時曾說過，你不妨購買一支附有毫升或小匙刻度的滴管，這樣比較容易計算基底油的用量。這類滴管在大多數藥局都可以買得到。此外，你還可以購買一個滾珠瓶，以便盛裝這類香氛。

在調製香氛精油時，最好使用質地比較清淡的基底油，例如甜杏仁油或葵花籽油，因為氣味過於濃烈的基底油可能會影響到複方精油的香氣。不過，在某些情況下，這類基底

油可能也會讓複方精油變得更加芳香。你不妨做些實驗，看看自己最喜歡哪一種基底油。

剛開始把精油和基底油加以混合時，你可以將它們稀釋成濃度 2%。方法是：先把 1 小匙的基底油放在一個瓶子裡，然後再加入 2-3 滴你已經調好的複方。之後，你可以再拿另外一個瓶子，試著以濃度 3% 來稀釋，然後再看看你比較喜歡哪一種濃度。由於這些油是要搽在皮膚上的，因此一般認為如果濃度超過2% 或3%，可能會有安全上的顧慮。

表7.1 稀釋劑量

基底油	1小匙／5ml	1大匙／15ml	2大匙／30ml／1盎司
精油（濃度2%）	2-3滴	6-10滴	12-20滴
精油（濃度3%）	3-5滴	9-16滴	18-32滴

除了滾珠香水外，你也可以試著製作固態的香膏。至於材料，你只需要再準備一些蜂蠟、一個小玻璃碗和一個用來裝成品的好看容器就可以了。

我發現盎司重的蜂蠟塊是最經濟實惠而且最容易計算用量的，因為當你需要的量比較少時，你可以把它切成小塊使用。有關蜂蠟的詳細介紹，請參閱第七篇。

香膏

- $^1/_4$ 盎司蜂蠟
- 3大匙基底油
- 20-34滴複方精油（濃度為2%）

把蜂蠟和基底油裝進一個罐子裡，放在一個裝了水的鍋子裡，以小火加熱，並輕輕的攪拌，直到蜂蠟融化為止。然後把罐子拿出來，讓裡面的混合物冷卻至室溫，然後再加入精油。要等它完全冷卻後才可以拿來使用或儲存。

你可能會很好奇：為什麼市面上的香水都會添加酒精呢？這是因為酒精具有乳化的功效，能使各種香氣融合在一起。此外，由於酒精揮發的速度很快，因此也能幫助香味擴散，製造「餘香裊裊」的效果，有時即使人都已經離開房間了，你還是能聞到那個香味。但油性的香氛能讓香氣停留在皮膚上的時間較長，也更貼近身體，因此不會有餘味。

第三篇

日常精油
療癒法

　　在本篇的第一章中，我將概略說明我們可以如何運用精油來治病。其中最簡單的方法之一，就是使用以基底油稀釋過的精油。無論用它們來塗抹痠痛的肌肉，或將它們加入洗澡水中用來泡澡，都可以達到舒緩不適的效果。另外，足浴的功用也不容小覷。把精油加入熱水中拿來泡腳，可以舒緩腳部的疲勞，治療香港腳，甚至緩解頭痛。

　　如果你以為製作藥膏、軟膏或油膏是一件很麻煩的事，本篇將會提供一些簡單明瞭的配方，讓你可以照著步驟自己動手製作。當然，這些配方只是供你參考。你可以根據自己的喜好或每一款精油的使用禁忌加以調整。

　　用精油擴香不僅可以讓室內的空氣變得芳香宜人，也有助紓解壓力、提升幸福感，還有其他許多作用。此外，由於具有抗菌作用的精油能夠消滅空氣中的細菌，而且飄散在空氣中的精油會被人體所吸收，因此我們可以用一些能夠對抗感染或舒緩鼻塞的精油來治療普通感冒、流行性感冒，或緩解氣喘和支氣管炎。但要如何讓精油擴散到空氣中呢？ 在本篇中，我將會詳細說明各種擴香的方法，包括簡單的蒸發式擴香儀和較複雜的超音波擴香器。這些資訊將可幫助你選擇適合自己的擴香用品。除此之外，本篇也將詳細介紹我們出門在外時可以使用的擴香法。

　　在面對各種疾病和症狀時，我們該選用什麼樣的精油？ 什麼樣的治療方法效果最好呢？ 針對這些問題，本篇的第二章提供了一個簡單明瞭的指南，能幫助你充分利用自己手中的精油，並知道該用哪些精油來代替你手上沒有的精油。

第八章
精油療法

就像草藥一般，精油也是家庭常備良藥。在諸多療法中，最簡單的一種便是使用以基底油稀釋過的精油。但比起調香，你在調配治療用的精油複方時更需要做筆記，以便你下次調配可以判定自己需要做哪些調整，並了解什麼樣的方子對你和你的家人最為有效。無論你調製了什麼樣的方子，都要註明日期與成分。

剛開始調配時，你不妨參照表格 8.1 中精油與基底油的比例，將濃度調成 2%。一般認為，就局部塗抹而言，這是比較安全的濃度。但如果要用在孩童和老人身上，或者要塗抹在臉部，你最好使用濃度為 1% 的精油。肌膚較為敏感者在調製時務必要少用幾滴精油。

表格 8.1 濃度 2% 的溶液

基底油	精油
1 小匙	2-3 滴
1 大匙	6-10 滴
1 液體盎司	13-20 滴

精油可以用在許多藥方與療法中。本章所提供的配方只是基本的原則。你可以根據自己的喜好或者手中精油的使用禁忌來加以調整。有關基底油和其他材料的詳細資訊以及相關的注意事項，請參閱第七篇。本篇所提供的配方份量都不多。這樣製作起來比較容易，也比較能確保成品的新鮮度。

浴油與浴鹽

把精油加在洗澡水中用來泡澡有助舒緩壓力、身體的疼痛與肌肉痠痛。基底油可以讓精油均勻的在水中擴散。如果要泡個舒服的美容澡，可以用牛奶。牛奶中的脂肪具有類似基底油的作用，能夠稀釋精油並讓它均勻的擴散。你可以把12-18滴精油和1盎司的基底油或牛奶混合，然後再加入洗澡水中。

據說牛奶浴是埃及艷后克莉歐派特拉讓容顏保持美麗的祕訣。現在的科學研究也證實了它的效用。由於牛奶中含有高濃度的乳酸，因此它可以去除皮膚上的老舊細胞，讓全身肌膚都變得細緻光滑。不過，你把油加入洗澡水中時一定要特別注意，因為這樣一來地面或浴缸的表面可能會變得很滑溜。

除了基底油和牛奶之外，你也可以把精油混入鹽巴當中。無論是粗海鹽或浴鹽（又稱「鎂鹽」或「瀉鹽」）都可以用來泡一個舒服的澡。關於浴鹽的詳細資料，請參閱第七篇。

用來泡澡的鹽

- 2杯浴鹽或海鹽
- 2大匙小蘇打（可不用）
- $^3/_4$杯基底油或混合油
- 1-1$^1/_2$小匙單方或複方精油

把所有乾料放入一個玻璃碗或陶碗中。將基底油和精油混合，然後倒入碗內的乾料中，並加以攪拌，使它們徹底融合。

將小蘇打加入浴鹽中有助舒緩並軟化肌膚。這個配方的量足夠泡一、兩次澡。在進澡缸之前，你要先把這些浴鹽放在打開的水龍頭底下。如果你製作的份量較多，要放在一個密閉的罐子裡儲存。

足浴

把用基底油或浴鹽稀釋過的精油拿來泡腳，也很有放鬆和療癒的效果。只要把6-10滴的精油和1大匙的基底油混合，再倒入水盆中就可以了。用溫水或熱水泡腳可以促進血液循環，讓感冒或流行性感冒好的快一些，也有助眠的功效。雖然聽起來可能很怪，但泡腳

其實也可以緩解頭痛。即使你只是用一般的溫水來泡，也能讓更多的血液流到腳部，從而減少頭部的壓力。在炎熱的夏天，當你的雙腳流汗而且感到疼痛時，如果能用涼水泡一下腳，會感覺舒服一些。

敷貼

　　熱敷或冷敷都行。熱敷可以讓肌肉放鬆、緩解疼痛，也可以幫助你放鬆並且促進你的血液循環。冷敷則可用來治療腫塊、瘀青、扭傷和拉傷，以緩解受傷部位發炎、腫脹的現象。在發燒時，也可以用冷敷來降溫並緩解頭痛。

　　將6-10滴精油和1大匙的基底油混合，並放入1夸特的熱水或冷水中，徹底攪拌一下，然後把一條洗臉毛巾放進去浸泡一下，再拿來出把水擠乾，放在患部上面。但要記得每隔10-15分鐘要把毛巾再放進水裡泡一下，讓它再次吸收精油的氣味。

擴香

　　我們在談到「芳香療法」時，往往想到的都是擴香法。這固然是用精油來減輕壓力並增進幸福感的好方法，但擴香的好處並不止於此。具有抗菌作用的精油能夠消滅空氣中的細菌，而飄散在空氣中的精油會被人體所吸收，因此能夠對抗感染或舒緩鼻塞的精油是用來治療普通感冒、流行性感冒並緩解氣喘和支氣管炎的利器。此外，你還可以用精油來為病人所住的房間消毒。

　　「霧化器」（vaporizer）的作用是將水加熱，藉以製造蒸氣，但「霧化器」和「擴香儀」這兩個名詞往往可以互換。在本書中，我們用「擴香」來代表所有讓精油揮發到空氣中的方法。以下是各種擴香用品的詳細介紹。

噴霧器

　　噴霧器能夠製造水霧或噴出極其細小的水滴，讓大量的精油迅速擴散至空氣中。這種擴香法所需要的精油用量會比其他方法多。不過，大多數噴霧器都有定時定量的裝置，讓你可以選擇要把多少精油擴散到空氣中。此外你也可以將機器設定在間歇運轉而非持續運轉的模式。房間較大時，需要使用幫浦較大的噴霧器。

超音波擴香儀

這種擴香法是以超音波震動的方式製造出極細的霧氣。基本上來說，它就是一台加溼器。比起噴霧器，它所需精油量較少。除了把精油擴散到空氣中之外，超音波擴香儀也會產生負離子。一般認為，負離子對健康有益。

蒸發器

或稱「風扇芳香器」（fan diffuser）。這種裝置的功能是將氣流吹送到沾了精油的棉片或濾網上，以加速精油的蒸發。如果是要擴香，這種方法的效果很好，但如果要治病，它就不是最好的選擇了。這是因為在使用這種方法時，精油中較輕的成分會先蒸發，使你無法同時吸入精油內的所有成分。

廣受歡迎的擴香瓶（reed diffuser）也是透過蒸發的方式把精油擴散到空氣中。雖然這種方法只有在較小的空間內才有效，但如果你把擴香瓶放在門邊或窗戶旁邊，香氣就會擴散得比較快。儘管許多擴香瓶都附有化學合成的芳香油，但如果你能自己調配精油，就可以選擇自己喜歡的香氣以及好看的瓶子。至於如何製作擴香瓶，請參見第十一章。

加熱式擴香器

這種擴香器是用加熱的方式來加速精油揮發。其中大家所熟知的一種便是所謂的「香氛燭台」（candle diffuser）。這種燭台含有一個小陶碗，底部有個空間可以放置一個小茶蠟。你可以把幾滴精油滴到碗裡，藉由燭火來加熱。為了減緩蒸發的速度，你也可以加 1、2 滴水進去。不過，就像蒸發器一樣，這種方式無法將精油裡的所有成分很均勻的擴散出去。有些加熱擴香器是插電的，可以放在桌上或地板上。有些體積很小，可以直接插在插座上。

隨身擴香器（On-the-Go）

有些器具可以讓你即使不在家中，也能呼吸到精油的氣息，讓你無論你走到哪裡，都可以享受到精油的療效。

呼吸棒

這種呼吸棒的大小就像棒狀的護唇膏或口紅一樣，可以在你外出時緩解你的不適。它是由一個管子、一根棉芯和一個可以旋緊的蓋子所組成。使用前，要把棉芯從管子裡取出，放在一個盤子上，然後在棉芯上滴 10–15 滴單方或複方精油，然後再把它放回管子裡。如果要

給十歲以下的孩童使用，只要 5-8 滴精油就夠了。使用時，要把蓋子打開，把呼吸棒放在鼻子底下，深深的嗅聞。不用時，要把蓋子蓋緊。必要時，要補充棉芯上的精油。

呼吸棒又被稱為「個人吸入器」（personal inhaler）或「芳香棒」（aromastick），在你感冒、鼻塞或頭痛時特別好用。你也可以用它來緩解暈車、暈船的不適或舒緩壓力。除了方便之外，它還以可以讓你在使用精油時不致干擾到身邊的人。

插電式擴香器

這類小型的插電式擴香器有些是供室內薰香之用，但也有些是專供外出時使用。有的體積小巧、攜帶方便，在旅行期間可以帶到旅館內使用。有的則是專供車上使用。還有一種插電式擴香器附有 USB 連接器，可以用筆記型電腦供電。

凝膠

自製的凝膠是以蘆薈為主要原料。蘆薈是大家都很熟悉的室內盆栽植物。人們通常都會在廚房裡擺一盆蘆薈，以供燙傷時急救之用。至於在購買凝膠時要注意哪些事項以及要如何提取蘆薈所含的膠狀物質，請參閱第七篇有關蘆薈的部分。蘆薈本身就具有療效，若再加上具有抗菌成分的精油，就可以製成很有效的急救凝膠。

藥用凝膠

- 10 滴單方或複方精油
- 2 大匙蘆薈膠

把精油滴進蘆薈膠裡，輕輕攪拌，直到兩者完全融合為止。做好的凝膠要放進一個附有密閉蓋子的罐子裡保存。

按摩油

按摩油很容易製作，只要把幾滴精油和基底油混合就可以了。表格 8.1 所列出的比例可以做出濃度為 2% 的按摩油。這樣的濃度通常適用於身體的肌膚。如果要塗在臉上（例如為了緩解頭痛而要塗抹在太陽穴的部位時）則要使用濃度為 1% 的按摩油。

在按摩肌肉和關節時要用點力氣,但力道不要太強,以免刺激皮膚,使疼痛惡化或造成不適。若要舒緩消化不良的現象,可在胃部輕輕的按摩。若要緩解便祕,則可在胃部和腹部以順時鐘的方向按摩(右側時往上,左側時往下)。

軟膏、油膏和藥膏

這三種膏狀物基本上是一樣的,只是裡面的固化劑(用來增稠的物質)含量不同。其中軟膏(ointment)是最軟的,但它的好處是很容易塗抹。油膏(salve)的質地比較硬,至於藥膏(balm)則非常硬。這些膏狀物和乳霜不同的地方在於:它們被皮膚吸收的速度較慢,因此可以在皮膚上形成一層保護膜。在下面的這個配方中,你可以用蜂蠟、乳木果油或可可脂來當固化劑。關於這些原料的詳細資訊,請參考第七篇。相較於乳木果油或可可脂,蜂蠟更能在皮膚上形成一層保護膜,但你不妨三種都試一下,看看你最喜歡哪一種。在製作的過程中,務必要做筆記,以便有需要時可以複製。

用蜂蠟製作軟膏、油膏或藥膏

- $1/2$ 盎司蜂蠟
- 3-8大匙基底油或混合油
- $1/4$-1小匙單方或複方精油(濃度為2%)

把蜂蠟和基底油倒入一個罐子裡,放在一個裝了水的鍋子裡用小火加熱,並不停地攪拌,直到蜂蠟融化為止。把罐子從熱水中取出,等到裡面的混合物冷卻至室溫後再加入精油。如果你想知道成品的軟硬度如何,可以舀一點放在盤子上,放進冰箱冰個 1-2 分鐘。如果你希望它硬一些,可以多加一些蜂蠟。如果太硬了,就再加一點基底油。當你對成品的軟硬度感到滿意時,就可以讓它靜置,等它完全冷卻時,再將它存放在陰涼之處。

如果你想做藥膏,基底油和蜂蠟的比例應該是3:1或4:1。如果你要做油膏,可以依照5:1或6:1的比例,如果要做油膏,則可用7:1或8:1的比例。請記住:你做出來的成品質地和你所用的精油本身的黏稠度也有關係。

用油脂製作軟膏、油膏或藥膏

- 1-3大匙可可脂或乳木果油（磨碎或削成薄片）
- 1-2大匙基底油或混合油
- 12-40滴單方或複方精油（濃度為2%）

　　將少許水放在鍋中煮滾後離火。把可可脂（或乳木果油）和基底油裝進一個罐子，放在那鍋熱水中，不停地攪拌，直到油脂融化為止。把罐子從水中取出，讓裡面的混合物冷卻至室溫。然後再次把剛才的那鍋水燒滾後離火，並把罐子放在水中，不停地攪拌，直到混合物中所有的顆粒都融化為止。把罐子從水中取出，等裡面的混合物再度冷卻後，就可加入精油並不停攪拌，直到兩者完全融合。把罐子放進冰箱，過5-6個小時之後再拿出來，等裡面的混合物回到室溫之後，就可以使用或儲存了。

　　如果你要做藥膏，基底油和油脂的比例應該是 1:2 或 1:3。做好的藥膏雖然在使用時通常必須用指甲稍微刮一下，但它一碰到皮膚就會開始融化。如果想做油膏，要用 1:1 或 1:$1^1/_2$ 的比例。如果是做軟膏，則 $1^1/_2$:1 或 2:1 會比較合適。油膏和軟膏只要用手指就能刮取。就像用蜂蠟製作時一般，你也可以嘗試各種不同的比例，以找出自己喜歡的硬度。

噴霧

　　無論你想驅趕蚊蟲或想緩解更年期的熱潮紅，都可以採用局部噴霧法。當你想要舒緩因晒傷或長疹子所引起的不適，但又不能碰觸到自己的肌膚時，這種方法特別管用。關於金縷梅和各種水的資料，請參閱第七篇。

爽膚噴霧

- 1小匙基底油或混合油
- 1小匙單方或複方精油
- 6盎司水
- 1大匙金縷梅酊劑

　　把基底油和精油放進噴瓶裡混合。加入水和金縷梅。每次使用前都要好好搖一搖。

蒸氣

由於蒸氣和某些具有抗菌特性的精油有助呼吸道暢通，因此這是一個治療鼻塞和胸腔感染的好方法。你可以採用以下這幾種方法來使用蒸氣：

呼吸帳（inhalation tent）

用蒸氣蒸臉，除了可以緩解感冒、流感和鼻竇炎所引起的鼻塞，也能深層清潔毛孔，並為皮膚補充水分，對臉部的皮膚很有益處。不過，要把精油加入熱水中時，務必要用滴管，以避免水蒸氣進入精油瓶中。

蒸氣吸入法

- 1夸特水
- 5-8滴單方或複方精油

把水煮滾後離火，然後加入精油。

把臉湊近熱水，並用浴巾蓋在頭上，做成一個類似帳篷的空間。把眼睛閉上，但不要讓你的臉部距離熱水太近。在帳內停留大約 3 分鐘，或直到水變冷為止。如果感覺太熱了，可以把毛巾掀開，讓冷空氣進來。

除了蒸臉外，加了精油的蒸氣也可以用來淨化病房裡的空氣，在冬天時也可以用來增加房間的溼度，或讓房裡的空氣聞起來清新宜人。你可以把精油滴入一鍋熱騰騰的水裡，放在需要加溼或淨化空氣的角落。一旦水變冷，就將它再度加熱，並且補充幾滴精油。如果要緩解氣喘，就不要用毛巾蓋頭，而是要用手把蒸氣往你的臉部搧。

簡易的蒸氣吸入法

有一種方法能讓你既快速又方便的享受到蒸氣和精油的好處，那便是：泡一杯茶。如果你有氣喘的毛病，這種方法也很有效。

一杯水蒸氣法

- 1杯水
- 1-2滴單方或複方精油

把水煮開,然後倒進一個大馬克杯。把單方或複方精油加入熱水中,然後把杯子湊近臉部,以便吸入那些蒸氣。

淋浴的蒸氣

在淋浴時使用精油可以讓你透過蒸氣吸入那些精油。這個方法既快速又簡單。關於沐浴蒸氣香球的製作方法,請參閱第十一章。但就像在泡澡時使用精油一般,你在淋浴間使用精油時也要格外小心,因為淋浴間的地板可能會變得滑滑的。

簡易的蒸氣浴

- 1條洗臉毛巾
- 40-60滴單方或複方精油

把洗臉毛巾對折,在上面灑上精油,然後再次對折。把這條毛巾放在淋浴間的地板上可以接觸到水蒸氣的位置。

在下一章中,我們將以表格來說明每一種疾病可以用哪些精油來治療,以及應該用什麼方法治療。

第九章
疾病、精油與療法一覽表

透過本章的表格，你可以很快速的查到某一種疾病和症狀可以用哪些精油來治療以及哪幾種療法最為有效。表格中所涵蓋的項目也包括各種基底油以及其他具有療效的成分。你可以藉此充分運用手中的精油。當你要使用書中所提供的各種配方但手中沒有適合的精油時，可以參考這個表格來尋找替代品。當然，你也可以只用一種精油。

第八章中所提到的療法可以分為兩大類：局部療法和芳香療法。

局部療法包括用軟膏、油膏或藥膏塗抹患部；按摩；泡澡、足浴或坐浴以及冷敷或熱敷。

芳香療法包括用擴香器將精油擴散到室內的空氣中；用裝有精油的小瓶子或呼吸棒直接吸入精油；用蒸氣法吸入精油以緩解鼻塞，或以蒸臉的方式清潔皮膚（例如在治療青春痘的時候）。

我之前已經說過，在使用任何一種精油前，務必要先在皮膚上做貼布試驗。除此之外，要使用精油之前，最好先請教你的醫師，尤其是在你有服用藥物、身體有不適的現象或已經懷孕的情況下。

表格 9.1 疾病、療法、精油與其他材料

青春痘	用法：蒸氣、局部塗抹 精油：佛手柑、白千層、雪松、洋甘菊、快樂鼠尾草、天竺葵、葡萄柚、永久花、杜松漿果、薰衣草、檸檬、檸檬草、萊姆、柑橘、松紅梅、綠花白千層、玫瑰草、廣藿香、胡椒薄荷、苦橙葉、迷迭香、鼠尾草、檀香、綠薄荷、茶樹、百里香、岩蘭草、伊蘭伊蘭 基底油：玫瑰果油、葵花油 其他材料：蘆薈

焦慮	**用法**：泡澡、擴香、吸入、按摩 **精油**：西印度檀香、歐白芷、大茴香籽、羅勒、佛手柑、黑胡椒、小荳蔻、維吉尼亞雪松、洋甘菊、香茅、快樂鼠尾草、丁香、芫荽籽、乳香、天竺葵、牛膝草、杜松漿果、薰衣草、香蜂草、松紅梅、甜馬鬱蘭、橙花、甜橙、玫瑰草、廣藿香、苦橙葉、玫瑰、綠薄荷、岩蘭草、伊蘭伊蘭
關節炎	**用法**：泡澡、敷貼、按摩 **精油**：歐白芷、大茴香籽、羅勒、月桂、黑胡椒、白千層、野胡蘿蔔籽、雪松、洋甘菊、肉桂葉、丁香、芫荽籽、絲柏、藍膠尤加利、茴香、冷杉、生薑、永久花、牛膝草、杜松漿果、薰衣草、檸檬、萊姆、甜馬鬱蘭、沒藥、綠花白千層、松樹、羅文莎葉、迷迭香、鼠尾草、百里香、岩蘭草 **其他材料**：浴鹽
氣喘	**用法**：擴香、蒸氣 **精油**：白千層、藏茴香、快樂鼠尾草、丁香、絲柏、尤加利、茴香、乳香、永久花、牛膝草、薰衣草、檸檬、香蜂草、萊姆、甜馬鬱蘭、沒藥、綠花白千層、胡椒薄荷、松樹、羅文莎葉、玫瑰、迷迭香、鼠尾草、綠薄荷、茶樹、百里香 **附註**：在治療氣喘時，用來擴香的精油份量一定要比平常少。另外，請參考第八章中有關蒸氣吸入法的說明。
香港腳	**用法**：泡腳、局部塗抹 **精油**：月桂、白千層、大西洋雪松、丁香、檸檬尤加利、薰衣草、檸檬草、松紅梅、沒藥、玫瑰草、廣藿香、茶樹
水泡	**用法**：局部塗抹 **精油**：佛手柑、藍膠尤加利、薰衣草、檸檬、沒藥、茶樹
癤子、膿瘡	**用法**：泡澡、敷貼、局部塗抹 **精油**：佛手柑、藏茴香、洋甘菊、快樂鼠尾草、藍膠尤加利、乳香、永久花、薰衣草、檸檬、萊姆、沒藥、綠花白千層、廣藿香、鼠尾草、檀香、茶樹

第九章　疾病、精油與療法一覽表

支氣管炎	**用法**：擴香、吸入、蒸氣、局部塗抹（塗搽胸口） **精油**：歐白芷、大茴香籽、羅勒、白千層、藏茴香、雪松、肉桂葉、丁香、絲柏、欖香脂、藍膠尤加利、茴香、冷杉、乳香、永久花、牛膝草、薰衣草、檸檬、香蜂草、萊姆、甜馬鬱蘭、沒藥、綠花白千層、甜橙、胡椒薄荷、松樹、羅文莎葉、迷迭香、檀香、綠薄荷、茶樹、百里香
瘀青	**用法**：敷貼、局部塗抹 **精油**：月桂、丁香、茴香、天竺葵、永久花、牛膝草、薰衣草、甜馬鬱蘭、玫瑰草、玫瑰、百里香 **其他材料**：浴鹽、金縷梅
燒燙傷	**用法**：泡澡、敷貼、局部塗抹 **精油**：野胡蘿蔔籽、洋甘菊、丁香、藍膠尤加利、天竺葵、永久花、薰衣草、綠花白千層、茶樹、百里香 **基底油**：金盞花油、聖約翰草油 **其他材料**：蘆薈、可可脂
滑囊炎	**用法**：敷貼、按摩 **精油**：白千層、絲柏、藍膠尤加利、生薑、永久花、杜松漿果、甜馬鬱蘭
橘皮組織	**用法**：泡澡、按摩 **精油**：絲柏、茴香、天竺葵、葡萄柚、杜松漿果、檸檬、萊姆、百里香
皮膚乾裂	**用法**：泡澡、局部塗抹 **精油**：永久花、薰衣草、沒藥、橙花、玫瑰草、廣藿香、玫瑰 **基底油**：椰子油、月見草油、芝麻油 **其他材料**：蘆薈、蜂蠟、可可脂、乳木果油
水痘	**用法**：泡澡、敷貼、局部塗抹 **精油**：佛手柑、德國洋甘菊、丁香、尤加利、松紅梅、羅文莎葉、茶樹

凍瘡	**用法**：蒸氣、局部塗抹 **精油**：黑胡椒、洋甘菊、薰衣草、檸檬、萊姆、甜馬鬱蘭
循環不良	**用法**：按摩 **精油**：羅勒、黑胡椒、白千層、肉桂葉、芫荽籽、絲柏、藍膠尤加利、天竺葵、生薑、葡萄柚、檸檬、檸檬草、萊姆、綠花白千層、松樹、玫瑰、迷迭香、鼠尾草、百里香、岩蘭草
唇皰疹	**用法**：蒸氣、局部塗抹 **精油**：佛手柑、尤加利、牛膝草、檸檬、萊姆、松紅梅、羅文莎葉、茶樹
感冒	**用法**：泡澡、擴香、吸入、蒸氣 **精油**：歐白芷、大茴香籽、羅勒、月桂、佛手柑、黑胡椒、白千層、藏茴香、雪松、肉桂葉、香茅、丁香、芫荽籽、絲柏、欖香脂、尤加利、冷杉、乳香、生薑、葡萄柚、永久花、牛膝草、杜松漿果、薰衣草、檸檬、檸檬草、萊姆、松紅梅、甜馬鬱蘭、沒藥、橙花、綠花白千層、甜橙、胡椒薄荷、松樹、羅文莎葉、迷迭香、鼠尾草、綠薄荷、茶樹、百里香
便祕	**用法**：泡澡、敷貼、按摩 **精油**：黑胡椒、小荳蔻、茴香、生薑、柑橘、甜馬鬱蘭、橙花、甜橙、胡椒薄荷、松樹
雞眼和硬皮	**用法**：局部塗抹 **精油**：野胡蘿蔔籽、檸檬、萊姆、沒藥

第九章 疾病、精油與療法一覽表

咳嗽	**用法**：擴香、吸入、蒸氣 **精油**：歐白芷、大茴香籽、羅勒、白千層、藏茴香、雪松、肉桂葉、快樂鼠尾草、丁香、芫荽籽、絲柏、欖香脂、藍膠尤加利、茴香、冷杉、乳香、生薑、永久花、牛膝草、薰衣草、檸檬、香蜂草、萊姆、松紅梅、甜馬鬱蘭、沒藥、綠花白千層、甜橙、胡椒薄荷、松樹、羅文莎葉、迷迭香、鼠尾草、檀香、綠薄荷、茶樹、百里香
刀傷和擦傷	**用法**：敷貼、局部塗抹 **精油**：佛手柑、藏茴香、野胡蘿蔔籽、洋甘菊、丁香、絲柏、欖香脂、尤加利、乳香、天竺葵、永久花、牛膝草、薰衣草、檸檬、萊姆、松紅梅、沒藥、綠花白千層、廣藿香、松樹、迷迭香、鼠尾草、檀香、茶樹、百里香、岩蘭草 **基底油**：金盞花油、芝麻油、聖約翰草油 **其他材料**：蘆薈、金縷梅
憂鬱	**用法**：擴香、吸入、按摩 **精油**：羅勒、佛手柑、羅馬洋甘菊、肉桂葉、香茅、快樂鼠尾草、天竺葵、生薑、葡萄柚、永久花、薰衣草、香蜂草、橙花、廣藿香、胡椒薄荷、苦橙葉、玫瑰、岩蘭草、伊蘭伊蘭
皮膚炎	**用法**：泡澡、敷貼、局部塗抹 **精油**：野胡蘿蔔籽油、大西洋雪松、洋甘菊、天竺葵、永久花、牛膝草、杜松漿果、薰衣草、玫瑰草、廣藿香、胡椒薄荷、玫瑰、迷迭香、鼠尾草、綠薄荷、百里香 **基底油**：酪梨油、琉璃苣油、椰子油 **其他材料**：可可脂
耳朵痛	**用法**：敷貼 **精油**：羅勒、白千層、洋甘菊、薰衣草、百里香

溼疹	**用法**：泡澡、局部塗抹 **精油**：月桂、佛手柑、白千層、野胡蘿蔔籽、雪松、洋甘菊、天竺葵、永久花、牛膝草、杜松漿果、薰衣草、香蜂草、沒藥、玫瑰草、廣藿香、玫瑰、迷迭香、鼠尾草、百里香 **基底油**：杏仁油、酪梨油、琉璃苣油、椰子油、月見草油、玫瑰果油、聖約翰草油、葵花油 **其他材料**：可可脂、乳木果油、金縷梅
水腫	**用法**：泡澡、按摩 **精油**：野胡蘿蔔籽、絲柏、茴香、天竺葵
昏厥	**用法**：吸入 **精油**：羅勒、黑胡椒、橙花、胡椒薄荷、迷迭香
發燒	**用法**：泡澡、敷貼 **精油**：羅勒、月桂、佛手柑、黑胡椒、羅馬洋甘菊、肉桂葉、香茅、尤加利、冷杉、生薑、永久花、檸檬、香蜂草、檸檬草、萊姆、綠花白千層、甜橙、玫瑰草、廣藿香、胡椒薄荷、鼠尾草、綠薄荷、茶樹
流行性感冒	**用法**：泡澡、擴香、吸入、蒸氣 **精油**：大茴香籽、羅勒、月桂、佛手柑、黑胡椒、白千層、肉桂葉、香茅、丁香、芫荽籽、絲柏、藍膠尤加利、冷杉、乳香、生薑、葡萄柚、永久花、牛膝草、杜松漿果、薰衣草、檸檬、檸檬草、萊姆、松紅梅、橙花、綠花白千層、甜橙、胡椒薄荷、松樹、羅文莎葉、迷迭香、鼠尾草、綠薄荷、茶樹、百里香
痛風	**用法**：泡澡、按摩 **精油**：歐白芷、羅勒、野胡蘿蔔籽、芫荽籽、杜松漿果、檸檬、松樹、迷迭香、百里香

宿醉	**用法**：擴香、吸入 **精油**：大茴香籽、小荳蔻、生薑、葡萄柚、杜松漿果、檸檬、柑橘、胡椒薄荷、松樹、綠薄荷、百里香
花粉熱	**用法**：泡澡、按摩、擴香、吸入、蒸氣 **精油**：洋甘菊、香茅、丁香、藍膠尤加利、香蜂草、松紅梅、羅文莎葉、玫瑰
頭蝨	**用法**：局部塗抹 **精油**：白千層、肉桂葉、香茅、藍膠尤加利、天竺葵、薰衣草、檸檬草、松樹、迷迭香、茶樹、百里香
頭痛	**用法**：敷貼、擴香、吸入、按摩 **精油**：歐白芷、羅勒、白千層、小荳蔻、洋甘菊、香茅、快樂鼠尾草、芫荽籽、欖香脂、藍膠尤加利、葡萄柚、薰衣草、檸檬、香蜂草、檸檬草、松紅梅、甜馬鬱蘭、橙花、綠花白千層、甜橙、廣藿香、胡椒薄荷、苦橙葉、玫瑰、迷迭香、鼠尾草、綠薄荷、百里香
痔瘡	**用法**：泡澡、局部塗抹 **精油**：絲柏、乳香、天竺葵、杜松漿果、沒藥 **其他材料**：蘆薈、蜂蠟、金縷梅
消化不良	**用法**：按摩 **精油**：歐白芷、大茴香籽、月桂、黑胡椒、藏茴香、小荳蔻、野胡蘿蔔籽、洋甘菊、芫荽籽、茴香、生薑、牛膝草、薰衣草、香蜂草、檸檬草、柑橘、甜馬鬱蘭、沒藥、甜橙、胡椒薄荷、苦橙葉、迷迭香、鼠尾草、綠薄荷

發炎	**用法**：局部塗抹 **精油**：洋甘菊、香茅、欖香脂、茴香、乳香、永久花、牛膝草、薰衣草、香蜂草、橙花、甜橙、胡椒薄荷、玫瑰、鼠尾草、茶樹、百里香、岩蘭草 **基底油**：杏桃核仁油、琉璃苣油、椰子油、榛果油、荷荷巴油、玫瑰果油、芝麻油、聖約翰草油、葵花油 **其他材料**：浴鹽
昆蟲叮咬	**用法**：局部塗抹 **精油**：羅勒、佛手柑、白千層、洋甘菊、肉桂葉、香茅、尤加利、薰衣草、檸檬、香蜂草、檸檬草、萊姆、松紅梅、綠花白千層、廣藿香、胡椒薄荷、綠薄荷、茶樹、百里香、伊蘭伊蘭 **其他材料**：乳木果油、金縷梅
失眠	**用法**：泡澡、擴香、按摩 **精油**：羅勒、洋甘菊、快樂鼠尾草、薰衣草、香蜂草、柑橘、甜馬鬱蘭、橙花、甜橙、苦橙葉、羅文莎葉、玫瑰、檀香、綠薄荷、百里香、岩蘭草、伊蘭伊蘭
時差	**用法**：擴香 **精油**：佛手柑、天竺葵、生薑、檸檬、檸檬草、橙花、胡椒薄荷、迷迭香
股癬	**用法**：泡澡、局部塗抹 **精油**：月桂、檸檬草、松紅梅、茶樹
喉頭炎	**用法**：擴香、蒸氣 **精油**：佛手柑、白千層、藏茴香、快樂鼠尾草、檸檬尤加利、乳香、薰衣草、沒藥、松樹、羅文莎葉、鼠尾草、百里香
腰痛	**用法**：泡澡、按摩 **精油**：丁香、藍膠尤加利、甜馬鬱蘭

第九章　疾病、精油與療法一覽表

更年期的不適	**用法**：泡澡、擴香、按摩、噴霧 **精油**：大茴香籽、洋甘菊、快樂鼠尾草、芫荽籽、絲柏、茴香、天竺葵、薰衣草、橙花、玫瑰草、廣藿香、玫瑰、鼠尾草、綠薄荷、百里香、岩蘭草、伊蘭伊蘭
經痛	**用法**：泡澡、敷貼、按摩 **精油**：大茴香籽、洋甘菊、肉桂葉、快樂鼠尾草、芫荽籽、生薑、薰衣草、香蜂草、甜馬鬱蘭、廣藿香、玫瑰、迷迭香、鼠尾草、百里香
偏頭痛	**用法**：敷貼、擴香、吸入 **精油**：歐白芷、羅勒、羅馬洋甘菊、香茅、快樂鼠尾草、芫荽籽、薰衣草、香蜂草、松紅梅、甜馬鬱蘭、胡椒薄荷、綠薄荷
暈車、暈船	**用法**：吸入 **精油**：洋甘菊、生薑、胡椒薄荷、綠薄荷
肌肉痠痛	**用法**：泡澡、敷貼、按摩 **精油**：西印度檀香、大茴香籽、羅勒、黑胡椒、白千層、洋甘菊、肉桂葉、快樂鼠尾草、丁香、芫荽籽、絲柏、藍膠尤加利、冷杉、生薑、永久花、杜松漿果、薰衣草、檸檬草、松紅梅、甜馬鬱蘭、綠花白千層、胡椒薄荷、松樹、羅文莎葉、迷迭香、鼠尾草、綠薄荷、百里香、岩蘭草 **基底油**：聖約翰草油 **其他材料**：浴鹽
灰指甲	**用法**：局部塗抹 **精油**：丁香、檸檬尤加利、羅文莎葉、茶樹
噁心	**用法**：擴香、吸入 **精油**：大茴香籽、羅勒、黑胡椒、小荳蔻、洋甘菊、丁香、芫荽籽、茴香、生薑、葡萄柚、薰衣草、香蜂草、柑橘、甜馬鬱蘭、甜橙、胡椒薄荷、玫瑰、綠薄荷

野葛中毒	**用法**：局部塗抹 **精油**：洋甘菊、絲柏、乳香、永久花、薰衣草、沒藥、胡椒薄荷、茶樹
經前症候群 （PMS）	**用法**：泡澡、擴香、按摩 **精油**：佛手柑、藏茴香、小荳蔻、野胡蘿蔔籽、洋甘菊、快樂鼠尾草、芫荽籽、絲柏、茴香、乳香、天竺葵、葡萄柚、薰衣草、香蜂草、甜馬鬱蘭、橙花、玫瑰草、玫瑰、岩蘭草、伊蘭伊蘭
牛皮癬	**用法**：泡澡、局部塗抹 **精油**：歐白芷、月桂、佛手柑、野胡蘿蔔籽、維吉尼亞雪松、洋甘菊、杜松漿果、薰衣草、玫瑰 **基底油**：琉璃苣油、椰子油、月見草油、玫瑰果油、聖約翰草油 **其他材料**：可可脂、浴鹽、乳木果油、金縷梅
疹子	**用法**：泡澡、敷貼、局部塗抹 **精油**：月桂、佛手柑、野胡蘿蔔籽、維吉尼亞雪松、洋甘菊、快樂鼠尾草、欖香脂、永久花、薰衣草、沒藥、玫瑰草、胡椒薄荷、檀香、茶樹 **基底油**：杏仁油、杏桃核仁油、琉璃苣油、榛果油、荷荷巴油、橄欖油、芝麻油
皮癬	**用法**：局部塗抹 **精油**：天竺葵、薰衣草、松紅梅、沒藥、胡椒薄荷
疥瘡	**用法**：泡澡 **精油**：佛手柑、白千層、肉桂葉、薰衣草、檸檬草、胡椒薄荷、松樹、迷迭香、百里香 **其他材料**：蘆薈

第九章　疾病、精油與療法一覽表

疤痕	**用法**：局部塗抹 **精油**：香脂、乳香、永久花、薰衣草、柑橘、橙花、綠花白千層、玫瑰草、廣藿香、玫瑰 **基底油**：琉璃苣油、金盞花油、椰子油、橄欖油、玫瑰果油、葵花油 **其他材料**：可可脂
坐骨神經痛	**用法**：泡澡、按摩 **精油**：甜馬鬱蘭、松樹、百里香
季節性情緒失調	**用法**：泡澡、擴香 **精油**：佛手柑、生薑、葡萄柚、香蜂草、甜橙、苦橙葉、伊蘭伊蘭
帶狀皰疹	**用法**：泡澡、局部塗抹 **精油**：丁香、天竺葵、羅文莎葉、茶樹
鼻竇炎	**用法**：蒸氣 **精油**：羅勒、白千層、維吉尼亞雪松、欖香脂、尤加利、冷杉、生薑、松紅梅、綠花白千層、胡椒薄荷、松樹、羅文莎葉、檀香、綠薄荷、茶樹、百里香
喉嚨痛	**用法**：擴香、蒸氣 **精油**：月桂、佛手柑、白千層、藏茴香、羅馬洋甘菊、快樂鼠尾草、尤加利、天竺葵、生薑、牛膝草、薰衣草、沒藥、綠花白千層、松樹、綠薄荷、百里香
扭傷和拉傷	**用法**：敷貼、按摩 **精油**：月桂、黑胡椒、洋甘菊、丁香、藍膠尤加利、生薑、永久花、薰衣草、檸檬草、甜馬鬱蘭、松樹、迷迭香、百里香、岩蘭草 **其他材料**：浴鹽、金縷梅

壓力	**用法**：泡澡、擴香、吸入、按摩 **精油**：西印度檀香、歐白芷、大茴香籽、羅勒、佛手柑、黑胡椒、小荳蔻、雪松、洋甘菊、肉桂葉、香茅、快樂鼠尾草、丁香、芫荽籽、絲柏、欖香脂、冷杉、乳香、天竺葵、葡萄柚、永久花、牛膝草、杜松漿果、薰衣草、香蜂草、檸檬草、柑橘、松紅梅、甜馬鬱蘭、橙花、甜橙、玫瑰草、廣藿香、胡椒薄荷、苦橙葉、松樹、羅文莎葉、玫瑰、迷迭香、鼠尾草、檀香、綠薄荷、百里香、岩蘭草、伊蘭伊蘭
妊娠紋	**用法**：局部塗抹 **精油**：欖香脂、乳香、永久花、薰衣草、柑橘、沒藥、橙花、玫瑰草、廣藿香、玫瑰 **基底油**：琉璃苣油、椰子油、橄欖油、玫瑰果油 **其他材料**：蜂蠟、可可脂、乳木果油
曬傷	**用法**：局部塗抹 **精油**：野胡蘿蔔籽、洋甘菊、天竺葵、永久花、薰衣草、香蜂草、胡椒薄荷、綠薄荷 **基底油**：酪梨油、金盞花油、椰子油、聖約翰草油、葵花油 **其他材料**：蘆薈、可可脂
肌腱炎	**用法**：敷貼、按摩 **精油**：黑胡椒、絲柏、檸檬草、松樹、迷迭香、岩蘭草
扁桃腺炎	**用法**：蒸氣 **精油**：月桂、佛手柑、羅馬洋甘菊、天竺葵、牛膝草、百里香
陰道炎	**用法**：坐浴 **精油**：白千層、檸檬草、松紅梅、沒藥、玫瑰草、茶樹

靜脈曲張	**用法**：敷貼、按摩 **精油**：佛手柑、絲柏、茴香、葡萄柚、檸檬、檸檬草、萊姆、迷迭香、鼠尾草 **其他材料**：金縷梅
眩暈	**用法**：吸入 **精油**：大茴香籽、生薑、薰衣草、橙花、胡椒薄荷
疣	**用法**：局部塗抹 **精油**：白千層、維吉尼亞雪松、肉桂葉、檸檬、萊姆、松紅梅、茶樹
百日咳	**用法**：蒸氣 **精油**：大茴香籽、快樂鼠尾草、絲柏、永久花、牛膝草、薰衣草、松紅梅、綠花白千層、羅文莎葉、迷迭香、茶樹

在下一篇中，我們將探討如何用精油來保養身體、改善情緒及提升靈性。

第四篇

用精油照護
身心靈

　　在介紹了用精油治病的方法之後，在這一篇中，我將談談如何自行製作護膚和護髮用品。這樣做的好處是可以讓我們的身體不致接觸到太多的化學成分，而且還可以用精油調出自己獨有的香氣。如果你沒有那麼多時間，也可以把精油加入有機的無香乳霜或護膚水中。

　　你將會發現有些用來治病的精油和療法也很適合用來美容保養。在本篇中，我將說明該如何用精油以及其他材料來製作美容保養品以及相關的注意事項，尤其是在製作臉部磨砂膏和面膜的時候。除了護膚用品之外，我也會教你如何製作護髮用品，讓你的頭髮保持潔淨與健康。此外，本篇還會以表格說明哪些精油、基底油以及其他材料適合用來做成哪一種保養品，以幫助你選擇最適合自己的成分。

　　在另外一章中，我將說明如何用精油來進行芳香療法。由於嗅覺與記憶和情緒有著緊密的連結，因此精油在療癒並改善情緒方面具有強大的效果，能夠幫助我們減輕壓力、安撫焦慮的心情、改善情緒以及集中注意力等等。

　　此外，在本篇中，我也將探討人體的脈輪系統以及這些能量中樞與生活各個面向之間的關係，並說明該如何用精油來活化脈輪的能量，並促進它的流動，藉以達成並維持人體的平衡。由於香氣自古以來就是宗教儀式中不可或缺的一部分，因此我也將在本篇說明如何製造香氛蠟燭以幫助自己在靈性上的修行。此外，有鑑於火向來被視為導致轉化的元素，因此我也將說明我們可以如何運用一些蠟燭魔法來改變自己的生命。

第十章
精油療法

個人保養用品

精油除了可以做為天然的家庭良藥之外，也可用於個人保養品中，以免我們的身體接觸到太多的化學物品。此外，我們也可以用精油為個人專屬的保養用品創造特殊的香氣，或把精油添加在有機的無香乳霜或護膚水中。

肌膚的保養

皮膚要好，第一個步驟就是要保持清潔。在睡覺前務必要卸妝並洗臉。此外，在使用臉部磨砂膏和面膜之前也要先把臉洗乾淨。無論磨砂膏或面膜都有去角質的作用，能使肌膚更加滑嫩。不過，面膜雖然有助肌膚的深層清潔，但有乾性或敏感性肌膚的人在使用時必須小心。

第八章中所提到的蒸氣吸入法除了可以治療感冒、支氣管炎等疾病之外，對皮膚也很有好處，有助打開並清潔毛孔，還可補充肌膚的水分。這種方式適合大多數膚質，但如果你的臉上容易出現紅色的血絲，就要避免蒸臉。

臉部磨砂膏

很多人在製作臉部磨砂膏時都會用玉米粉或燕麥粉來當基底。這兩種粉都可以去角質，但燕麥粉稍微溫和一些，可以用在敏感性肌膚上，並且能為肌膚補充水分。玉米粉則有助去除多餘的油脂並且不致使皮膚變得太乾。如果你想用玉米粉，最好選擇非基改的有機產品。至於燕麥粉，也最好選擇有機的（燕麥的市場不大，所以業者沒有興趣種植基改燕麥。）

臉部去角質磨砂膏

- 2-3 滴基底油
- 1-2 滴精油
- 1 小匙磨得很細的玉米粉或燕麥粉

　　把基底油和精油混合，然後加入玉米粉或燕麥粉中，混合均勻。必要時可以多加 1-2 滴基底油，讓材料更有黏性。把做好的磨砂膏敷在臉上輕輕搓揉，再用溫水洗淨。

　　在製作磨砂膏時，也可以用少許蜂蜜或優格來取代基底油，以便讓成品更加溼潤。儘管這種磨砂膏對臉部的肌膚頗有好處，但一週頂多只能用一次，因為過度去角質可能會傷害皮膚。

面膜

　　面膜有助清潔、滋潤肌膚並促進肌膚的血液循環。穀粉是製作面膜的基本材料，其中又以燕麥粉或在來米粉最好。如果你手上有燕麥粉，要用食物調理機將它磨細。燕麥粉適合各種膚質，甚至包括敏感性肌膚。它具有消炎作用，有助緩解肌膚發炎的狀況，還能清除毛孔內的汙垢並補充肌膚的水分。在來米粉同樣也具有消炎作用，還能吸收皮膚多餘的油脂。如果你想用燕麥粉，最好買有機的產品。如果你要用在來米粉，最好也買有機的非基改產品。

　　製作面膜的另一項基本材料便是化妝土。這類黏土由於礦物質含量豐富，可以使肌膚恢復活力。最多人使用的化妝土共有三種，分別是膨潤土、法國綠礦泥粉以及白色的高嶺土。膨潤土吸收力很強，能修復受損的肌膚，適合油性膚質使用。法國綠礦泥粉的吸收力也很強，還可縮小毛孔，也適合油性肌膚。白色高嶺土的吸收力比較溫和，適合中性、乾性和敏感性肌膚使用。它也被稱為「白色化妝土」和「瓷土」。

　　在敷面膜時，究竟該不該等它乾燥之後再拿下來呢？這個問題曾經引起許多討論。但近年來美容專家一致認為還是不要等它變乾比較好。如果你曾經有過讓面膜在你臉上變乾的經驗，你可能還記得當時你的皮膚有些緊繃的感覺。這並不是因為面膜把你的毛孔縮小了，而是因為它把你的皮膚裡的水分吸走了。因此，你最好在面膜開始要變乾的時候就把它拿下來。

清潔面膜

- 2大匙燕麥粉、在來米粉或化妝土
- 1大匙蜂蜜、優格或牛奶（份量只要足以讓乾粉成為糊狀就夠了）
- 6-10滴單方或複方精油

把所有材料混合並攪拌均勻。把做好的面膜敷在臉上，但要避開髮際線、嘴唇和眼睛的部位。小心不要碰到眼睛。當面膜開始變乾時，就用溫水將它徹底沖洗乾淨，然後把臉拍乾並搽上保溼霜。

保溼霜

每天一定要搽保溼霜，尤其是在使用臉部磨砂膏或面膜之後。

簡易潤膚油

- 4大匙單一或混合的基底油
- 12-20滴單方或複方精油（這是臉部保溼油的用量）
- 或24-40滴單方或複方精油（這是身體保溼油的用量）

將精油和基底油徹底混合，然後用指尖沾取，塗抹在臉上或身體上。沒用完的油要放在密閉的瓶子裡儲存。

潤膚乳

- 2大匙可可脂或乳木果油（磨碎或削成片狀）
- $1^{1}/_{2}$大匙單一或混合的基底油
- 15-20滴單方或複方精油（這是臉部潤膚乳的用量）
- 或18-30滴單方或複方精油（這是身體潤膚乳的用量）

把少許水放在鍋子裡煮滾後離火。把可可脂或乳木果油和基底油裝進一個罐子，放在鍋中的熱水裡，並不停攪拌，直到可可脂（或乳木果油）融化為止。把罐子從水中取出，讓裡面的混合物冷卻至室溫，然後重新加熱一次。等到混合物再度冷卻後，就可以加入精油

並徹底攪拌。把做好的成品放進冰箱的冷藏室裡，過 5-6 個小時再拿出來。等它回復到室溫就可以使用或儲存了。

　　第一次加熱後，可可脂（或乳木果油）中可能還會有很小的顆粒。所以要將它再加熱一次，以便讓乳霜的質地更加均勻滑順。

化妝水與收斂水

　　化妝水和收斂水使用的時間都是在洗臉之後、搽上保溼霜之前。化妝水可以補充肌膚的水分，並去除皮膚上的殘留物，使肌膚更加乾淨。收斂水也有助清潔肌膚並去除多餘的油脂。大致上來說，化妝水適合所有膚質使用，收斂水則最適合油性肌膚，但其他膚質的人也可用它來去除殘留的汙垢並縮小毛孔，但不宜每天使用。化妝水和收斂水大多都是以花水（例如玫瑰花水或薰衣草花水）為基底，不過洋甘菊茶或其他花草茶的效果也很好，但必須等到茶水冷卻後才能開始製作。夏天時，你可以把你的化妝水或收斂水放在冰箱裡，這樣用起來會有清涼提神的效果。

臉部收斂水	臉部化妝水
• ¼杯花水或花草茶	• ¼杯花水或花草茶
• 15-25滴單方或複方精油	• 12-20滴單方或複方精油
• 1大匙金縷梅	

　　如果你要用花草茶，必須先讓它泡 15 分鐘，然後等它放涼。之後再把所有材料放在一個瓶子裡搖勻。做好的成品可用棉球沾取後搽在臉上。

表格10.1 可以用來護膚的精油與其他材料

混合型肌膚	**精油**：白千層、洋甘菊、欖香脂、薰衣草、香蜂草、甜馬鬱蘭、橙花、玫瑰草、廣藿香、苦橙葉、玫瑰、綠薄荷、岩蘭草、伊蘭伊蘭 **基底油**：杏仁油、杏桃核仁油、琉璃苣油、椰子油、榛果油、荷荷巴油、玫瑰果油、葵花油
乾性肌膚	**精油**：洋甘菊、欖香脂、乳香、天竺葵、薰衣草、香蜂草、沒藥、橙花、玫瑰草、廣藿香、玫瑰、岩蘭草、伊蘭伊蘭 **基底油**：杏仁油、杏桃核仁油、酪梨油、琉璃苣油、金盞花油、椰子油、月見草油、榛果油、荷荷巴油、橄欖油、玫瑰果油、芝麻油、葵花油 **其他材料**：蜂蠟、可可脂、乳木果油
成熟肌膚	**精油**：西印度檀香、野胡蘿蔔籽、洋甘菊、快樂鼠尾草、欖香脂、茴香、乳香、天竺葵、永久花、薰衣草、香蜂草、柑橘、沒藥、橙花、玫瑰草、廣藿香、玫瑰、岩蘭草、伊蘭伊蘭 **基底油**：杏仁油、杏桃核仁油、酪梨油、琉璃苣油、金盞花油、椰子油、月見草油、榛果油、荷荷巴油、橄欖油、玫瑰果油、芝麻油、葵花油 **其他材料**：蜂蠟、可可脂、乳木果油
中性肌膚	**精油**：西印度檀香、歐白芷、洋甘菊、欖香脂、薰衣草、香蜂草、檸檬草、甜馬鬱蘭、橙花、玫瑰草、廣藿香、胡椒薄荷、苦橙葉、玫瑰、綠薄荷、岩蘭草、伊蘭伊蘭 **基底油**：杏仁油、杏桃核仁油、琉璃苣油、椰子油、榛果油、荷荷巴油、玫瑰果油、葵花油 **其他材料**：蜂蠟、可可脂
油性肌膚	**精油**：佛手柑、白千層、藏茴香、雪松、洋甘菊、香茅、快樂鼠尾草、芫荽籽、絲柏、尤加利、欖香脂、茴香、天竺葵、葡萄柚、永久花、杜松漿果、薰衣草、檸檬、香蜂草、檸檬草、萊姆、柑橘、松紅梅、橙花、綠花白千層、甜橙、玫瑰草、廣藿香、胡椒薄荷、苦橙葉、玫瑰、迷迭香、檀香、綠薄荷、茶樹、百里香、岩蘭草、伊蘭伊蘭 **基底油**：杏仁油、杏桃核仁油、琉璃苣油、椰子油、榛果油、荷荷巴油、玫瑰果油、葵花油

青春痘	**精油**：西印度檀香、佛手柑、白千層、雪松、快樂鼠尾草、永久花、薰衣草、檸檬、香蜂草、萊姆、柑橘、松紅梅、綠花白千層、甜橙、玫瑰草、苦橙葉、檀香、綠薄荷、茶樹、百里香 **基底油**：琉璃苣油、榛果油、玫瑰果油 **其他材料**：蜂蠟、乳木果油、金縷梅
敏感性肌膚	**精油**：歐白芷、洋甘菊、薰衣草、橙花、玫瑰、綠薄荷 **基底油**：杏仁油、杏桃核仁油 **其他材料**：蜂蠟、可可脂
皺紋與細紋	**精油**：西印度檀香、野胡蘿蔔籽、快樂鼠尾草、欖香脂、乳香、天竺葵、柑橘、沒藥、橙花、玫瑰草、廣藿香、玫瑰 **基底油**：琉璃苣油、荷荷巴油、玫瑰果油、葵花油 **其他材料**：蜂蠟

頭髮的保養

　　頭髮之所以會受損，通常是因為洗髮次數太過頻繁、夏天時過度曝晒於陽光下或染髮所致。當我們發現自己的頭髮受損時，經常會努力護髮，卻幾乎完全忘記頭皮的存在。然而，要有健康的頭髮，得先有健康的頭皮。為了修復受損的頭髮，我們兩者都需要保養。

　　按摩頭皮可以促進血液循環，以便長出健康的毛髮，同時也有助去除頭皮屑，並防止新的頭皮屑產生。

頭皮按摩油

- 1大匙單一或混合的基底油
- 3-5滴單方或複方精油

　　把兩種油混合在一起。洗髮前，先用指尖沾取幾滴按摩油，用來按摩頭皮。沒用完的油要存放在可以密閉的瓶子裡。

　　椰子油是很好的護髮油，能使頭髮恢復健康，但其他基底油效果也很好。關於可可脂和乳木果油的詳細資料，請參閱第七篇。

護髮霜

- 1小匙可可脂或乳木果油
- 3大匙基底油或混合油
- 12-20滴單方或複方精油

放少許水在鍋中,煮滾後離火。把可可脂(或乳木果油)和基底油倒進一個罐子裡,放入熱水中,不停地攪拌,直到所有材料都融化並混合均勻為止。讓混合物冷卻至室溫,然後重新加熱。等它再次冷卻至室溫後即可加入精油。把罐子放進冰箱冰幾個小時,直到混合物凝固為止。然後再從冰箱中取出,等它回復到室溫就完成了。使用時可取大約一根手指頭大小的成品按摩頭皮和頭髮,然後用毛巾把頭髮包起來。過15-30分鐘之後再沖洗乾淨就可以了。

頭皮屑

造成頭皮屑的原因有好幾種,其中包括頭皮太乾、太油或皮膚出了狀況,甚至也可能是由壓力所造成。這些問題都可以用精油來解決。如果你的頭皮屑有一部分是由壓力所造成,你可以把具有鎮靜舒緩作用的精油加入你的頭皮屑複方中。要想抑制頭皮屑的產生,就要讓頭皮和頭髮保持乾淨,並定期讓頭皮曬曬太陽。

具有鎮靜舒緩作用的頭皮屑複方

- 2大匙基底油或混合油
- 8-10滴單方或複方精油

把兩種油混合,用來輕輕的按摩頭皮。讓這些油停留在頭皮上大約15分鐘,然後再用洗髮精清洗乾淨。

表格10.2可以用來護髮的精油與其他材料

頭皮屑	**精油**：月桂、小荳蔻、大西洋雪松、快樂鼠尾草、尤加利、天竺葵、薰衣草、檸檬、萊姆、柑橘、松紅梅、甜馬鬱蘭、沒藥、廣藿香、胡椒薄荷、迷迭香、鼠尾草、綠薄荷、茶樹、伊蘭伊蘭 **基底油**：酪梨油、椰子油、荷荷巴油、橄欖油、芝麻油 **其他材料**：蘆薈
乾性髮質	**精油**：月桂、快樂鼠尾草、天竺葵、沒藥 **基底油**：杏仁油、杏桃核仁油、酪梨油、椰子油、榛果油、荷荷巴油、橄欖油 **其他材料**：可可脂、乳木果油
中性髮質	**精油**：野胡蘿蔔籽、天竺葵、薰衣草、檸檬、迷迭香 **基底油**：椰子油、荷荷巴油
油性髮質	**精油**：月桂、藏茴香、雪松、香茅、快樂鼠尾草、絲柏、葡萄柚、杜松漿果、檸檬、萊姆、松紅梅、綠花白千層、廣藿香、苦橙葉、茶樹、伊蘭伊蘭 **基底油**：杏仁油、杏桃核仁油、榛果油、荷荷巴油
促進毛髮生長	**精油**：羅勒、大西洋雪松、絲柏、葡萄柚、薰衣草、橙花、迷迭香、鼠尾草、百里香、伊蘭伊蘭 **基底油**：杏仁油、杏桃核仁油

身體的保養

　　市售的身體保養品除了價格昂貴，大多都含有化學成分，而且我們如果同時使用不同的產品，它們的香味可能會彼此干擾。如果我們能自己製作，就可以遠離化學產品並且調出自己喜歡的香氣。

身體磨砂膏和泡泡浴球

　　除非你的皮膚有什麼問題，否則身體磨砂膏的質地不需要像臉部磨砂膏那麼溫和。糖和浴鹽（或海鹽）是身體磨砂膏的基本原料。鹽裡含有對皮膚有益的礦物質。糖則是用來軟化鹽粒，使它們不致太過粗礪。如果你的膚質比較敏感，那用糖就好了，不要用鹽。

身體磨砂膏

- ¹/₂杯砂糖（白砂糖或黃砂糖皆可）
- ¹/₂浴鹽或海鹽
- 5大匙單一或或混合的基底油
- 1小匙單方或複方精油

　　把乾料一起放在碗裡。將基底油與精油混合，然後將所有的材料拌勻。不用時，要儲存在一個可以密閉的罐子裡。

　　泡澡時，除了把精油放入洗澡水或浴鹽中（參見第八章）之外，偶爾也可以用泡泡浴球來增添一點趣味。在以下的配方中，檸檬酸的作用便是讓洗澡水嘶嘶冒泡。有關購買檸檬酸時應該注意的事項，請參閱第七篇。

泡泡浴球

- 1杯小蘇打
- ¹/₂杯檸檬酸
- 1小匙乾燥花草和（或）花瓣（可省略）
- ¹/₂小匙可可脂或乳木果油
- 10滴單方或複方精油
- 1-2滴基底油（必要時）

　　把所有乾料混合，放在一旁。在鍋中放少許水，煮滾後離火。把可可脂或乳木果油裝進一個罐子裡，放在熱水鍋中，不停攪拌，直到油脂融化為止。等到混合物冷卻後即可加入精油攪拌。之後再慢慢加入乾料，直到混合物的質地看起來像是一團溼溼的沙子為止。如果它太過乾燥、容易碎散，可以加1-2滴基底油，以增加它的黏著度。把混合物填入好看的糖果模型內，過一兩天後再收存起來。

除了用糖果模型之外，你也可以用蔬果挖球器為你的浴球塑形，然後將它們擺在一張蠟紙上，過一兩天後再使用或儲存。

爽身粉

在為自己調製了令人心曠神怡的泡澡香氛後，可以再接著製作一款氣味相近的爽身粉。所用的基本原料可以是玉米粉、竹芋粉或者磨得很細的在來米粉或燕麥粉。如果你想用玉米粉或在來米粉，最好買有機的非基改產品。當然，你也可以使用有機的燕麥粉或者不含二氧化硫的竹芋粉。不妨嘗試各種不同的搭配，以找出自己喜歡的質地。

簡易爽身粉

- 1杯基底粉
- $1/4$ 杯小蘇打或白色的高嶺土
- $1/2$ – $3/4$ 小匙單方或複方精油

把所有乾料混合，加入精油。再用一根叉子或小型的打蛋器徹底攪拌，把裡面的小團塊打散。做好的爽身粉要儲存在可以密閉的罐子裡。

體香劑

我們的身體之所以會散發異味，是由細菌所造成。因此抑制體味最好的辦法就是用可以抗菌的精油來對付它。這些精油包括小荳蔻、絲柏、杜松漿果、薰衣草、橙花、胡椒薄荷、迷迭香和茶樹等。至於基底油和乾料的比例，你不妨自己做些實驗，看看哪一種比例可以做出你喜歡的質地。

體香膏

- $1/4$ 杯玉米粉
- $1/4$ 杯小蘇打
- $1/4$ 杯基底油或混合油
- $1/4$ – $1/2$ 盎司蜂蠟
- $1/2$ – $3/4$ 小匙單方或複方精油

將所有的乾料混合，放在一旁。把基底油和蜂蠟倒入一個罐子裡，並放在一鍋水裡面，以小火加熱，並不停地攪拌，直到蜂蠟融化為止。將鍋子離火，等到罐子裡的混合物冷卻後便加入精油攪拌，然後再把乾料加入，並且用叉子徹底攪拌均勻。之後便可將它裝入一個好看又可以密閉的罐子裡存放。

這種體香膏適合用指尖沾取塗抹。但就像其他用於腋下的產品一樣，要在刮完腋毛後至少隔半個小時才能使用。至於體香噴霧，最好能裝在一個可以噴出細霧的瓶子裡。

體香噴霧

- 6盎司水
- 1盎司金縷梅
- $1/4$小匙單一或混合的基底油
- $1/4$小匙單方或複方精油

把水和金縷梅倒進一個瓶子裡。把基底油和精油混合後，加入水和金縷梅。使用前要先搖勻。

表格10.3 適用於體香劑的精油

去除體臭	佛手柑、小荳蔻、快樂鼠尾草、芫荽籽、絲柏、尤加利、天竺葵、薰衣草、檸檬、檸檬草、松紅梅、橙花、廣藿香、胡椒薄荷、苦橙葉、松樹、羅文莎葉、鼠尾草、檀香、綠薄荷、茶樹、百里香、岩蘭草
止汗	香茅、絲柏、檸檬草、苦橙葉、松樹、鼠尾草

這一章所列出的配方有許多都具有雙重效果，除了可以護髮護膚之外，也可以改善我們的情緒，增加幸福感。這點我們將在下一章中討論。

第十一章
有益心靈健康的芳香療法

嗅覺和我們的記憶與情感息息相關。這是因為大腦內的嗅覺皮層和掌管情緒的邊緣系統有著緊密的連結。我們左右兩側的鼻腔頂端都有一小塊區域，裡面含有成千上萬個嗅覺受體。我們吸氣時，空氣會經過這些受體，然後相關的訊息就會沿著一條神經被傳送到大腦。而我們的嗅覺神經除了傳送氣味訊息之外，也會影響中樞神經系統的運作。

精油可以直接觸及大腦內儲存著豐富的記憶和情感的區域，因此芳香療法具有強大的療癒效果，且能夠改善我們的情緒。由於吸入的氣味會影響大腦的活動，因此精油有助減輕壓力、緩解焦慮，讓我們心情平靜。它們的氣味能夠幫助我們處理各種情緒方面的問題，改善心情，並且集中注意力，也能改善一個房間的氣氛，給人悠閒放鬆、充滿能量、歡快明朗或羅曼蒂克的感覺。

用精油擴香

要用精油來讓我們心情愉悅舒暢，最簡單的方法莫過以擴香的方式將它們的香氣擴散到空氣中。我們在第八章中已經談過各式各樣的擴香器具。儘管市面上各種新式的擴香器具層出不窮，但簡單原始的茶蠟擴香台還是很受歡迎。這類燭台除了可以散發香氣之外，它們那搖曳的燭光也具有安撫、放鬆的效果。

在中世紀時期，一到夏天，人們便會在家中四處懸掛成束的芳香植物，利用其中的精油氧化後所散發的氣味讓室內變得清涼宜人、氣味芬芳。16 世紀時，人們會把蒸餾過的花水（如紫蘿蘭、迷迭香等）灑在木頭地板上，讓室內空氣變得芬芳涼爽。到了現代，有些人會把單方或複方精油灑在兩三條緞帶上，然後把它們掛在打開的窗戶之前或綁在電扇前面。如果用的是類似薄荷這樣的精油，除了可以讓房間裡瀰漫著香氣之外，也有助降低室溫。如果用的是具有驅蟲功效的精油，則可讓害蟲遠離。不過，我們不必像從前的人那樣把花水灑在地板上，因為我們可以用室內噴霧器，一個具有細霧噴嘴的噴瓶其實就是低科技版本的噴霧器。

室內芳香噴劑

- 1/4 杯原味的伏特加
- 1/4 小匙單方或複方精油
- 1/4 杯水

把伏特加和精油放進噴瓶中混合均勻，再加入水。搖勻後對著空中噴灑。

這個配方中的伏特加扮演了乳化劑的角色，讓精油和水這兩種原本無法混合的物質可以結合。要製作這類噴劑，最好使用原味的伏特加，因為這種伏特加通常不含任何添加物。但這種噴劑最好趕快用完，因為時間一久，伏特加裡面的酒精就會和精油相互作用，導致精油的氣味產生變化。在製作這種噴劑時，千萬不可使用消毒用的酒精（也就是異丙醇），因為這種酒精被人體吸入後會造成危害。

擴香瓶

這種不用插電的擴香法擴散精油的速度較慢，但好處是它既溫和又安全。

要製作一個擴香瓶，需要用到：

- 一個好看的玻璃或陶瓷容器
- 擴香竹
- 基底油
- 單方或複方精油

要製作擴香瓶，最好用玻璃或陶瓷做的矮罐或窄口的花瓶，不要用塑膠容器，因為塑膠內的化學成分可能會滲入精油和基底油中。如果你用的是有軟木塞的寬口罐子，你可以在軟木塞上鑽一個大小足以容納擴香竹的洞。市面上販售的擴香竹有好幾種，但效果最好的是藤莖，因為它們內部多孔，能夠更平均的吸收精油。擴香竹的高度至少應該是罐子的兩倍。

至於基底油，最好使用質地比較清爽的那一種，因為它會比那些質地黏稠的基底油更容易被擴香竹吸收。雖然有很多人建議用甜杏仁油，但我發現葵花油因為質地清爽的緣故，效果最好。如果你想用一種以上的精油，應該先把它們混合起來，並放置一個星期左右，讓它們逐漸熟成。

製作時，先把 $^1/4$ 杯基底油倒進你的擴香瓶，再加入 2 小匙的單方或複方精油，並旋轉瓶身，使兩種油混合均勻，然後再把擴香竹插進罐子裡。最初一兩天，你要把擴香竹倒過來兩三次，讓它們吸油。之後，每一兩天要倒轉一次，讓香氣得以擴散。過一段時間後，必須在罐子裡添加更多的油。當擴香竹已經完全飽和時，就可以換新了。

在製作擴香瓶時，有幾件事要注意。首先，市售的那些供擴香瓶使用的芳香油往往是人工合成的油，而非真正的精油。其中有些聞起來可能很香，但卻是用化學物質製成的。市面上那些供擴香瓶使用的基礎油往往也是化學合成的。另外，有些人建議用礦物油和二丙二醇做為基礎油，但基於同樣的道理，最好不要使用。

其他芳香療法

泡個熱水澡能幫助你放鬆，但若能加上精油，效果會更好。你可以把 12-18 滴精油和 1 盎司的基底油混合，加入你的洗澡水中。基底油可以幫助精油均勻的散佈在水中。即使你比較習慣淋浴，還是可以享受精油所帶來的好處。你可以把 40-60 滴精油滴在一條洗臉毛巾上，將它對折再對折，然後放在淋浴間的地板上可以被熱水沖到的位置。另外一種方法就是製作沐浴蒸氣香球。

在使用沐浴蒸氣香球的時候要小心，因為其中的基底油可能會讓淋浴間的地板變滑。當室溫太高或天氣太熱時，你可能需要把沐浴蒸氣香球放在冰箱裡，才能讓它們保持在固體的狀態。使用的方法就是放一顆沐浴蒸氣香球在淋浴間的地板上，然後開始沖個熱水澡。當你心情低落時，就可以採行以上這兩種方法，利用具有激勵作用的精油來提振自己的情緒。

沐浴蒸氣香球

- 4 大匙可可脂或乳木果油
- 1 大匙單一或混合的基底油
- 40-60 滴單方或複方精油

把少許水放在鍋中，煮滾後離火。把可可脂（或乳木果油）和基底油放進一個罐子裡，置於熱水中，不停的攪拌直到油脂融化為止。讓混合物冷卻至室溫，然後加入精油，接著再倒進迷你型的杯子蛋糕紙托中，並將它們放在冰箱裡，5-6 個小時之後再拿出來。等到成品回復到室溫時，就可以貯存了。

在用可可脂或乳木果油製作香氛產品時，通常要把乳脂和基底油加熱兩次，以去除第一次加熱後可能形成的小團塊或顆粒。當你要製作直接用在肌膚上的產品時，這道程序很重要。不過，在製作沐浴蒸氣香球時，由於它的質地並不需要太光滑，因此這道手續可以省略。

在睡覺前，你也可以用第八章所描述的有助緩解呼吸道症狀的簡易蒸氣法來幫助自己放鬆身心。方法是：將一杯水煮開，倒進一個馬克杯，再加入 1-2 滴精油，然後把杯子湊近臉部，把那些水氣吸進去。

另外一個能幫助你放鬆並入眠的方法就是在你的枕頭或床單上滴幾滴精油。或者，你也可以在床邊放一個擴香瓶，或者把幾滴精油滴在棉球上，然後再塞進一個紗袋裡，掛在床柱上或放在枕頭邊。

還有一個可以讓你的私密空間瀰漫著精油香氣的辦法就是按摩。你可以把 2-3 滴精油和 1 小匙基底油混合，用來按摩你的頸部和太陽穴。你也可以在手腕或膝蓋後方的壓痛點上稍作按摩，讓你的體溫活化那些精油，使它的香氣向上飄散。

行動芳療法

即使你不在家，一樣也可以進行芳香療法，只要把一根呼吸棒放在口袋或皮包裡帶著走就行了。這樣一來，無論在上班時間或公共場所，必要時你都可以將它拿來出，湊近鼻子吸個一兩口。但是當你正在開車或操作任何一種儀器設備時，要避免使用那些會讓你非常放鬆的精油。在下午時分，當你需要提神醒腦時，與其泡杯咖啡喝，不如把薄荷精油滴入呼吸棒嗅聞。

這種吸入法除了有助緩解感冒症狀之外，也能隨時隨地幫助你改善自己的心情。必要時，你也可以把2-3滴精油滴在一張面紙上，然後放在塑膠袋裡帶著走。

另外一個讓你在外面也可以享受芳療的辦法就是佩戴一條盒式的香薰吊墜、項鍊或手環。除此之外，市面上也可以買到香薰珠子。這類珠子能夠吸收精油，而且可以被串成項鍊或手環。你只要在出門前在珠子上面滴幾滴精油就可以了。這樣的珠串除了用來薰香之外，也可以當成傳統的佛珠使用，或者你也可以自己製作祈禱用的香氛念珠。

有助安定情緒的精油

精油除了可以薰香、治病之外，也能用來安定情緒。表格 11.1 列出了那些可以用來安定情緒的精油。這些精油的用途很多，但在你心緒不佳時特別好用。你可能會發現有幾種精油（例如薰衣草）幾乎適用於每一種用途。

表格 11.1 有助安定情緒的精油

需要 平衡情緒時	西印度檀香、歐白芷、大茴香籽、羅勒、月桂、佛手柑、白千層、藏茴香、小荳蔻、野胡蘿蔔籽、雪松、芹菜籽、洋甘菊、肉桂葉、快樂鼠尾草、芫荽籽、絲柏、欖香脂、檸檬尤加利、茴香、冷杉、乳香、葡萄柚、永久花、薰衣草、檸檬、萊姆、柑橘、松紅梅、甜馬鬱蘭、沒藥、橙花、綠花白千層、廣藿香、胡椒薄荷、苦橙葉、松樹、迷迭香、鼠尾草、檀香、茶樹、百里香、岩蘭草、伊蘭伊蘭
需要注意力 集中、頭腦 清醒時	西印度檀香、羅勒、月桂、佛手柑、黑胡椒、白千層、小荳蔻、雪松、肉桂葉、香茅、快樂鼠尾草、絲柏、欖香脂、檸檬尤加利、乳香、天竺葵、葡萄柚、永久花、薰衣草、檸檬、香蜂草、檸檬草、松紅梅、沒藥、橙花、綠花白千層、甜橙、玫瑰草、廣藿香、胡椒薄荷、苦橙葉、松樹、羅文莎葉、迷迭香、鼠尾草、綠薄荷、茶樹
感到失落與 哀傷時	歐白芷、羅勒、佛手柑、雪松、絲柏、藍膠尤加利、冷杉、天竺葵、薰衣草、香蜂草、甜馬鬱蘭、沒藥、廣藿香、羅文莎葉、玫瑰、迷迭香、檀香、百里香、西洋蓍草
心神疲倦時	歐白芷、羅勒、白千層、藏茴香、小荳蔻、香茅、欖香脂、冷杉、生薑、牛膝草、檸檬、萊姆、柑橘、綠花白千層、玫瑰草、胡椒薄荷、松樹、羅文莎葉、迷迭香、綠薄荷
神經衰弱時	佛手柑、肉桂葉、芫荽籽、欖香脂、生薑、葡萄柚、永久花、檸檬草、松紅梅、玫瑰草、廣藿香、苦橙葉、松樹、羅文莎葉、迷迭香、鼠尾草、岩蘭草

神經緊張時	歐白芷、羅勒、佛手柑、小荳蔻、雪松、洋甘菊、快樂鼠尾草、絲柏、欖香脂、冷杉、乳香、天竺葵、葡萄柚、牛膝草、杜松漿果、薰衣草、香蜂草、柑橘、甜馬鬱蘭、橙花、甜橙、玫瑰草、苦橙葉、松樹、羅文莎葉、玫瑰、鼠尾草、綠薄荷、岩蘭草、伊蘭伊蘭
可以讓你感到平靜安詳的精油	西印度檀香、歐白芷、羅勒、月桂、佛手柑、雪松、洋甘菊、快樂鼠尾草、芫荽籽、絲柏、冷杉、天竺葵、生薑、永久花、薰衣草、香蜂草、甜馬鬱蘭、沒藥、橙花、甜橙、玫瑰草、廣藿香、松樹、玫瑰、檀香、伊蘭伊蘭
可以帶來幸福感的精油	大茴香籽、佛手柑、藏茴香、丁香、芫荽籽、尤加利、天竺葵、生薑、葡萄柚、杜松漿果、薰衣草、檸檬、萊姆、柑橘、松紅梅、甜馬鬱蘭、沒藥、橙花、甜橙、苦橙葉、松樹、玫瑰、羅文莎葉、迷迭香、檀香、百里香

　　在下一章中，我們將探討脈輪系統以及各個脈輪和生命的各個面向之間的關聯。同時，我們也將說明要如何運用精油來活化脈輪的能量並促進這些能量流動。

第十二章
脈輪與身心

根據已知的資料，脈輪（chakra）一詞最早出現在古印度一本名叫《吠陀經》（西元前1500-800年）的典籍中。但一般相信，在此之前，人們已經對「脈輪」有所認識[11]。根據古書的記載，人類的生命分成兩個層次，包括物質體和精微體。精微體又包含呼吸、心智、感情與自我。脈輪是精微體中的能量場，是與物質體的各個神經叢相對應的能量中心。其中有七個主要脈輪，分布在脊椎底部與頭頂之間。次要脈輪則位於手掌心和腳底。

在七個主要脈輪中，最下面的三個是以自我為導向，和生存本能、性與勇氣有關。第四個脈輪則是「心輪」。從這裡開始，我們的能量開始逐漸脫離個體的基本需求，進入世界。心輪相當於槓桿的支點，負責在下面三個脈輪（我們生命的基礎）與上面三個脈輪（主管表達、直覺與靈性）之間取得平衡。

chakra 這個字源自梵文，意為「輪子」、「中心」或「轉盤」[12]，寓含「移動」的意思。因此，它們的功能就是讓能量保持在流動的狀態。當能量在每個脈輪內旋轉時，也會把能量傳送到鄰近的脈輪，使得能量沿著七個主要的脈輪上下流動並且流經整個身體。

如果能量停止流動，可能會卡在某個脈輪裡，並造成相關的問題。我們可以運用精油有效的活化每個脈輪的能量並使它向外流動。透過讓能量在各個脈輪間順暢流動，我們可以讓這些脈輪和諧運作，從而讓自己過著平衡的生活。

第一個脈輪：海底輪

第一個脈輪是「海底輪」（Root，或稱「根輪」）。它位於脊椎底部，是我們生命的根基，讓我們得以與大地連結。這個脈輪和生存、生計與安全有關，也是我們的恐懼所在之處。如果我們的能量卡在這裡，我們就會生活在恐懼中。如果我們能夠活化這個脈輪的能量，使這股能量得以往上流動到其他脈，我們在創造自己的生命時才會有穩固的基礎。和這個脈輪有關的顏色是紅色。

---

11. Chandra, *India Condensed*, 7.

12. Lowitz and Datta, *Sacred Sanskrit Words*, 65.

第二個脈輪：臍輪

第二個脈輪是「臍輪」（Sacral，或稱「本我輪」）。它位於肚臍下方約 1 吋之處，是我們的情緒中樞，與創造、生殖和激情有關，負責感官的享樂、性慾的滿足並平衡我們的需求與慾望。它讓我們得以感受到歡愉與痛苦。如果我們的能量卡在這裡，我們的情緒可能會變得不太穩定，並且很容易對某些事物上癮。如果我們能夠活化這股能量，讓它開始流動，我們就會變得更有創造力且更加熱情，也會比較有能力維持健康的人際關係。和這個脈輪有關的顏色是橘色。

第三個脈輪：太陽輪

第三個脈輪是太陽輪（Solar Plexus）。它位於腹部，是影響力與控制力的中樞，可以讓我們感受到力量與勇氣，也是我們的意志的源頭。透過這個脈輪，我們得以掌握自身的力量。如果這裡的能量被卡住了，我們可能會變得太過強勢，令人難以忍受。如果我們能活化這裡的能量，並讓它自由流動，就可以用健全的方式表達我們的自信、權威和領導能力。和這個脈輪相關的顏色是黃色。

第四個脈輪：心輪

第四個脈輪是「心輪」（Heart）。它位於心臟部位，是愛與同情心的中樞，與接納、信任和人際關係有關。它讓我們不會對別人有所期待或妄加批判。如果這裡的能量被卡住了，我們就會與他人失去連結，無法妥善的回應周遭的人與事，而且會做出種種情緒性的反應。如果我們能活化心輪的能量並使它自由流動，就能夠以愛與慈悲對待他人並善待自己（這兩者都很重要）。和這個脈輪相關的顏色是綠色。

第五個脈輪：喉輪

第五個脈輪是「喉輪」（Throat）。它是我們和這個世界溝通的管道。我們是否有能力和別人分享自己的內心世界、是否能夠表達自身的需求，都和喉輪有關。這個脈輪和第二個脈輪有關，是我們表達自我的管道。如果這裡的能量被卡住了，我們就會感到挫敗沮喪、疲憊不堪。如果我們能活化這裡的能量，並使它得以自由流動，我們就能夠參與群體並與他人分享我們的天賦與才能。和這個脈輪有關的顏色是淺藍色。

第六個脈輪：眉心輪

第六個脈輪被稱為「眉心輪」（Third Eye）。它位於兩道眉毛上方中間的位置，是意識與直覺的中樞。它讓我們具有洞察力與想像力，並且能幫助我們客觀的看待自己和周遭的人事物。如果這裡的能量被卡住了，我們就無法深入的探索自我。如果我們能夠活化這裡的能量並使它得以自由流動，就可以喚醒我們的直覺，讓我們能看到肉眼所見不到的事物。和這個脈輪有關的顏色是靛藍色。

第七個脈輪：頂輪

第七個脈輪被稱為「頂輪」。它位於我們的頭頂，掌管我們的靈性以及我們和宇宙意識及宇宙能量之間的連結。它讓我們得以理解事物並感受生命，同時也幫助我們找到自己在生命網路中的定位。如果這裡的能量被卡住了，我們就無法專注，會脫離我們想要遵循的道路。如果我們能夠活化這股能量，並使它得以自由流動，我們就會感到安詳平靜，並且和靈性世界有著深度的連結。和這個脈輪有關的顏色是白色和紫色。

表格 12.1 適用於各個脈輪的精油

第一個脈輪 （根輪）	歐白芷（根）、野胡蘿蔔籽、雪松、芹菜籽、洋甘菊、丁香、欖香脂、冷杉、乳香、生薑、薰衣草、檸檬草、沒藥、綠花白千層、廣藿香、玫瑰、迷迭香、檀香、百里香、岩蘭草
第二個脈輪 （臍輪）	西印度檀香、大茴香籽、佛手柑、白千層、藏茴香、小荳蔻、野胡蘿蔔籽、雪松、洋甘菊、香茅、快樂鼠尾草、芫荽籽、茴香、冷杉、乳香、生薑、永久花、牛膝草、杜松漿果、薰衣草、香蜂草、松紅梅、橙花、綠花白千層、甜橙、廣藿香、羅文莎葉、玫瑰、檀香、茶樹、伊蘭伊蘭

第三個脈輪 （太陽輪）	羅勒、月桂、黑胡椒、小荳蔻、雪松、洋甘菊、肉桂葉、丁香、芫荽籽、絲柏、乳香、天竺葵、生薑、葡萄柚、牛膝草、杜松漿果、薰衣草、檸檬、檸檬草、柑橘、松紅梅、綠花白千層、廣藿香、胡椒薄荷、苦橙葉、羅文莎葉、玫瑰、迷迭香、檀香、綠薄荷、茶樹、岩蘭草、伊蘭伊蘭
第四個脈輪 （心輪）	大茴香籽、佛手柑、藏茴香、小荳蔻、雪松、洋甘菊、肉桂葉、香茅、芫荽籽、絲柏、尤加利、乳香、天竺葵、生薑、薰衣草、檸檬、香蜂草、萊姆、柑橘、松紅梅、甜馬鬱蘭、橙花、綠花白千層、甜橙、玫瑰草、廣藿香、松樹、羅文莎葉、玫瑰、檀香、茶樹、岩蘭草、伊蘭伊蘭
第五個脈輪 （喉輪）	西印度檀香、羅勒、佛手柑、白千層、藏茴香、雪松、洋甘菊、香茅、快樂鼠尾草、絲柏、茴香、冷杉、乳香、天竺葵、葡萄柚、牛膝草、薰衣草、檸檬草、萊姆、柑橘、沒藥、綠花白千層、甜橙、玫瑰草、廣藿香、胡椒薄荷、苦橙葉、松樹、羅文莎葉、玫瑰、迷迭香、鼠尾草、檀香、綠薄荷、百里香、岩蘭草
第六個脈輪 （眉心輪）	歐白芷（籽）、大茴香籽、月桂、黑胡椒、白千層、雪松、洋甘菊、肉桂葉、快樂鼠尾草、絲柏、欖香脂、乳香、永久花、杜松漿果、薰衣草、檸檬、甜馬鬱蘭、沒藥、廣藿香、胡椒薄荷、苦橙葉、松樹、玫瑰、迷迭香、檀香、綠薄荷、百里香、岩蘭草
第七個脈輪 （頂輪）	歐白芷（籽）、雪松、洋甘菊、快樂鼠尾草、欖香脂、冷杉、乳香、天竺葵、永久花、薰衣草、沒藥、橙花、玫瑰草、廣藿香、玫瑰、鼠尾草、檀香、岩蘭草

如何調節脈輪的能量

　　你或許已經發現：在表格 12.1 中，有些精油（例如乳香和薰衣草）適用於所有的脈輪。當你要處理某一個脈輪或要讓七個脈輪達到平衡時，就可以使用這些精油。

　　無論單方或複方的精油都可以用來處理脈輪的能量。方法是：把精油塗抹在該脈輪所在的位置。大多數的脈輪都可以使用濃度為 2% 的精油（參見表格 8.1），但喉輪和眉心輪則應該使用濃度為1% 的精油。使用時，要先好好嗅聞精油的香氣，然後再以少許精油輕輕塗搽於脈輪所在的位置。

第十二章　脈輪與身心

如果你不想在身上塗抹精油，也可以滴幾滴精油在柱狀蠟燭已經融化的部分。讓蠟燭持續燒個幾分鐘，等到香氣擴散出去後再做以下的脈輪平衡練習。為了增進蠟燭的效果，你不妨根據每個脈輪的代表色選擇同色的蠟燭。如果你用的是茶蠟，你可以選擇和脈輪顏色相同的燭台。當你想要處理一個以上的脈輪時，可以同時使用多種精油和（或）蠟燭。此外，你也可以使用擴香器，但要確定它發出的噪音不會對你造成干擾。

就像靜坐或靈修一樣，你要找一段比較從容或不會受到打擾的時間做以下這個平衡脈輪的練習：首先，你必須決定你要處理那一個脈輪，然後開始塗抹精油、點燃蠟燭或開始擴香。接著，你要閉上眼睛，花一點時間專心感受那精油的香氣，然後再思索那個脈輪的各個面向與特質，接著再花一點時間想一想你之所以和這些面向與特質格格不入的原因。

接下來，你就可以開始讓這個脈輪和其他脈輪的能量達成平衡了。你要把注意力放在你的根輪上，觀想它開始旋轉的模樣，並且把根輪的能量想成是一道柔和的、緩緩的往上移動到第二個脈輪的白光，並觀想第二個脈輪也開始旋轉的模樣。

你要如此這般，一直做到第七個脈輪為止。在這段期間，你要試著感受那股能量在你體內沿著脊椎往上移動而後在你周身流動的感覺，並觀想自己被那白光所環繞。至此，你就可以讓這個意象逐漸從你的腦海中消逝。過幾分鐘之後，你要轉而把注意力放在地板以及你和大地的連結上。再靜靜的坐個幾分鐘。等到你已經準備好之後，就可以恢復平常的活動了。

在練習的過程中，你可能要花較長的時間才能觀想那個有問題的脈輪旋轉的模樣。也可能你第一次試著觀想時，它根本就不會轉動。如果遇到一個脈輪不會轉動的情況，你就直接跳到下一個脈輪。就算你無法想像或感受某個脈輪在轉動，當其他幾個脈輪的能量從它旁邊流過時時，它還是會逐漸動起來。但你可能需要再做幾次練習才能讓它開始轉動。畢竟，冰凍三尺，非一日之寒。脈輪能量堵塞並不是一朝一夕的事，因此要讓它開始轉動也需要花點時間。但只要你有耐心、心平氣和的做，就能夠讓脈輪的能量開始流動。

這個練習可以幫助你處理你所遇到的問題，但就算你只是心情不好，也可以這麼做。除此之外，如果你能在冥想之前做這個練習，將可以讓你的能量處於平衡的狀態。為了提升我們的能量，我們將在下一章探討與靈性有關的問題以及蠟燭的神奇力量。

第十三章
精油冥想與蠟燭魔法

香氣一直是許多宗教靈修活動中不可或缺的一環。芬芳的氣味除了會牽動我們的回憶和情感之外，也能觸及我們的靈魂深處。精油的英文 essential oil 中的 essence 這個字可以用來指事物的本質或從植物中萃取而來的物質，也就是香氣的靈魂[13]。無論我們要為生病之人祝禱，祈求他們能得到療癒，或希望自己的心願能得以實現，精油都能夠幫助我們汲取自身內在的能量。

香氛與靈性

香氣可以幫助我們和自己內心深處的那個我交流，並且和我們的靈性連結。在靈修時點一根香氛蠟燭，有助於淨化並增強周遭的能量。當我們置身祭壇或專供靜坐、祈禱的空間時，這種做法特別有用。你可以使用自製的蠟燭，也可以在柱狀蠟燭已經融化的燭蠟上滴幾滴精油。乳香、薰衣草和檀香對任何形式的靈修都很有助益。

古人會用香燭供奉神祇，以表達他們的感恩之意。我們也可以這麼做。茶蠟就很適合這個用途。如果你自己動手製作（這部分我們稍後將會談到），就能根據不同的用途來使用不同的精油。至於哪些場合適用哪些精油，請參見表格 13.1。在靈修活動或宗教儀式中使用擴香瓶來擴香，也很能增進當下的氛圍。或者，你也可以在手腕上塗抹一些單方或複方精油（當然是經過稀釋的精油）。這種做法在祈禱和冥想時特別有效。

當你要聖化一座祭壇，或者淨化某個用來靜坐、祈禱或舉行宗教儀式的空間當中的能量時，可以讓精油的香氣飄散在祭壇上下方以及整個空間。在祈禱時，你也可以點一根香氛蠟燭或茶蠟。當你要向神明表達感恩之意時，可以拿一個小碗或杯子，在裡面滴幾滴單方或複方精油，然後開始訴說或懷想那些值得你感念的事物。當你想要祈求天使或其他神靈相助時，也可以這麼做。

---

13. *Oxford Dictionary of English*, s.v. "essence," 598.

正如我在第十一章中所言，我們可以把芳療珠子串起來，做成念珠或手環，然後在上面滴幾滴精油，等它乾燥後就可以拿來使用。當你戴著這樣的手環靜坐或祈禱時，你手上的熱氣就會讓精油的香氣逐漸散發出來。

表格 13.1 適合靈修時使用的精油

當你要聖化祭壇或淨化某個空間中的能量時	歐白芷、大茴香籽、羅勒、月桂、黑胡椒、雪松、肉桂葉、芫荽籽、絲柏、茴香、乳香、天竺葵、永久花、牛膝草、薰衣草、萊姆、松紅梅、沒藥、玫瑰草、廣藿香、松樹、羅文莎葉、玫瑰、迷迭香、檀香、茶樹、百里香
當你要靜坐或靈修時	西印度檀香、歐白芷、月桂、佛手柑、肉桂葉、快樂鼠尾草、丁香、欖香脂、冷杉、乳香、天竺葵、葡萄柚、永久花、牛膝草、杜松漿果、薰衣草、檸檬、香蜂草、柑橘、沒藥、綠花白千層、玫瑰草、廣藿香、松樹、羅文莎葉、玫瑰、鼠尾草、檀香、綠薄荷、岩蘭草、伊蘭伊蘭
當你想在靜坐或祈禱之際與大地連結並達到定心的境界時	歐白芷、黑胡椒、白千層、小荳蔻、香茅、絲柏、欖香脂、冷杉、生薑、永久花、杜松漿果、薰衣草、檸檬草、松紅梅、甜馬鬱蘭、沒藥、玫瑰草、廣藿香、松樹、羅文莎葉、鼠尾草、檀香、百里香、岩蘭草
當你想對神明獻上感恩之意時	乳香、沒藥、鼠尾草
當你要祈求疾病得到醫治時	歐白芷、羅勒、月桂、黑胡椒、白千層、小荳蔻、野胡蘿蔔籽、洋甘菊、芫荽籽、欖香脂、尤加利、茴香、冷杉、乳香、天竺葵、薰衣草、松紅梅、沒藥、綠花白千層、玫瑰草、胡椒薄荷、玫瑰、鼠尾草、檀香、百里香
當你要呼求天使相助時	歐白芷、羅勒、乳香、沒藥、玫瑰、檀香

如何製作香氛蠟燭

你可以自己製作茶蠟供特定的場合（例如祈求疾病得以療癒時）使用。製作的方法既快速又簡單。茶蠟容器在大多數手工藝品店或網路上都買得到。如果你想做較大的蠟燭，可以用梅森罐（mason jars）、好看的玻璃罐或金屬容器。但務必要確定它們可以盛裝滾熱的液體。香氛蠟燭除了可以用在靈修場合之外，也很適合用在芳香療法、香氛風水以及蠟燭魔法（candle magic）中。

製作蠟燭所需要的物品包括：

● 茶蠟容器或一個梅森罐
● 一個玻璃量杯
● 大小足以放得進那個量杯或梅森罐的鍋子
● 用來攪拌的刀子
● 蠟
● 椰子油（如果你用的是蜂蠟）
● 單方或複方精油
● 能使精油的香氣持久的基底油
● 燭芯
● 晒衣夾、鉛筆和髮夾（可免）

蠟燭的主要材料當然是蠟。市面上普遍使用的蠟共有三種：石蠟、大豆蠟（soy wax）和蜂蠟。石蠟是石油的副產品，不太適合用在芳香療法和其他以促進身心安康為目的的活動中。

大豆蠟製作起來很方便，也容易清理，但有一點要注意的是：幾乎所大豆都是基因改造的產品，而且可能含有殺蟲劑。根據我的研究，我在市面上根本找不到保證為非基改的大豆蠟。即便標籤上註明著「純淨」或「100% 純淨」的字樣，那也只是代表該產品並未摻雜別種蠟（例如石蠟）。

蜂蠟是最早被用來製作蠟燭的原料。比起其他的蠟，用蜂蠟做的蠟燭比較不會冒煙。雖然成本較為高昂，但卻很天然，尤其適合有過敏症狀的人。但就像大豆蠟一般，業者可能也會拿其他的蠟摻雜在蜂蠟中，因此你要注意自己買的是不是100% 的純蜂蠟。蜂蠟本身有一種淡淡的甜味，通常不會干擾精油的香氣。關於蜂蠟的詳細資料，請參見第七篇。

　　市售的大豆蠟有的呈塊狀，有的呈薄片狀。蜂蠟則呈塊狀或丸狀（也有人叫「錠狀」或「珠狀」）。蠟塊就像乳酪一樣，可以被磨碎，這樣比較容易計量，也比較快融化。市面上的蜂蠟有的呈長條狀，一條重1盎司，比較方便使用。在少量製作時，你可以把它切成兩半（每一半 $^1/_2$ 盎司），必要時，甚至可以再切一半。由於蜂蠟的質地很硬，因此你可以把它放在一個塑膠袋裡，放進一盆熱水中，浸泡大約10-15分鐘，讓它軟化，這樣會比較容易切。

　　燭芯的一端有個小鐵片。你要把有小鐵片的這一端放在罐子或杯子的底部。在做茶蠟的時候，要把燭芯放在正中央的位置並不難，但在製作較大的蠟燭時，這可就得費點工夫了。為了解決這個問題，你可以在罐口放置一個晒衣夾，然後把燭芯往上拉，穿過晒衣夾的彈簧。要不然，你也可以把燭芯頂端纏在一根鉛筆或烤肉籤上，以便固定燭芯的位置。如果你用的是蜂蠟，還有一個讓燭芯不會移位的方式就是用它末端的鐵片沾一點融化的蠟，然後再把鐵片黏在容器底部。

　　以下這個配方中的蜂蠟與精油的用量只是供你參考而已，實際的用量要看你所使用的蠟的種類而定。如果你用的是蜂蠟，蜂蠟和椰子油的比例大約是3:1。這樣做出來的蠟燭會凝固的比較平均。如果你同時用好幾種精油，要先把它們混合起來，以便調整其氣味。至於精油的用量則要看你所用的精油氣味強烈程度而定。

　　我用的是 $^1/_2$ 英寸深、$1^1/_2$ 英寸寬的茶蠟容器。但你也可以用迷你的杯子蛋糕烤盤來做蠟燭的模子。就像在調製香氛和藥方時一樣，在製作蠟燭時你最好能記筆記，這樣你才會知道下次該如何調整精油與蠟的用量。

製作一根8盎司的罐子蠟燭所需的材料	**製作3-4個茶蠟所需的材料**
• 5盎司蠟	• 1盎司蠟
• 3大匙椰子油（如果你用的是蜂蠟）	• 2小匙椰子油（如果你用的是蜂蠟）
• 3-4小匙單方或複方精油	• 1-2小匙單方或複方精油

　　把蠟和椰子油放在玻璃量杯裡，置於一鍋水中，以小火加熱，並不停地攪拌，直到蠟融化後便離火。如果你用的是蜂蠟，當蠟已經溶化後，你就可以用燭芯末端鐵片的底部沾一點蠟，然後把它黏在罐子或茶蠟容器的底部。

　　等到油和蠟的混合物稍微冷卻時，你就可以趁著它還是液體狀的時候，把精油加進去。如果精油在蠟裡面凝固了，你可以把裝蠟的量杯放在熱水鍋裡，讓它泡個1分鐘。之後，你就可以把蠟倒入罐子或茶蠟容器裡，讓它成形。但要記得留一點下來。當蠟逐漸冷卻時，中央靠近燭芯的部分可能會稍微往下塌陷，也可能會裂開或者在容器的邊緣有一些

空隙。這時，你就可以把剩下的蠟加熱，用它來填滿那些縫隙。等到蠟冷卻後，你就可以修剪燭芯，並讓成品靜置個2-3天，等它完全定型後再使用。

蠟燭魔法

由於火被視為代表轉化的元素，因此燭火便成了各種儀式與魔法中很重要的一環。事實上，蠟燭魔法往往被當成學習魔法的入門。自古以來，芳香油脂就被用於各種不同的場合（包括施行魔法時）中。由於精油含有植物的精華，因此一般認為它們尤其能夠幫助人們集中注意力、增強意志力並使魔法得以成真。

在施展魔法時，很重要的一個環節就是要用心觀想。所謂「觀想」，就是讓一些畫面如同電影一般在我們的腦海中上演，就像在作白日夢一般。然而，在做白日夢時，我們可能會時而沉浸在腦海裡的畫面中，時而又回到現實世界，但在施行魔法時，我們一定要把「電影」全程看完。也就是說，我們在施法的過程中進行觀想時，注意力絕對不能分散。此外，我們在觀想自己想要的結果時，必須要有一個明確而實際的目標。

在施行蠟燭魔法時，精油有兩個用途。其一就是用來聖化或處理魔法用的蠟燭，其二就是用來製作蠟燭。如果你要用精油來處理魔法用的蠟燭，就必須拿一根新的、沒有用過的蠟燭。由於在施法期間，蠟燭必須徹底燒盡，因此你最好使用比較短小的蠟燭。有一種直徑很細、高度大約只有5吋的「細枝小蠟燭」（tiny taper）就很合適。如果你要自己製作蠟燭，最好做茶蠟。自己做蠟燭的好處是：你可以在攪拌並傾倒燭蠟的時候就開始專心想著自己想達成的目標，讓魔法提早發揮作用。

如果你要聖化你買來的蠟燭，可以用一根手指的指尖沾取少許單方或複方精油，從蠟燭的底部到頂端劃一條線，然後把蠟燭翻個面再做一次。由下到上的劃法可以幫助你把你的能量和意志力導向外面。如果你想消除不好的能量或與大地連結，就要從蠟燭的頂端往下劃。這樣可以把負面能量和不好的東西送到地底下，在那裡被中和掉。

當你做好施法的準備時，就可以把蠟燭放在桌子或靜坐之處的祭壇上，然後自己舒舒服服的坐在桌子或祭壇前面，並且閉上眼睛想著你意欲達成的目標。過了一會兒之後，等你準備好了，就可以點燃蠟燭並小聲唸誦以下的咒語：

> **現在就是開始行動的時候。**
> **但願我很快就能實現心願。**

請用這根熊熊燃燒的蠟燭，

讓我的魔法今晚得以成真。

　　唸完咒語後，你要開始觀想你必須採取哪些步驟才能實現你的心願或達成你的目標。接著，你要運用所有的感官來觀想你看到那個心願實現時身體和內心的感受，並注意覺察你體內逐漸湧現出來的一股能量，然後再睜開眼睛，一邊注視著那根蠟燭，一邊觀想那股能量和蠟燭的火焰融合、變得愈來愈強大的情景。如果你能把那股能量想成是一道柔和的白光或金光，有時會蠻有幫助的。當你感覺那股能量已經增強到最高點時，就可以開始觀想你把它釋放到外面的情景。接著，你要把自己的腦袋放空，並讓你的注意力逐漸回到你的雙腳以及那股與大地連結的能量上，然後靜靜地坐在那兒看著蠟燭燒盡。

表格 13.2 適用於魔法的精油

祈求富足與興旺	羅勒、月桂、野胡蘿蔔籽、雪松、洋甘菊、冷杉、生薑、葡萄柚、永久花、杜松漿果、檸檬、萊姆、柑橘、松紅梅、沒藥、甜橙、胡椒薄荷、松樹、鼠尾草、岩蘭草
消除負面能量	西印度檀香、歐白芷、大茴香籽、羅勒、黑胡椒、小荳蔻、雪松、香茅、丁香、絲柏、欖香脂、檸檬尤加利、乳香、牛膝草、杜松漿果、松紅梅、綠花白千層、玫瑰草、廣藿香、胡椒薄荷、松樹、羅文莎葉、迷迭香、鼠尾草、檀香、茶樹
祈求快樂	大茴香籽、羅勒、快樂鼠尾草、丁香、絲柏、藍膠尤加利、冷杉、乳香、天竺葵、杜松漿果、檸檬香蜂草、柑橘、甜馬鬱蘭、橙花、甜橙、廣藿香、羅文莎葉、玫瑰、檀香、百里香、伊蘭伊蘭
祈求公平正義	月桂、佛手柑、黑胡椒、雪松、肉桂葉、絲柏、乳香、綠花白千層、廣藿香、松樹、檀香
祈求愛情	大茴香籽、羅勒、佛手柑、小荳蔻、洋甘菊、芫荽籽、茴香、乳香、天竺葵、生薑、薰衣草、香蜂草、萊姆、甜馬鬱蘭、橙花、甜橙、玫瑰草、廣藿香、玫瑰、迷迭香、檀香、綠薄荷、百里香、岩蘭草、伊蘭伊蘭

祈求好運	大茴香籽、佛手柑、藏茴香、洋甘菊、肉桂葉、丁香、天竺葵、檸檬草、廣藿香、胡椒薄荷、玫瑰、迷迭香、檀香、綠薄荷、百里香、岩蘭草
祈求成功	歐白芷、羅勒、月桂、佛手柑、黑胡椒、白千層、洋甘菊、肉桂葉、丁香、乳香、天竺葵、葡萄柚、杜松漿果、檸檬、香蜂草、萊姆、柑橘、沒藥、甜橙、檀香

精油和蠟燭也可以用在其他形而上的活動中。你在進行這類活動時，可以點一根蠟燭，或者搽一點單方或複方精油在手腕上。如果你想探索夢境，為了安全起見，應該採取第二種方法。要不然，你也可以滴幾滴精油在棉球上，然後把它塞進一個小紗袋裡，掛在床柱上，或者放在枕頭旁。

表格 13.3 適合其他活動的精油

探索夢境	西印度檀香、歐白芷、大茴香籽、月桂、佛手柑、黑胡椒、藏茴香、雪松、洋甘菊、肉桂葉、快樂鼠尾草、尤加利、乳香、永久花、杜松漿果、薰衣草、香蜂草、甜馬鬱蘭、甜橙、玫瑰、迷迭香、檀香、綠薄荷、岩蘭草
回溯前世	西印度檀香、尤加利、乳香、香蜂草、沒藥、迷迭香、檀香

在下一篇中，我們將談到如何用精油來打掃家裡的環境並杜絕害蟲。在其中一章中，我們也會談到「香氛風水」的概念，以及如何用精油來改變並提升家中的能量。

第五篇

精油的
居家用途

本篇將討論精油的另一個面向，也就是它們在家中的用途。用精油製造家庭用品不僅經濟實惠，也能讓我們減少或避免使用有害的化學產品。大多數精油都可以用來薰香，但有些精油除了能夠讓我們的房間聞起來芳香宜人之外，還能淨化空氣並去除霉味。

我們可以在那些已經沿用數十年的傳統清潔用品中添加一些精油，賦予它們新的風貌。有些精油具有抗菌的特性，能夠提升自製的清潔劑效果。製作這類清潔劑所需的基本的材料很可能在你家的廚房就找得到。如果家裡沒有，也很容易在雜貨店裡買到。

本篇除了提供一些製作家庭清潔用品的基本配方之外，也會詳細介紹幾種基本材料。我將會說明不同種類的醋各有什麼用途、它們不能和哪些東西混合，以及家中的某些檯面不能使用哪些醋等等。要記得：第二篇中有關調製香氛精油的資料可以讓你創造出自家獨有的清潔用品。

沒有人喜歡家裡有蟲子出沒。但市售的殺蟲劑往往含有危險的化學成分，用起來也不安心。在本篇中，我們將學到哪些精油可以驅除那幾種蟲子以及如何使用它們。事實上，有些精油甚至能夠讓齧齒類動物聞之走避。但無論你是用精油來清潔家裡的環境還是防治害蟲，都要小心謹慎，尤其是在家裡有小孩或寵物的情況下。

如果你一向講究風水，或者想要開始留心這方面的事情，可以參考我稱之為「香氛風水」（aromatic feng shui）的概念。本篇的最後一章將會逐步引導你依照風水的基本原理，用精油改變和提升家中的能量。

第十四章
精油家事通

使用自製的家庭清潔用品不光是為了省錢，更重要的一個目的是避免有害的化學物品。之前我買了一個新的爐子時，廠商除了附上使用手冊之外，還送了一包清潔劑的試用品。我起初覺得挺好的，但後來就發現那試用品上印著骷髏圖案，旁邊還有「危險！」的字樣。我可不想在家裡使用有這類警告標語的產品，更別說是在每天做飯的廚房裡了。

如今，人們又開始流行使用從前我的祖母經常自己製作的那些「老派」的清潔用品。我們只要在其中添加一些精油，就能賦予它們新的風貌。許多精油（例如佛手柑、尤加利、薰衣草、檸檬草、茶樹和百里香等）都具有抗菌作用，能夠提升自製清潔劑的效果。你可以在房間或家中使用這幾種精油或自己調製具有特殊香氣的複方，尤其是在聖誕節假期的時候感覺會特別美妙。

製作這些清潔用品所需的基本材料很可能在你家的櫥櫃裡就找得到。如果沒有，也可以在雜貨店裡買到。但若是家中有寵物，務必要閱讀第四章中有關寵物的注意事項。

基本材料

醋是絕佳的清潔劑，但在使用之前，我們要先對它有基本的認識。白醋（有時也被稱為「酒精醋」）酸度較高，比較適合用來清理難纏的汙垢。蒸餾醋（有時也被稱為「蒸餾白醋」）較為溫和一些，但就一般的清潔用途而言，效果也不錯。另外一種則是「清潔醋」。這種醋比白醋更酸，不適合用來烹調。

小蘇打又名「碳酸氫鈉」，是鈉和碳酸氫鹽的混合物，也是烘焙的主要原料之一。它和醋是出了名的「清潔雙寶」，兩者加在一起功效絕佳。由於它本身是鹼性的，遇到酸類（例如醋）便會產生反應，釋出二氧化碳氣體。這些二氧化碳氣泡能夠讓糕餅發起來，也能把廚房的排水管清乾淨。

除了醋和小蘇打之外，另外一項基本材料便是鹽。自從中世紀開始，人們便一直用鹽來清潔環境。它很適合用來擦洗堅硬的表面，但不能用在大理石、油氈或打了蠟的地板上。在烹飪或製作美容用品時可以用海鹽，但在清潔時則應該用一般的食鹽。

卡斯提亞皂（Castile soap）是以植物為基底的肥皂，因「卡斯提亞」（橄欖皂的發源地，位於西班牙）這個地方而得名。時至今日，卡斯提亞皂都是以各種油混合製成，通常包括椰子油、葵花油和蓖麻油。這種肥皂具有強鹼性，不像小蘇打那般溫和。弱鹼性的小蘇打可以和醋結合，但卡斯提亞皂則不行。這是因為它和醋一個是強鹼，一個是強酸，加在一起時會彼此中和，形成一種看起來很噁心的凝結物。

表格 14.1 可用來清潔與除臭的精油

清新除臭	歐白芷、大茴香籽、月桂、佛手柑、雪松、香茅、快樂鼠尾草、丁香、冷杉、生薑、葡萄柚、永久花、杜松漿果、薰衣草、檸檬、檸檬草、萊姆、柑橘、橙花、甜橙、玫瑰草、廣藿香、苦橙葉、松樹、羅文莎葉、鼠尾草、檀香、綠薄荷、茶樹、百里香
清潔表面	佛手柑、小荳蔻、丁香、葡萄柚、永久花、薰衣草、檸檬、萊姆、松紅梅、甜橙、玫瑰草、松樹、檀香、茶樹、百里香
除霉	肉桂葉、丁香、尤加利、薰衣草、檸檬、胡椒薄荷、迷迭香、茶樹、百里香
木頭傢具	雪松、薰衣草、檸檬、甜橙、松樹

清新除臭

　　大多數精油都可以用來薰香，但表格 14.1 中所列的精油除了可以讓房間聞起來芳香宜人之外，還可以淨化空氣，去除霉味。你可以把這些精油滴入擴香器，放在有需要的地方。

　　許多人會在冰箱裡放一盒（或 1 杯）小蘇打，用它來吸收冰箱裡的異味，使得冰箱的氣味常保清新。這是去味冰箱異味的一個很簡單的辦法。如果能在這些小蘇打裡面加一點精油，會讓冰箱裡聞起來更清新宜人。有些精油還有抗菌的功效。

冰箱去味劑

• 一盒 8 盎司重的小蘇打
• 4-6 滴單方或複方精油

把所有材料放在一起，充分混合。如果其中出現了小團塊，就用叉子把它們弄碎。然後把混合物倒進一個好看的容器裡，放入冰箱。

冰箱去味劑應該每三個月更換一次。但不要把舊料丟掉。你可以在其中加入少許精油，然後把它倒進廚房水槽的排水管裡，以去除水管裡的異味。倒進去後，要讓它停留幾分鐘，然後再用熱水沖掉。

地毯清潔粉

- 8盎司小蘇打
- $1/4$小匙單方或複方精油

把所有材料徹底混合，並用叉子把裡面的小團塊弄碎。把做好的粉輕輕撒在地毯上，讓它停留30-60分鐘，然後再用吸塵器吸乾淨。

第十一章中所提到的室內芳香噴霧也可以用來去除室內裝飾品的異味。但在噴灑之前要先在裝飾品的布料上做一下貼布試驗，以確保它們不會受到噴霧損害。下面這個配方裡的伏特加可以充當乳化劑，讓水和精油相互結合。配方中的三種材料都具有揮發性。

飾品或室內噴霧

- $1/4$杯水
- $1/4$杯原味的伏特加
- $1/4$小匙單方或複方精油

把伏特加和精油放在一個有細霧噴嘴的瓶子裡，讓兩者充分混合，再把水加進去，搖一搖，然後輕輕噴灑在室內裝飾品和椅墊上，或噴灑在空氣中。

除了噴霧劑之外，你也可以用一種類似地毯清潔粉的粉劑來去除浴室、洗衣間或其他區域的異味。只要把一罐這類粉劑放在房間裡比較不礙事的角落裡就可以了。

室內去味粉

- 8盎司小蘇打
- $1/2$小匙單方或複方精油

把所有材料徹底混合，然後倒進一個好看的罐子裡。用紗布蓋住罐口，並用一根絲帶綁好。

一般清潔用途

就像在製作空氣芳香劑時一般，我們可以用那些既芳香又有抗菌能力的精油來製作萬用清潔劑，用來清潔廚房和浴室的表面。製作的方法有兩種，一種是用醋，另一種則是用卡斯提亞肥皂。含醋的清潔劑不可用在大理石或花崗岩的表面，否則可能會造成損害。

含醋的表面清潔劑

- 1杯水
- 1杯白醋
- 15滴單方或複方精油

把所有材料放在一個噴瓶裡並輕輕的搖一搖，然後噴灑在表面，之後再用一塊潔淨的乾布擦乾淨。

含卡斯提亞皂的表面清潔劑

- 2杯水
- 2-4大匙卡斯提亞皂
- 15滴單方或複方精油

把所有材料放進噴瓶裡，輕輕搖一搖，然後噴灑在表面，再用一條溼抹布擦乾淨。

氣味清新的柑橘類精油很適合用來做成表面清潔劑，也很適合用來清潔玻璃。此外，它也能讓你的洗碗機和微波爐煥然一新。

玻璃清潔劑

- 1^1/$_2$杯白醋
- ^{1}/$_2$杯水
- 15滴單方或複方的柑橘類精油

把所有材料放進一個噴瓶裡，好好搖一搖。然後就像使用其他玻璃清潔劑一樣，將它噴在窗戶或鏡子上

洗碗機清潔劑

- 1杯醋
- 6-8滴精油

把材料倒進一個碗裡，放在洗碗機的上層。然後打開洗碗機的開關，調到「一般行程」，讓它在沒有碗盤的情況下洗滌。

微波爐清潔劑

- ^{1}/$_2$杯水
- ^{1}/$_2$杯醋
- 2滴精油

把材料倒進一個能夠微波的碗或馬克杯裡。放進微波爐，用最強的火力加熱5-6分鐘。之後，再用這些溶液把微波爐的內壁擦乾淨。

精油也有助於對抗黴菌，抑制發霉。以下配方可以用來清潔浴缸和瓷磚，或擦拭已經出現霉味的洗衣機和洗碗機。在去除了霉斑和黴菌之後，你必須定期噴灑黴菌抑制劑，以預防再度發霉。但在噴灑前要先進行小面積的測試。此外，這類除霉劑不宜用在大理石或花崗岩的表面，以免其中的醋對這類表面造成損害。

除霉劑

- 1杯水
- 1杯醋
- $^1/_2$小匙精油

　　把所有材料放進一個噴瓶裡，徹底搖勻，並噴灑在表面，過一分鐘後再擦掉。

防霉劑

- $^1/_4$杯水
- $^1/_2$杯原味伏特加
- 8-12滴單方或複方精油

　　把伏特加和精油倒進一個有著細霧噴嘴的噴瓶裡。加入水，搖勻，在那些比較容易長霉的區域對著空中噴灑。

　　木頭傢具上的保護漆需要不時補強，才能讓傢具保持美觀。這是因木頭可能會因溼度的變化而出現膨脹或收縮的現象，如果我們能在上面塗擦保養油，即可防止它產生裂紋甚至裂開。但在塗擦之前要先在木頭上進行小面積的測試。

傢具保養油

- 6-8大匙橄欖油
- $^1/_2$盎司蜂蠟
- 10-15滴單方或複方精油

　　把橄欖油和蜂蠟放進一個罐子裡，置於一鍋水中，以小火加熱，並不停攪拌，直到蜂蠟融化為止。讓混合物冷卻，然後加入精油，並使各項材料充分混合。

　　用一條柔軟的布巾沾取保養油，在傢具上塗上薄薄的一層，然後再用潔淨的乾布將它擦亮。每隔三、四個月（或必要時）就要補強一次。當你打掃完屋子或做完戶外工作後，可以用磨砂膏來清潔並保養你那雙辛苦的手。

手部磨砂膏

- ¹/₄ 杯粗海鹽
- ¹/₄ 杯糖粒（黃砂糖或白砂糖皆可）
- 3 大匙椰子油
- ¹/₂ 小匙單方或複方精油

把所有的乾料都放在一個碗裡。將椰子油融化（必要時），並將它和精油混合，然後再加入乾料裡，攪拌均勻。做好的成品要放在可以密閉的罐子裡儲存。

磨砂膏的配方裡之所以要加糖，是為了緩和海鹽的粗礪質地。如果你是屬於敏感性膚質，那就不要加海鹽，光用糖就好了。

洗衣間與衣櫥

衣服要洗得乾淨，得先清潔洗衣機中的汙垢。下面這個配方可以去除洗衣機的異味，並溶解洗衣槽和水管裡殘餘的肥皂屑。用這種清潔劑來清理洗衣機時，機器裡不要放衣服。

洗衣機清潔劑

- 3-4 杯醋
- ¹/₂ 杯小蘇打
- 1 小匙單方或複方精油

把洗衣機設定在最大清洗量，並將槽內加滿熱水。把醋倒進去，開始清洗。等機器攪動 1 分鐘後，再加入小蘇打和精油，並讓機器繼續攪動 1 分鐘。之後，按下「暫停」鍵，讓熱水在洗衣槽裡浸泡 1 個小時。趁著這段時間，你可以用一條布巾沾取那些熱水。擦拭漂白水和柔軟精的投入口以及洗衣槽邊緣。1 小時後，再度啟動洗衣機，並讓它走完剩下的行程。

如果你想讓洗好的衣服芳香宜人，可以把 3-6 滴精油滴入一杯水中，再倒入柔軟精投入口。這是讓床單和枕套變得香噴噴的好方法。在燙衣服的時候也可以用精油為衣服增添香氣。

燙衣噴霧

- ¹/₄ 杯水
- 5-7 滴單方或複方精油

　　把材料放在一個有細霧噴嘴的噴瓶裡。在熨燙每一件衣服之前用這噴霧輕輕的噴一下燙衣板，或者在必要時噴灑。

　　你可以在衣櫥或抽屜裡吊掛或放置一些香袋，為衣服、床單、被單和枕套增添香氣。下面這一節當中的配方具有多種用途，既可薰香，也可驅趕害蟲。

天然的害蟲防治劑

　　我們通常都不喜歡家裡有蟲子，但市售的驅蟲產品裡面所含的化學成分同樣可怕。精油雖是天然產品，使用時還是應該小心，尤其是家中有小孩或寵物的時候。

表格 14.2 有驅蟲功效的精油與其他材料

精油	能驅趕的蟲子
羅勒	昆蟲，尤其是蠷螋（地蜈蚣）、蒼蠅、老鼠、蛾、蟑螂
白千層	昆蟲，尤其是跳蚤、蝨子、蚊子
小荳蔻	昆蟲，尤其是螞蟻、蒼蠅、蛾
雪松	昆蟲，尤其是跳蚤、老鼠、蚊子、蛾、老鼠、壁蝨
肉桂葉	昆蟲，尤其是螞蟻、蒼蠅、蝨子、蚊子、蟑螂
香茅	昆蟲，尤其是跳蚤、老鼠、蚊子、蛾、蜘蛛
丁香	昆蟲，尤其是蒼蠅、蚊子、蜘蛛
絲柏	昆蟲，尤其是蛾、蟑螂
藍膠尤加利	昆蟲，尤其是跳蚤、蒼蠅、蚋、蚊子、蛾、蟑螂、蠹魚、蜘蛛
檸檬尤加利★	昆蟲，尤其是跳蚤、蒼蠅、蚋、蚊子、蛾、蟑螂、蠹魚、蜘蛛

天竺葵	昆蟲，尤其是跳蚤、蝨子、蚊子
牛膝草	昆蟲，尤其是蒼蠅、蛾
杜松漿果	昆蟲，尤其是蒼蠅、蚊子
薰衣草	昆蟲，尤其是螞蟻、跳蚤、蒼蠅、蝨子、蚊子、蛾、蜘蛛
檸檬	昆蟲，尤其是蚋、蚊子、蜘蛛
香蜂草	昆蟲，尤其是蚊子
檸檬草	昆蟲，尤其是跳蚤、蚋、蝨子、蚊子、壁蝨
松紅梅	昆蟲，尤其是蚋、蚊子、蜘蛛
綠花白千層	昆蟲，尤其是蚊子、蛾
甜橙	昆蟲，尤其是螞蟻、跳蚤、蜘蛛、壁蝨
玫瑰草	昆蟲，尤其是跳蚤、蚊子
廣藿香	昆蟲，尤其是螞蟻、蚋、蚊子、蛾
胡椒薄荷	昆蟲，尤其是螞蟻、蚜蟲、密封、跳蚤、蒼蠅、蚋、老鼠、蚊子、蛾、蟑螂、蜘蛛
松樹	昆蟲，尤其是跳蚤、蝨子、蛾
羅文莎葉	昆蟲，尤其是蒼蠅、蚊子、蛾、蠹魚、蜘蛛
迷迭香	昆蟲，尤其是毛毛蟲、蒼蠅、蚋、蝨子、蚊子
綠薄荷	昆蟲，尤其是螞蟻、蚜蟲、跳蚤、蚋、老鼠
茶樹	昆蟲，尤其是螞蟻、跳蚤、蒼蠅、蚋、蝨子、蚊子、蛾、蠹魚、蜘蛛
百里香	昆蟲，尤其是沙蚤、蒼蠅、蝨子、蚊子、蟑螂、壁蝨
岩蘭草	昆蟲，尤其是蚊子、蛾
其他材料	**能驅趕的蟲子**
乳木果油	昆蟲，尤其是蚊子
醋	昆蟲，尤其是螞蟻、果蠅、蜘蛛

★檸檬尤加利是唯一經美國環保署認證、具有驅蟲功效的精油。[14]

要讓放床單、被單和枕套的壁櫥聞起來氣味清新並有效保護夏天時所收存的冬衣，有一個好方法，那便是使用香袋。以下這個配方的用量足以裝滿好幾個 3×5 吋的棉布袋。當香氣變淡時，可以在袋子裡補充幾滴精油。

防蟲香袋

- 30-40 滴單方或複方精油
- 1 小匙基底油
- 1 杯小蘇打

將精油與基底油混合。然後把小蘇打拌進來，並且用一根叉子把其中粉塊弄碎，讓材料充分混合。等到混合物乾燥後就可以倒入棉布袋裡。

如果你發現蟲子入侵你家的路徑，可以用防蟲噴霧噴灑該區域，就可以防止牠們進入。或者，你也可以拿幾顆棉球，在上面多灑一些精油，然後塞進角落或櫥櫃裡。

防蟲噴霧

- $1/4$ 杯白醋
- $1/4$ 杯水
- $1/2$ 小匙單方或複方精油

把所有材料放進一個噴瓶中。每次使用前都要先搖勻。

擴香器和蠟燭也可以用來驅蟲。露台燈不僅可以讓你在戶外不致受到蚊蟲侵擾，看起來也很美觀而喜氣。

---

14. Centers for Disease Control and Prevention, list of insect repellents for mosquitoes, https://www.cdc.gov/zika/prevention/prevent-mosquito-bites.html.

露台防蟲燈

- 2-3種香草植物：羅勒、薰衣草和（或）迷迭香
- $^1/_2$ 小匙單方或複方精油
- 容量18盎司的梅森罐
- 5-6盎司水
- 1個茶蠟

把香草植物和精油放進罐子裡，然後加水。小心的把茶蠟放入，讓它浮在水面上。

在這一章中，我們已經看到我們可以如何使用精油來去除異味、清潔環境，在下一章中，我們將探討古代的風水藝術，以便提升、調節家中的能量。

第十五章
芳香風水學

　　中國古代的風水觀念雖然很複雜，但我們只要依照基本的「陰」、「陽」原則，就能運用風水的概念以精油來改善風水。風水最基本的原則就是要創造流動、和諧與平衡，其主要宗旨是使我們的環境中的能量保持在平衡、和諧的狀態。通常這個概念是以太極陰陽圖來表示。

圖15.1 太極陰陽圖顯示了風水的基本原則：創造流動、和諧與平衡

　　太極陰陽圖中白色與黑色的部分雖然相等，但並不是從圓形的中間一分為二，而是彼此交融。這個圖案不僅顯示這兩個部分必須並存，才能形成一個整體，也顯示每一個部分都多少包含了另外一個部分。正如同萬物固然需要白天的陽光才能生長，但也需要涼爽安靜的夜晚才能休息。

　　所謂的「陰陽」，最確切的說法就是「兩個相反的事物之間所存在的一種和諧的動態關係」。它們被視為兩股存在於萬事萬物之中、讓宇宙得以維繫不墜的力量。由於這兩股力量不斷變化消長，因此宇宙恆常變動不居。任何一個從事過能量工作的人都知道，這是一個永不間斷的過程。如果你想讓周遭的環境保持在健康的狀態，就必須有能力覺察能量流動的方式。

根據風水的理論，負面的能量被稱為「煞」。陰與陽不平衡的地方就會有「煞」。「煞」可能會以兩種極端的形式出現：一種是能量快速流動（陽氣過重），另一種則是能量淤塞枯竭（陰氣過重）。在人們的住宅中，當能量被卡在房間裡的某個角落時，就會沉滯不動，失去生命力。同樣的，家中的能量也可能會被迫形成一直線（例如在一條長廊中），以致動能不斷增加，讓人感到不自在，甚至具有破壞力。「氣」則是介於「煞」的兩個極端之間的正向而平靜的能量。為了讓事物保持平衡，我們必須讓正向的能量得以在家中自由的流動，不受任何阻礙。

風水的藝術便是要評估並消除負面的能量，並提升正向的能量。我們唯有設法讓家中的能量達到平衡，才能創造出一種舒適自在的氛圍，也才有能力處理個人的問題。

處理能量問題的三要素

我們已經知道能量必須保持平衡，那麼該從何處著手呢？我們要做到三要素：覺察（awareness）、調整（adjustment）和活化（activation）。首先，你要覺察並評估你周遭的環境：花幾分鐘的時間靜靜地坐在一個房間裡，如果你感覺某個地方不太對勁，就要設法找到負面能量的來源，接著再做調整。

在風水學中，做出某種調整以抵消負面能量做法被稱為「鎮煞」。我們可以以好幾種不同的方式（用擴香瓶、蠟燭或香氛鹽），用精油達到「鎮煞」的效果。

要評估家中的能量狀態，可以從家門外開始。城鎮裡車水馬龍的人為環境可能會對我們家中的能量造成很大的衝擊。你要評估能量如何流向你的住宅或公寓。如果你住在一條繁忙的街道上，可能會受到那些快速移動的能量衝擊，影響或耗損你家的正向能量。如果你住在一條死胡同內，你家的能量可能會陷入停滯，以致形成負面的能量。儘管我們通常無法改變外在的負能量的源頭，卻可以在內部設法加以處理。其方法就是在窗台上或面向問題來源的那堵牆壁附近放一個「鎮煞物」。

評估家中的能量狀態

在檢視了外面的狀況後，你就可以開始評估能量進入你家並在其中流動的方式。在風水學中，前面的大門是能量進入你家的主要管道。這裡如果被堵住了，正向的能量就無法進入你家，也無法在其中自由的流動並創造一個平衡的環境。福氣與富足可能就會被擋在門口，無法進入你的生命。這時，你如果能在大門邊放一個鎮煞物，將有助調節能量的流動。

接下來，你可以巡視家中各處，看看有沒有哪一個地方的能量可能被卡住或流動得太快。如果有，你就可以在那裡放一個鎮煞物，以改變並平衡那裡的能量。

除了環境中的能量之外，還有其他形式的能量。有時，我們下班後會把緊繃的情緒帶回家。有時，家人之間可能會發生衝突，使家中的能量變得不太穩定。除此之外，我們可能也會沒來由的感覺某個房間好像「不太對勁」。遇到這類情況，你可以用一個能讓人心情平靜的鎮煞物來改變家中能量的品質。

季節和天氣可能也會影響家中的能量。在令人興奮的聖誕假期中，由於來訪的親友變多，我們可能需要緩和家中的能量，以避免形成一種混亂失序的氛圍。不過，在假期過後，尤其是在天氣寒冷陰暗的北部地區，我們可能需要提升家中的能量。

要成功的調整家中的能量，祕訣就是從小處著手。不要一下子就想改變整個家裡的狀況。你可以先從外在的負能量源頭開始，然後再處理大門口的狀況，以確定正向能量得以流入你家。之後再逐一解決每個房間或區域的問題。不要急，慢慢來。先做出調整，然後再評估結果。

能夠鎮煞的香氛鹽

鹽之所以重要，在於它有淨化的功能。它能夠中和負面的能量，讓正向的能量得以流動。在傳統的風水學中，鹽和鹽水普遍被用來作為鎮煞之物，但時間久了它們可能會變髒。鹽燈也有許多人使用，但它們會吸收空氣中的水分，讓周遭的環境變得太過乾燥。在極其潮溼的環境下，它們甚至可能會融化出水。即便如此，我們還是可以用鹽來調整能量，只要調製一批濃度很高的浴鹽就可以了。但做好之後，要記得在罐子上標示「風水鹽」這幾個字，以免你一不小心把它們拿去泡澡。

做好的風水鹽可以放在一個好看的、蓋子可以密封的玻璃罐裡，等到需要的時候再拿出來使用。為了增添色彩，你可以在罐身綁上一根緞帶，或者在拌鹽的時候加一、2 滴天然食物色素。除此之外，你不妨根據你所用的精油氣味強烈的程度來調整鹽的用量。表格15.1 列出了那些能夠安定、提升並且平衡能量的精油。以下配方中的基底油作用是在幫助精油均勻的散佈在浴鹽中。

風水鹽

- 1杯浴鹽或海鹽
- $^1/_3$－$^1/_2$杯基底油
- 1-1$^1/_2$小匙單方或複方精油

把鹽放在一個玻璃碗或陶碗中。將基底油和精油混合，並且和鹽徹底拌勻。不用的時候，要存放在一個有著密封蓋子的罐子裡。

表格 15.1 適合用在香氛風水中的精油

安定能量	西印度檀香、藏茴香、小荳蔻、香茅、快樂鼠尾草、絲柏、欖香脂、天竺葵、薰衣草、柑橘、松紅梅、橙花、玫瑰草、廣藿香、鼠尾草、檀香、岩蘭草、伊蘭伊蘭
平衡能量	西印度檀香、歐白芷（籽）、白千層、小荳蔻、野胡蘿蔔籽、洋甘菊、快樂鼠尾草、乳香、天竺葵、薰衣草、香蜂草、甜馬鬱蘭、沒藥、苦橙葉、羅文莎葉、玫瑰、茶樹
提升能量	歐白芷（根）、大茴香籽、羅勒、月桂、佛手柑、黑胡椒、雪松、肉桂葉、丁香、芫荽籽、尤加利、茴香、冷杉、生薑、葡萄柚、永久花、牛膝草、杜松漿果、檸檬、檸檬草、萊姆、綠花白千層、甜橙、廣藿香、胡椒薄荷、松樹、迷迭香、綠薄荷、百里香

要讓家中某個區域快速流動的能量慢下來或去除該處的負面能量，你可以把含有適當精油的擴香瓶、蠟燭或風水鹽（蓋子要打開）放在那裡。當你感覺那裡的能量已經有了改善時，就可以把它們拿走，或者改放含有那些能夠平衡能量的精油的擴香瓶、蠟燭或風水鹽。當你需要讓家中的能量流動時，可以採取同樣的做法，只是要改用足以提升能量的精油。你可能會發現有些精油（例如西印度檀香和天竺葵）可以扮演雙重的角色，既可安定能量，也能平衡能量。

基於安全的考量，有些地方並不適合放置蠟燭。不過，如果蠟燭裡的精油氣味夠濃烈，它的香氣自然能夠散發出來，並不一定需要點燃。

　　如果問題來自外面，你可以把鹽罐子或其他鎮煞物放在正對著該處的窗戶上或牆壁旁。有時，負面能量可能是由某個鄰居所造成的。遇到這種情況，你可以在面對鄰居家的窗台或附近的一張桌子上放一罐含有平衡精油的風水鹽。

　　我先前已經說過，能量是變動不居的，但你只要花一點時間評估家中的情況，就能讓正向的能量保持流動。在下面這兩篇當中，我們將針對各種精油、基底油與其他重要材料做深入的介紹。

第六篇

女巫的 60 種 精油使用指南

在本篇中，我將針對超過 60 種精油做深入的介紹。每一篇介紹都包含該植物的背景資料以及它從古到今的用途，以便讓你了解每一種植物和精油在歷史上的重要性。這些資料或許能讓你對精油有更深入的了解，或讓你想到一些獨特的方法來運用它們。為了讓你對精油有完整的認識，每一篇介紹都將包含以下資料：

- 各種植物的俗名、學名和別名。
- 每種精油的特性以及其黏稠度（以便你能判定每次該用幾滴）。
- 每種精油大致上的保存期限（以便讓你能判定自己該買多少精油以及這些精油可以用多久）。
- 每種精油的使用禁忌以及其他相關的訊息。

為了能讓你能充分運用各種精油，每一篇介紹都將依照之前幾篇的主題分成以下這幾個部分：

- 對該精油氣味的描述，並說明有哪些精油適合與它搭配。
- 調香時應該注意的細節，例如氣味類別、香調、初始強度以及適合搭配的太陽星座。
- 該精油可以用來緩解的疾病與症狀以及治療的方子。
- 如何根據本身的狀況製作適合自己的保養用品。
- 讓心靈快樂健康的芳香療法。
- 如何用該精油來調理脈輪。
- 在靈修與施行魔法時如何運用該精油。
- 如何用該精油來消除家中異味、清潔居家環境並杜絕害蟲。
- 如何將該精油用於香氛風水中，以平衡或調整家中的能量。

西印度檀香 *Amyris*

學名：*Amyris balsamifera* syn. *Schimmelia oleifera*
別名：Candlewood、torchwood、West Indian sandlewood、white rosewood

　　從前，西印度檀香的英文名一直是 West Indian sandalwood，直到 19 世紀末，人們發現它和東印度檀香（也就是真正的檀香，*Santalum album*）沒有關係時，才將它改為 amyris。在薰香時，西印度檀香經常被用來取代真正的檀香，過去是因為它比較便宜，如今則是為了要保護生態，因為真正的檀香已經瀕臨滅絕。西印度檀香的其他幾個英文名字和它的用途有關。從前的人在外出旅行或夜間釣魚時會用它那富含樹脂的木材做成火把，因此它又有「火炬木」（torchwood）的別名。此外，還有許多人會把它的木材切成小塊當成香來燒。今天它最廣泛的用途則是做為香氛中的定香劑。

　　西印度檀香原產於西印度群島和南美洲，是一種枝葉濃密的小型樹木，葉子呈橢圓形，尾端尖細，會開出成簇的小白花，結出墨藍色的莓果。它的屬名 *Amyris* 源自希臘文中的 amyon 這個字，意思是「甜甜的油」或「軟膏」。[15]

精油特性與使用禁忌

　　西印度檀香精油是以木材和枝葉的部位以蒸氣蒸餾法提煉而成，色澤淺黃，質地黏稠，保存期限約為 2–3 年或更長一些。就目前所知，這種精油並沒有使用上的禁忌。

調香建議

　　西印度檀香的精油有類似雪松的木頭味以及隱隱約約的溫暖的香草氣息。適合和它搭配的精油包括雪松、香茅、生薑、薰衣草、玫瑰草、玫瑰和伊蘭伊蘭。

氣味類別	香調	初始強度	太陽星座
木頭味	後調	溫和	天秤座

---

15. *Webster's Third New International Dictionary of the English Language* (1981), s.v. "amyris",75.

藥用價值

西印度檀香可用來緩解焦慮、肌肉痠痛及壓力。

這種精油雖然最常用來薰香，但根據研究，它有助減輕壓力並舒緩焦慮。在經過了充滿壓力的一天之後，你可以用 3 份西印度檀香、2 份天竺葵和 1 份香蜂草來擴香，以安撫疲憊的神經，並幫助自己放鬆。

西印度檀香因為含有香脂，很適合用來讓放鬆緊繃的肌肉，尤其是在運動或其他體力勞動之後。只要把 6 滴西印度檀香、5 滴薰衣草和 3 滴生薑和 1 盎司的基底油混合，就可以做成一個很有效的按摩複方。

身心靈照護

西印度檀香精油能使肌膚緊致，對成熟的肌膚尤其有幫助，能夠促進細胞再生並且對抗皺紋。此外，它還具有溫和的抗菌作用，有助緩解臉上偶爾冒出的青春痘。你可以把西印度檀香和薰衣草混合起來，做成保溼霜，讓你的肌膚變得柔嫩光滑。

西印度檀香臉部保溼霜

- 1 大匙可可脂（磨碎或削成片狀）
- 1-1$\frac{1}{2}$ 大匙椰子油
- 8-14 滴單方或複方精油

把少許水放在鍋中，煮沸後離火。將可可脂和椰子油放在一個罐子裡，置入熱水中，不停攪拌，直到可可脂融化為止。把罐子拿出來，讓它冷卻至室溫，然後重複加熱的過程，等到混合物再次冷卻至室溫時就可加入精油並充分攪拌。把做好的成品放在冰箱裡，5-6 個小時後再拿出來，等它回復到室溫後就可以使用或儲存了。

把西印度檀香滴入擴香器或蠟燭，可以帶來安詳恬靜的感覺，也有助平衡情緒並使心思清明。它的氣味對靈修也有助益。

在能量方面，西印度檀香能夠活化臍輪和喉輪。在施行蠟燭魔法時，可用它來消除負面能量以及那些你已經不再需要的事物。把含有西印度檀香的擴香瓶放在臥室裡，可以幫助你探索夢境。在回溯前世時則可以點一根含有西印度檀香的蠟燭。

芳香風水學

如果你要改變家中的風水，你可以把西印度檀香的精油放在你希望能量不要流動得太快的區域。除此之外，它也能讓家裡的能量保持平衡。

歐白芷 *Angelica*

學名：*Angelica archangelica*

別名：archangel、angelic herb、European angelica、garden angelica、wild celery

歐白芷可以長到 5-8 呎高。它的植株高挑、枝葉繁茂，有著紫色的莖和寬大的葉子，葉緣呈粗糙的鋸齒狀，花則是傘狀花序，白中泛綠，聞起來有蜂蜜的香氣。在中世紀時期，它的拉丁名為 herba angelica，是「天使草」的意思，因為當時的人相信它能像天使一般保護人們免受瘟疫的危害。

有好幾百年的時間，歐白芷一直備受人們重視。在中世紀和文藝復興期間，人們用它來治療各式各樣的疾病。熱帶地區的人也會將歐白芷精油和奎寧混合，用來治療瘧疾。但到了 17 世紀末，歐白芷就逐漸不再被當成藥草使用了。不過，一直到 20 世紀初，它還是英國人的家庭中經常使用的藥草。到了今天，隨著草藥愈來愈受歡迎，歐白芷也開始重新受到人們的重視。

精油特性與使用禁忌

歐白芷精油是以水蒸氣蒸餾法提煉而成，共分兩種。由根部萃取的精油為無色或淺黃色，放久了以後則會轉為黃褐色。由種子萃取的精油也沒有顏色。兩種油質地都很清爽，保存期限約 9-12 個月。

無論是哪一種歐白芷精油，婦女在懷孕期間都要避免使用，糖尿病患也不宜。用歐白芷的根部萃取的精油具有光敏性。但不要把一種名叫「白天使」（white angelica）的精油和歐白芷精油搞混了。前者是一種複方精油，而且出乎人意料的是其中並不含歐白芷精油。

調香建議

歐白芷根的精油具有濃郁的草本味和土味。適合和它搭配的精油包括佛手柑、快樂鼠尾草、檸檬、香蜂草、萊姆、甜橙、廣藿香和岩蘭草。歐白芷籽的精油也有草本味、土味以及微微的辛香味。適合和它搭配的精油包括月桂、生薑、岩蘭草和松樹。

	氣味類別	香調	初始強度	太陽星座
根部精油	草本味	中調到後調	強	牡羊座、獅子座
種子精油		中調到前調	中等	

藥用價值

兩種歐白芷精油都可以用來緩解焦慮、關節炎、支氣管炎、感冒、咳嗽、痛風、頭痛、消化不良、偏頭痛、牛皮癬和壓力。

由於從根部萃取的精油氣味較濃而且往往比用種子萃取的精油更容易買得到，因此較常被用來治病，但事實上兩種油都有效，也都值得試一試。

如果要緩解焦慮、神經緊張、頭痛或壓力，可單獨用歐白芷擴香，或者把它和薰衣草及香蜂草以等比例混合。用歐白芷的精油來做蒸氣吸入療法，可緩解感冒、流感以及相關的呼吸道症狀。如果想增強歐白芷的功效，則可加上絲柏或松紅梅。

歐白芷無論單獨使用或和其他精油混合，都可以緩解關節炎所造成的疼痛或關節僵硬的現象。下面這個按摩油複方也可以用來做成浴鹽，讓自己泡一個舒服的澡。

具有溫熱和放鬆效果的歐白芷按摩油

- 2 大匙基底油
- 5 滴歐白芷精油
- 4 滴迷迭香精油
- 3 滴檸檬精油

把所有的油混合並輕輕攪拌均勻。用不完的油要存放在一個有密封蓋的瓶子裡。

歐白芷精油能有效的治療牛皮癬。只要把歐白芷精油和佛手柑各 1 滴和 1 小匙的椰子油或月見草油混合，然後拿來輕輕的塗抹在患處就可以了。

歐白芷具有袪痰功效，有助緩解呼吸道問題，尤其是慢性支氣管炎。你可以把 3 滴歐白芷精油、2 滴檸檬精油和 1 滴松樹精油混合，拿來做蒸氣吸入療法，效果會很好。

身心靈照護

　　歐白芷精油可以促進皮膚的血液循環，讓暗沉的肌膚變得明亮。你可以用歐白芷籽精油製作緊膚水。歐白芷具有舒緩的功能，很適合敏感性肌膚。如果你用了歐白芷根的精油，要等至少 12 個小時之後才能出去晒太陽，因為這種精油具有光敏性，可能會使皮膚像被晒傷那樣疼痛發炎。

　　歐白芷精油可以創造平靜安詳的氛圍，有助平衡情緒，使人得以克服生命中的挑戰，並減輕憂傷。你可以用 2 份歐白芷精油、2 份柑橘精油與 1 份檀香精油擴香，讓自己恢復活力、緩和心裡疲憊與神經緊張的現象。

　　歐白芷根的精油可以活化根輪，歐白芷籽的精油則可以活化眉心輪和頂輪。在靜坐和祈禱時，你可以用根部或種子的精油來幫助自己與大地連結並定心。此外，歐白芷也能用在靈修時。你可以用它來聖化你的祭壇或神聖空間，並且幫助你傳送祈求療癒的禱告。正如它的別名「天使草」一般，它能夠幫助你和天使的能量連結。在施行蠟燭魔法時，你可以用根部或種子的精油，讓你正在進行的重要事項得以圓滿成功，或者趕走你生命中已經不需要的事物。此外，歐白芷精油對於夢境的探索也有助益。

芳香風水學

　　正如同歐白芷的種子可以用來焚香，歐白芷籽的精油也可以用來擴香，以去除異味，讓空氣變得清新宜人。在風水方面，你可以把歐白芷根的精油用在你需要讓能量提升並流動的區域，之後再用歐白芷籽的精油來平衡能量。

大茴香籽 *Anise Seed*

學名：*Pimpinella anisum* syn. *Anisuum officinalis*
別名：aniseed、Sweet cumin

　　大茴香是草本植物，看起來像是小巧細長版的野胡蘿蔔。它有著羽狀的葉子和精巧的白色或淡黃色傘狀花序。大茴香籽自古以來就備受重視，在大約 4,000 年前的埃及就已經有人栽培[16]。它的俗名 anise 源自拉丁文中的 anisun 一字，而後者又源自此植物的阿拉伯名 anysum[17]。古代的希臘人和羅馬人習慣在飯後吃一塊含有大茴香的糕餅以幫助消化。希臘哲學家泰奧弗拉斯托斯（Theophrastus 西元前 372-288 年左右）曾經指出夜晚時把大茴香籽放在床邊可以讓人做個好夢。

　　從古至今，大茴香都被用來為各式各樣的利口酒增添風味，包括本尼迪克特甜酒（Benedictine）、法國夏翠絲香甜酒（Chartreuse）、希臘烏佐酒（ouzo）和茴香酒（anisette）。但不要把大茴香精油和八角精油搞混了，因為後者是萃取自中國的八角樹（*Illicium verum*）的果實。

精油特性與使用禁忌

　　將大茴香的種子以蒸氣蒸餾法萃取，就可以得出顏色淺黃、質地稀薄的大茴香籽精油。它的保存期限大約 2-3 年。婦女懷孕和授乳期間應避免使用，有癌症和肝病的人亦然。這種精油可能會導致皮膚疼痛或發炎，因此皮膚過敏或發炎的人士不應使用。6 歲以下的兒童也同樣不宜。使用時不應過量。

調香建議

　　大茴香籽精油有一種甜美、有如甘草般的辛香氣息。適合和它搭配的精油包括藏茴香、小荳蔻、芫荽籽、柑橘、苦橙葉和玫瑰。

氣味類別	香調	初始強度	太陽星座
辛香味	前調	強	水瓶座、雙魚座、雙子座、獅子座和射手座

16. Chevallier, *The Encyclopedia of Medicinal Plants*, 247.
17. Cumo, ed, *Encyclopedia of Cultivated Plants*, 27.

藥用價值

　　大茴香籽精油可以用來緩解焦慮、關節炎、支氣管炎、感冒、咳嗽、流行性感冒、宿醉、消化不良、更年期不適、經痛、肌肉痠痛、噁心、壓力、暈眩和百日咳。

　　大茴香子精油能夠減輕充血現象，因此可以舒緩與感冒、流感和咳嗽有關的呼吸道問題。你只要把2-3滴精油加入1小匙的基底油，就可以作成簡易的按摩油，用來按摩胸腔。此外，大茴香籽還有祛痰作用，對支氣管炎和百日咳頗為有效。用它來做蒸氣吸入治療，可以使鼻腔和支氣管較為暢通。你只要把6-7滴大茴香籽精油加入1夸特冒著熱氣的水就可以了。用大茴香籽來泡澡或淋浴，可以舒緩感冒或流感症狀。

大茴香籽沐浴香球

- $1/2$杯可可脂（磨碎或削成片狀）
- 4大匙葵花油
- 20滴大茴香籽精油
- 20滴檸檬精油
- 12滴松樹精油

　　把一鍋水煮滾後離火。把可可脂和葵花油放進一個罐子，置入熱水中。不停地攪拌直到可可脂融化為止。等混合物冷卻至室溫後即可加入精油。把混合物倒入迷你的杯子蛋糕紙托或糖果模子中，並放入冰箱，等到5-6個小時後再取出。用的時候只要把一顆沐浴香球放在淋浴間的地板上就可以了。

　　如果想減輕壓力，並且讓自己睡得安穩，可以在睡覺前將等量的大茴香籽、薰衣草和香蜂草精油混合，在臥室擴香。或者，也可以把這三種精油灑幾滴在床單上。

身心靈照護

　　大茴香籽精油具有舒緩和安撫的效果，可以幫助我們平衡情緒並應付生命中的變化。它的香氣會令人振奮，使人產生幸福感。你可以用大茴香籽精油來調理臍輪、心輪或眉心輪。在靈性方面，它可以用來聖化祭壇或某個神聖空間，同時也有助冥想。在施行蠟燭魔法時，你可以用大茴香籽精油來消除負面能量、吸引愛情或好運，並增進快樂。此外，大茴香籽精油對夢境的探索也有助益。

芳香風水學

　　大茴香籽精油具有抗菌功能，很適合用來淨化空氣並去除房間裡的異味。它和甜橙或松樹精油混合後會散發出一種潔淨、清新的氣息，既可讓房間變得芳香宜人，也能淨化空氣。在風水方面，你可以用它來提升能量，尤其是在屋裡能量流動不順暢的地方。

羅勒 *Basil*

學名：*Ocimum basilicum*

別名：Common basil、French basil、Genovese basil、sweet basil

　　羅勒是一種枝葉濃密的植物，可以長到 1-2 呎高。它的葉子是橢圓形的，其特色是向下捲曲並且具有凸起的葉脈，顏色則為黃綠色到深綠色，具有濃烈的香氣。它的莖幹頂端會開出白色、粉色或紫色的花朵。羅勒的屬名和種名分別源自希臘文中代表「氣味」和「皇家」的兩個字[18]。法國人稱它為 herbe royale（皇家藥草）。據信羅勒乃是源自印度的「聖羅勒」（holy basil，學名 *Ocimum sanctum*），並被亞歷山大大帝帶到希臘。

　　古代的埃及、希臘和羅馬人已經有用羅勒來入藥和烹調的習慣。希臘醫師迪奧斯科里德斯（Pedanius Dioscorides，約西元 40-90 年左右）在他的著作中曾經提到這種植物。到了 16 世紀初期，北歐和英國兩地已經開始種植羅勒。在中世紀時期，它被用來當成鋪撒在地上以便消除異味、淨化空氣並驅趕害蟲的植物。到 16 世紀末期時，西班牙人已經把羅勒帶到了北美洲。

精油特性與使用禁忌

　　羅勒精油是取羅勒的葉子和花朵以水蒸氣蒸餾法萃取而成，質地稀薄，有的無色，有的則呈淺黃色，保存期限約 2-3 年。婦女在懷孕期間應避免使用。一般人則應適量並且不宜長期使用；可能會造成皮膚發炎、疼痛的現象。

---

18. Heilmeyer, *Ancient Herbs*, 128.

調香建議

羅勒的氣味強烈，剛開始時聞起來像是大茴香，有草本味以及甜甜的辛香味。適合和它搭配的精油包括黑胡椒、香茅、檸檬、檸檬草、甜馬鬱蘭和胡椒薄荷和綠薄荷。

氣味類別	香調	初始強度	太陽星座
草本味	中調到前調	強到很強	牡羊座、獅子座、天蠍座

藥用價值

羅勒精油適用的症狀包括：焦慮、關節炎、支氣管炎、血液循環不良、感冒、咳嗽、憂慮、耳朵痛、昏厥、發燒、流行性感冒、痛風、頭痛、蚊蟲叮咬、失眠、偏頭痛、肌肉痠痛、噁心、鼻炎和壓力。

羅勒精油可以緩解肌肉痠痛，尤其對肌肉勞損特別有效。它可以單獨使用，也可以和薰衣草和甜馬鬱蘭混合，做成既能舒緩肌肉也能撫慰心靈的芳香按摩油。此外，把羅勒和甜馬鬱蘭及迷迭香混合，對肌肉痠痛的效果也好。

能舒緩肌肉痠痛的羅勒按摩油

- 2 大匙聖約翰草油
- 5 滴羅勒精油
- 5 滴薰衣草精油
- 3 滴甜馬鬱蘭精油

把所有的油都混合起來，把瓶子搖一搖，使其均勻混合。沒用完的精油要存放在一個有密閉式蓋子的瓶子裡。

羅勒具有抗菌和抗病毒的作用，因此可以有效治療呼吸道疾病，包括鼻竇感染。你可以用 2 份羅勒、1 份松樹和 1 份綠薄荷擴香，或拿來做蒸氣吸入療法。如果要緩解蚊蟲叮咬所引起的不適，可以把 2-3 滴羅勒加入 1 小匙的基底油中，塗抹在患部。羅勒對蚊子和黃蜂的叮咬特別有效。

如果要緩解焦慮的情緒，可以把 4 滴羅勒、3 滴快樂鼠尾草和 3 滴羅馬洋甘菊滴進一根呼吸棒中，在必要時使用。如果有人昏厥，可以把幾滴羅勒滴在一張面紙上，以幫助他（她）甦醒。

身心靈照護

羅勒加迷迭香可以保養頭皮以促進頭髮生長。你可以把 1 滴羅勒和 1 滴迷迭香加入 1 小匙的基底油，在睡前拿來按摩頭皮，等到第二天早上再沖掉。要持續的使用，直到新的頭髮開始長出來為止。

羅勒可以幫助我們平衡情緒並面對生命中的變化。你可以用等量的羅勒、佛手柑和薰衣草擴香，以提振自己的心情。羅勒也可以幫助人們應付親人死亡所帶來的傷痛。當你需要專心工作或學習時，可以把 2-3 滴羅勒滴進一根柱狀蠟燭已經融化的蠟中，以幫助自己摒除雜念、專注心神。羅勒精油也能帶來一種安詳恬靜的感覺。你可以把它加上等量的檸檬和杜松漿果，以緩解你的疲勞和神經緊張的狀態。在能量方面，羅勒可以活化太陽輪與喉輪。

在靈性方面，羅勒可以幫助人們傳送祈求療癒的禱告並且與天使連結。此外，由於它可能源自「聖羅勒」這種神聖的植物，因此它也有助淨化並聖化祭壇。如果把它用在蠟燭魔法中，可以消除負面能量並有助吸引富足與成功。除此之外，你也可以用它招來愛情、快樂與幸福。

芳香風水學

羅勒除了可以有效治療蚊子和黃蜂叮咬所引起的不適之外，也有助驅除這兩種害蟲。你可以把它滴入擴香瓶，然後把瓶子放在窗戶附近。在戶外聚會時，你也可以點幾根含有羅勒精油的蠟燭。在風水方面，羅勒能夠提升能量並使家中的能量得以流動。

月桂 *Bay Laurel*

學名：*Laurus nobilis*
別名：Bay tree、Roman laurel、sweet bay、true bay

大家都知道月桂葉可以拿來煮湯和燉肉。但除此之外，月桂樹也是一般人都很熟悉的那種被修剪成絨球狀或其他造型的小型盆栽樹木。它的葉子質地強韌有如皮革，色澤深綠，形狀橢圓，尾部尖尖。它會長出小顆的橢圓形漿果，成熟時會變成藍黑色。

月桂的學名 *Laurus nobilis* 源自拉丁文中的 laurus 和 nobilis 這兩個字，前者的意思是「讚美」或「榮耀」。後者則是「聞名」的意思[19]。古代的希臘、羅馬人習慣用月桂枝葉做成的冠冕來榮耀那些有成就的人。他們除了用月桂葉裝飾聖壇和其他公共場所之外，也用它們來烹調、入藥和驅蟲。號稱「萊茵河女先知」的聖女聖赫德嘉·馮·賓根（Abbess Hildegard of Bingen，1098–1179）和英國草藥醫生尼可拉斯·卡爾培柏（Nicholas Culpeper）都曾經大力推薦用月桂葉來治療許多種不同的疾病。

精油特性與使用禁忌

月桂精油是用月桂樹的葉子和小枝以蒸氣蒸餾法萃取而成，呈淺淺的綠黃色，質地稀薄，保存期限約為 2–3 年。如果你正在服用止痛藥或鎮靜劑，就不要使用月桂精油；在懷孕或授乳期間也應避免。有些人在使用月桂精油後可能會有皮膚過敏或疼痛發炎的現象；應適量使用。正如第四章中所言，它和通常被簡稱為「月桂」（bay）的西印度月桂（West Indian bay，學名 *Pimenta racemosa*）並不相同，不要搞混，因為兩者的用途和使用禁忌都不一樣。

調香建議

月桂精油有一種清新的草本味和微微的樟腦氣息。適合和它搭配的精油包括佛手柑、快樂鼠尾草、藍膠尤加利、乳香、生薑、杜松漿果、薰衣草、檸檬和迷迭香。

氣味類別	香調	初始強度	太陽星座
草本味	中調至前調	中等	雙子座、獅子座、雙魚座

藥用價值

月桂精油可用來治療關節炎、香港腳、瘀傷、感冒、溼疹、發燒、流行性感冒、消化不良、股癬、牛皮癬、疹子、喉嚨痛、扭傷拉傷和扁桃腺炎。

這種精油具有抗菌和抗病毒的作用，有助舒緩感冒與流行性感冒的症狀。你可以用它來做蒸氣吸入法，以緩解發炎與鼻塞的現象並幫助呼吸道暢通。此外，你也可以用月桂和迷迭香做成具有溫熱作用的胸腔按摩油。

---

19. Harrison, Latin for Gardeners, 120.

月桂和迷迭香胸腔舒緩按摩油

- $1/4$ 盎司蜂蠟
- $3^1/_2$ 大匙單方或混合的基底油
- 17滴月桂精油
- 10滴迷迭香精油

把蜂蠟和基底油放進一個罐子裡，置於一鍋水中，以小火加熱，並不停攪拌直到蜂蠟融化為止。將鍋子離火，讓混合物冷卻至室溫，然後加入精油。你可以測試一下混合物的濃稠度，並在必要時加以調整。等到它完全冷卻後就可以拿來使用或儲存了。

用月桂精油來做蒸氣吸入法可以有效緩解感冒和流感症狀。只要把 5-6 滴的月桂精油加入 1 夸特滾燙的熱水就行了。這種精油也可以滴在隨身攜帶的呼吸棒中，讓你能隨時隨地緩解不適。如果要加強呼吸棒的效果，可以用5滴月桂、5滴冷杉再加上2滴生薑。

月桂精油具有止痛效果，有助緩解關節炎引發的關節僵硬與疼痛。你可以將 3 滴月桂、2 滴藍膠尤加利、2 滴杜松漿果和 1 大匙的基底油混合，做成具有溫熱效果的按摩油。如果你想緩解扭傷和挫傷的疼痛，則可將月桂混合洋甘菊和永久花一起使用。

個人的身心靈照護

月桂精油能夠幫助頭髮保持健康，對乾性頭髮和油性頭髮都很有益處。如果想減少頭皮屑，可以將3-4滴的月桂精油加入 1 大匙的基底油，用來按摩頭皮。按摩後讓它停留在頭髮上大約15分鐘，然後再沖洗乾淨。這種做法也可以促進毛髮生長。

月桂精油具有令人振奮的香氣，有助平衡情緒。你可以用它來擴香，或滴幾滴到柱狀蠟燭已經融化的蠟上，以幫助自己摒除雜念，集中注意力。月桂精油也有助安定心神。在能量上，它能活化你的太陽輪和眉心輪，有助靈修，也能幫助你傳送祈求療癒的禱告。此外，它也很適合用來聖化祭壇。在施行蠟燭魔法時，它能幫助你招來富足與興旺，也能幫助你達成你所想要的目標，尤其對公平正義的追尋。在睡前灑幾滴月桂精油在枕頭上可以幫助你探索自己的夢境。

芳香風水學

月桂精油是很有用的一種驅蟲劑，對蛀蟲尤其有效。你可以拿幾個棉花球，在上面滴灑等量的月桂、藍膠尤加利和薰衣草精油（量可以多一些），然後放在衣櫥裡或蛀蟲為患的

區域。此外，月桂精油具有抑制細菌和真菌的作用，很適合滴在擴香器裡，以淨化空氣並消除異味。在風水方面，它可以促進能量的流動。

佛手柑 *Bergamot*

學名：*Citrus bergamia* syn. *C.aurantium var. bergamia*

別名：Bergamot orange

　　一般認為，佛手柑是檸檬（*C.limon*）和苦橙（*C. aurantium*）的雜交種，自 17 世紀以來在地中海一帶就已經有人栽種，最初是被當成庭園觀賞植物。它的花朵成簇狀，芳香而潔白，葉片則呈橢圓形，質地光滑。果實呈黃色，形狀有點像梨子，被稱為 bergamotta oranges 或 bergamotta pears。

　　有許多人認為佛手柑的英文名字 bergamot 是源自義大利北部的貝加莫鎮（bergamo），但事實上早在該地開始種植佛手柑之前，它就已經被稱為 bergamotta 樹了。產於西班牙的巴賽隆納附近的佛手柑被當地人稱為 Berga。土耳其人則稱之為 beg-armudi，即「王侯之梨」的意思[20]。自從 18 世紀以來，佛手柑精油就被廣泛用來薰香。伯爵茶（Earl Grey Tea）之所以有那獨特的香氣就是因為添加了佛手柑。

藥用價值

　　佛手柑精油可用來治療青春痘、焦慮、水泡、癤子、水痘、唇皰疹、感冒、刀傷和擦傷、憂鬱、溼疹、發燒、流行性感冒、昆蟲叮咬、時差、喉頭炎、經前症候群、牛皮癬、疹子、疔瘡、季節性情緒失調（SAD）、喉嚨痛、壓力、扁桃腺炎和靜脈曲張。

　　佛手柑具有止痛、抗菌的作用，能夠對抗感染並治療許多種疾病。如果你長了水泡、唇皰疹或其他疹子，可以把 2 滴佛手柑、1 滴檸檬和 1 小匙的基底油混合起來，輕輕塗抹在患處。如果你長了痱子，也可以用各 3 滴的佛手柑和檸檬加上 1 大匙的基底油，然後加入 1 夸特的冷水中，用來敷貼患處。如果是被蚊蟲叮咬，則可用佛手柑加上松紅梅來緩解不適並使傷口痊癒。

---

20. Dugo and Bonaccorsi, eds., *Citrus Bergamia*, 3.

佛手柑也能用來治療感冒、流行性感冒和喉嚨方面的問題。你可以將各 3 滴的佛手柑和綠薄荷精油以及 1 滴百里香滴入 1 夸特的水中，用來做蒸氣吸入法。這個複方同樣也適合用來在病人所住的房間中擴香，藉以淨化空氣。

個人的身心靈照護

佛手柑能夠潔淨並舒緩肌膚。它具有殺菌功效，因此特別適合用來做為油性肌膚、青春痘和粉刺的收斂劑。如果想達成全面潔淨的功效，可以用它來做成身體磨砂膏。此外，佛手柑也很適合用來做成體香劑和痱子粉，藉以消除體臭。

佛手柑那令人振奮的香氣在芳療界特別受到歡迎，普遍被用來平衡情緒、鎮定緊張的神經及減輕憂鬱。你可以把 6 滴佛手柑以及各 2 滴的薰衣草和絲柏精油混合起來，加入茶蠟擴香台，或滴進柱狀蠟燭已經融化的蠟裡面。當你感到悲傷時，可以單獨使用佛手柑來擴香，以改善自己的心情。佛手柑那清新的氣息也有助緩和怒氣。

佛手柑和快樂鼠尾草及薰衣草一起使用時，特別具有鎮定安神的效果。如果你有經前症候群，可以用佛手柑加快樂鼠尾草和天竺葵來讓自己的心情愉快一些。在睡覺前用佛手柑擴香能夠幫助你睡個好覺。此外，佛手柑也能讓人感到快樂平靜。當你需要專注時，可以用它和少許的胡椒薄荷來擴香。

在能量方面，你可以用佛手柑來活化、平衡臍輪、心輪和喉輪。此外，它也有助冥想和靈修。在施行蠟燭魔法時，你可以用佛手柑招來愛情與好運，或幫助你達到目標或尋求公平正義。它對夢境的探索也有幫助。

芳香風水學

在風水方面，如果你家裡有哪個地方能量流動緩慢或停滯，你可以用佛手柑來促進它的流動。就像其他柑橘類的精油一般，佛手柑不僅會散發出清新潔淨的氣息，也是很好用的家庭清潔劑，對玻璃尤其有效。

月桂和迷迭香胸腔舒緩按摩油

- $1^1/_2$ 杯白醋
- $^1/_2$ 杯水
- 8 滴佛手柑精油
- 5 滴甜橙精油
- 5 滴檸檬精油

把所有材料放進一個噴瓶中混合並搖勻，然後將它當成玻璃清潔劑，拿來對著玻璃或鏡子噴灑。

黑胡椒 *Black Pepper*

學名：*Piper nigrum*

黑胡椒原產於印度西南部，是木本的爬藤植物，可以長到 16 呎之高。它的花朵小而白，葉子則為深綠色，呈心形。它所結的漿果剛開始時是紅色的，成熟時會變黑，乾燥後則成為我們所熟悉的胡椒子。我們現在可能會以為胡椒是再常見不過的貨物，但在過去它可是人們心中的「香料之王」。數千年來，中國、印度和埃及等地的人一直都用黑胡椒治病。古代的希臘、羅馬人雖然把它當成珍貴的烹飪用香料，但當時的醫師也曾在他們的著作中提到胡椒的藥效。據說它也是春藥的一種。

其後，胡椒逐漸成了歐洲各地不可或缺的調味料，並因此成了重要的貿易商品。由於當時胡椒都是經由陸路供應，必須透過中間人買賣，因此英國和荷蘭的貿易商便競相尋找可以直抵遠東地區的水路航線。1180 年時，那些專門從事胡椒買賣、被稱為「胡椒人」（pepperers）的商家在倫敦成立了同業公會[21]。在中世紀時期，胡椒甚至珍貴到可以用來當成嫁妝或稅金的地步。

精油特性與使用禁忌

胡椒精油是將胡椒樹乾燥、未成熟的果實以蒸氣蒸餾法萃取而成，呈透明或淺黃綠色。它的質地稀薄，保存期限一般為 2-3 年，但也有可能更長一些。這種精油可能會造成肌膚疼痛、發炎；在懷孕和授乳期間應該避免使用。它不適合用在順勢療法中；使用時請勿過量，而且必須稀釋成較低的濃度。不要用在六歲以下的兒童身上。

調香建議

黑胡椒精油有強烈的辛香味以及微微的木頭味。它不像胡椒粉那樣會使人打噴嚏。適

---

21. Weiss, *Spice Crops*, 156.

合和它搭配的精油包括快樂鼠尾草、丁香、芫荽籽、茴香、乳香、葡萄柚、薰衣草、檸檬、萊姆和伊蘭伊蘭。

氣味類別	香調	初始強度	太陽星座
辛香味	中調到後調	強	牡羊座

藥用價值

黑胡椒精油可用來緩解焦慮、關節炎、凍瘡、血液循環不良、感冒、便祕、昏厥、發燒、流行性感冒、消化不良、肌肉痠痛、噁心、扭傷與拉傷、壓力和肌腱炎。

黑胡椒精油因為具有止痛作用，很適合用來舒緩肌肉痠痛和關節炎所引起的關節疼痛。你可以把黑胡椒、芫荽籽和杜松漿果各 2 滴加入 1 盎司的基底油中，拿來按摩，讓自己舒服一些。黑胡椒因為具有消炎作用，也有助治療扭傷和拉傷。由於它能促進血液循環，因此用黑胡椒精油來按摩可以讓冰冷的手腳暖和起來。

黑胡椒暖腳複方

1 小匙基底油
1 滴黑胡椒精油

把兩種油充分混合後塗抹在腳上。沒用完的部分要存放在有密閉蓋子的瓶子裡。

如果你想泡泡腳，讓自己的雙腳暖和起來，可以把 3 滴黑胡椒精油和 1 大匙基底混合，再放入一盆溫度適中的熱水中。黑胡椒具有抗菌和防腐功效，有助緩解感冒與流感症狀。你可以把 2 滴黑胡椒、1 滴橙花和 1 滴松樹加入 1 夸特熱水中，用來做蒸氣療法，以減輕感冒或流感症狀。如果你心情焦慮、壓力很大，可以用 2 份玫瑰草加各 1 份的黑胡椒和伊蘭伊蘭來讓自己放鬆。

個人的身心靈照護

黑胡椒除了有助緩解焦慮與壓力之外，也能在我們面對生命中的變化或生氣時改善我們的情緒。你可以用 1 份黑胡椒、2 份檸檬和 2 份雪松擴香，以安定自己的情緒。此外，黑胡椒也能提神醒腦並且讓人摒除雜念，心思專注。但由於它往往會讓皮膚疼痛發炎，因此並不適合用來護膚或護髮。

　　在能量方面，你可以用黑胡椒精油活化太陽輪和眉心輪。由於它能幫助人們與大地連結並且定心，因此在冥想或祈禱時頗為有用。在靈性方面，它可以用來聖化祭壇或寺廟並且幫助我們傳送祈求療癒的禱告。在施行蠟燭魔法時，黑胡椒精油有助消除負面能量、實現公平正義和達成目標，對夢境的探索也有助益。

芳香風水學

　　黑胡椒精油可以用來促進家中的能量。當你感覺能量停滯或淤塞時，可以用含有黑胡椒精油的風水鹽來調整。

白千層 *Cajeput*

學名：*Melaleuca leucadendron* syn. *M. cajuputi, M. minor*

別名：Paperbark tree、swamp tea tree、white tea tree、white wood

　　白千層樹的高度可達 100 呎以上，最明顯的特徵是樹皮泛白而且會像紙片般剝落。它的葉子終年常綠，葉片厚實，末端尖細，簇狀的白花長成一串串的有如瓶刷。它的原產地是東南亞，因其藥用價值而備受珍視。17 世紀時，荷蘭的貿易公司將它引進歐洲，並在其後數百年間成為當地人常用的藥材之一。如今人們之所以栽種白千層，則是為了提煉精油並取其木材。白千層是茶樹（*M. alternifolia*）的近親。

　　白千層的種名 *leucadendron* 源自拉丁文，意思是「白樹」[22]。它的英文俗名 cajeput 很可能是它的印度名 kayu putih（也是「白樹」的意思）的訛誤。[23]

精油特性與使用禁忌

　　這種精油是用白千層的葉子和細枝以蒸氣蒸餾法萃取而成，呈淺淺的黃綠色，質地稀薄。保存期限約為 12-18 個月。它可能會造成皮膚疼痛、發炎的現象。不可用在 6 歲以下的孩童身上。

---

22. Harrison, *Latin for Gardeners*, 123.
23. Southwell and Lowe, eds., Tea *Tree*, 213.

調香建議

　　白千層有一種類似樟腦的氣味以及微帶果香的甜美氣息。適合和它搭配的精油包括佛手柑、丁香、天竺葵、薰衣草、迷迭香和百里香。

氣味類別	香調	初始強度	太陽星座
木頭味	中調至前調	中等到強	射手座

藥用價值

　　白千層精油可用來治療青春痘、關節炎、氣喘、香港腳、支氣管炎、黏液囊炎、血液循環不良、感冒、咳嗽、耳朵痛、溼疹、流行性感冒、頭蝨、頭痛、蚊蟲叮咬、喉頭炎、肌肉痠痛、疥瘡、鼻竇感染、喉嚨痛、陰道感染和疣。

　　就像它的近親茶樹一般，白千層精油也有助對抗某些黴菌感染症。如果皮膚上長了疣，可以將 2 滴白千層、3 滴檸檬和 3 滴維吉尼亞雪松和 1 大匙的基底油混合，用來塗抹患處，每次搽 1-2 滴，一天塗抹三次，並在患部貼上 OK 繃。如果有香港腳，可以單獨用 2 滴白千層加上 1 小匙基底油，也可以和其他精油混合，做成軟膏。

白千層香港腳軟膏

- 3 大匙可可脂（磨碎或削成薄片）
- 2 大匙單一或混合的基底油
- 18 滴白千層精油
- 15 滴檸檬尤加利精油
- 8 滴月桂精油

　　用鍋子裝少許水，煮滾後離火。把可可脂和基底油放進一個罐子裡，置入熱水中，不停地攪拌直到可可脂融化為止。讓混合物冷卻至室溫，然後重複加熱的步驟，等混合物再度冷卻後就可以加入精油了。把做好的成品放進冰箱裡，過 5-6 個小時之後再拿出來，等它回復到室溫後就可以拿來使用或收存了。

　　白千層精油是很好的解充血劑，可以緩解呼吸道方面的疾病。你可以把 4 滴白千層、3 滴松樹和 2 滴檸檬草加入 1 夸特熱水，用來做蒸氣吸入法，以減輕呼吸道的症狀，並讓自己

早點痊癒。這個精油複方也很適合拿來泡澡,可以幫助鼻竇暢通。白千層也有抗菌作用,有助治癒喉嚨痛並緩解喉頭炎。此外,你也可以用等量的白千層、佛手柑和松樹擴香,以淨化空氣並讓自己的呼吸順暢一些。

白千層具有溫熱、鎮痛的特性,很適合拿來按摩,以緩解肌肉痠痛和全身僵硬的現象。做法是把 5 滴白千層、4 滴迷迭香、3 滴甜馬鬱蘭加入 1 盎司的基底油。此外,你也可以把 2 滴白千層、3 滴德國洋甘菊和 1 滴生薑加入 1 夸特溫度適中的熱水中,拿來熱敷患部,以達到讓肌肉溫熱的效果。

身心靈照護

白千層由於具有抗菌特性,很適合做成油性肌膚的收斂劑,尤其是在你猛長痘痘的時候。如果你是混合型肌膚,可以用白千層和薰衣草做成緊膚水。

白千層精油有助穩定情緒,讓你的心情不致太糟糕,也能幫助你在面對人生中的重大變化時能順利渡過危機。當你很需要心思清明專注的時候,可以用 1 份白千層、1 份藍膠尤加利和 2 份檸檬擴香。這個配方也能減輕精神上的疲勞。

白千層精油有助活化臍輪、喉輪和眉心輪。當你冥想或禱告時,它可以幫助你和大地連結並感到平靜安穩,也能幫助你傳送祈求療癒的禱告。在施行蠟燭魔法時,白千層可以增強你追求成功的決心。

芳香風水學

在戶外用餐時,你可以用白千層、檸檬草和薰衣草做成蠟燭來製造氣氛並防止蚊蟲叮咬。如果是在室內,你可以把同樣的精油滴進擴香瓶中,然後把瓶子放在敞開的窗戶旁邊。當你已經安定或提升了家中的能量時,可以用白千層蠟燭或風水鹽來使能量保持平衡。

藏茴香 *Caraway Seed*

學名:*Carum carvi*

別名:Carum、common caraway、Roman cumin

根據考古學的資料,藏茴香是古代重要的貿易商品,早在 5,000 多年前就已經開始為人所使用[24]。它的屬名 *Carum* 源自希臘文中的 karon 一字,意為「一年或二年生的草本植物」[25]。

carvi 一字則是藏茴香的拉丁名。根據羅馬博物學家普林尼（Pliny）的說法，這個名稱乃是源自小亞細亞的卡里亞（Caria）地區。[26]

　　古代的希臘羅馬人特別喜愛藏茴香，會用它們來治病或調味。在其後的數百年間，藏茴香精油成了中歐地區（尤其是以生產高品質藥草著稱的羅馬尼亞）的貴重商品。中世紀時期，藏茴香因為具有藥用價值，因此在歐洲各地都備受重視。但在北歐國家，藏茴香則是因為它們在糕餅烘焙上的用途而廣受歡迎。在英國地區，從都鐸王朝到維多利亞時期，藏茴香一直都是香餅（seed cake，是當時很受歡迎的一種下午茶點心）中最重要的一種種子。

　　藏茴香的外型看起來像是小巧的野胡蘿蔔，具有淺綠色的羽狀葉子。它的花朵細小潔白，呈繖狀分布，在夏末時綻放。藏茴香是大茴香、蒔蘿和茴香的近親。

精油特性與使用禁忌

　　藏茴香精油是用藏茴香的種子以蒸氣蒸餾法萃取而成，呈透明無色、淺黃色或黃褐色，質地稀薄，保存期限約為 2–3 年。有些人使用藏茴香精油後會有皮膚疼痛、發炎的現象。

調香建議

　　藏茴香精油有一種溫暖、甜美的辛香氣息。適合和它搭配的精油包括羅勒、洋甘菊、芫荽籽、乳香、生薑、薰衣草和甜橙。

氣味類別	香調	初始強度	太陽星座
辛香味	中調	中等至強	雙子座

藥用價值

　　藏茴香精油可用來治療氣喘、癤子、支氣管炎、感冒、咳嗽、刀傷和擦傷、消化不良、喉頭炎、經前症候群（PMS）和喉嚨痛。

24. Kowalchik and Hylton, eds., *Rodale's Illustrated Encyclopedia of Herbs*, 63.
25. Coombes, *Dictionary of Plant Names*, 48.
26. Heilmeyer, *Ancient Herbs*, 30.

在寒冷的季節裡，藏茴香精油特別適合用來做蒸氣吸入法，以緩解支氣管炎、咳嗽和喉頭炎等症狀。只要灑6-7滴藏茴香精油在1夸特冒著蒸氣的熱水中就可以了。或者，你也可以改用藏茴香和羅勒各3滴。要出門時，你可以把藏茴香滴入呼吸棒中隨身帶著走。

藏茴香具有抗菌、殺菌的特性，因此很適合用來做成供局部塗抹的軟膏，以治療各種皮膚問題，例如癤子、刀傷和擦傷等。如果加上薰衣草，不僅效果更好，氣味也更芳香。

氣味芬芳的藏茴香藥膏

- $1/4$ 盎司蜂蠟
- $3 1/2$-4大匙單一或混合的基底油
- 15滴藏茴香精油
- 12滴薰衣草精油

把蜂蠟和基底油放進一個罐子裡，置入一鍋水中以小火加熱，並不停攪拌直到蜂蠟融化為止。等到混合物冷卻至室溫後即可加入精油。必要時可以調整混合物的黏稠度。等它完全冷卻後就可以拿來使用或收存。

身心靈照護

藏茴香精油很適合用在油性的頭髮和肌膚上。你可以用2盎司洋甘菊茶、$1/2$盎司金縷梅、5滴藏茴香、4滴羅馬洋甘菊和2滴檸檬做成收斂劑，然後用棉球輕輕拍在臉上。用藏茴香來蒸臉，可以促進皮膚的血液循環，讓氣色更好。如果要用在頭髮上，可以將6滴藏茴香精油加入1盎司杏桃核仁油，用來按摩頭皮和頭髮，等到大約10分鐘之後再清洗乾淨。

在芳香療法中，藏茴香對鎮靜神經和平衡情緒特別有效。它除了可以幫助人們因應生命中的變化之外，也能提神醒腦並減輕心理疲勞。如果你想讓自己有快樂幸福的感覺，可以把5滴藏茴香、4滴玫瑰草和3滴羅勒加入香氛茶蠟中。

當你要調節脈輪的能量時，可以用藏茴香來活化臍輪、心輪和喉輪。在冥想和靈修時，你也可以用它擴香。在施行蠟燭魔法時，藏茴香可以幫助你招來好運，對夢境的探索也有助益。

芳香風水學

在風水方面，你可以用藏茴香擴香，也可以用它來做風水鹽，然後放在你需要調節能量、讓能量不致流動得太快的地方。

小荳蔻 *Cardamom*

學名：*Elettaria cardamomum*
別名：Cardomomi、Indian spice plant

　　小荳蔻被譽為「香料之后」，自古即被中國和印度人用來入藥。至今它仍是傳統的中藥和阿育吠陀醫學中的重要藥材。古代的埃及人視它為珍寶，用它來製造香水和香燭，希臘羅馬人則用它來烹調和入藥。長久以來，小荳蔻在印度、中東和拉丁美洲地區一直都是很受歡迎的調味料，如今更成為一種時髦的香料，逐漸被其他地區的料理所採用。它最廣為人知的用途就是做為「印度香料奶茶」（chai tea）的原料之一。

　　小荳蔻原產於印度和斯里蘭卡，是一種形狀像是蘆葦的多年生草本植物，其高度可達13呎。它的葉子狀如長矛，花朵為淡黃色，上面有明顯的淡紫色紋理。它那灰色的莢果裡含有橢圓形的紅褐色種子。它的屬名 *Elettaria* 乃是源自它的印度名 elettari。在希臘，它被稱為 cardamomum。[27]

精油特性與使用禁忌

　　小荳蔻精油有一種溫暖甜美的香料氣息，且略帶木頭味。適合和它搭配的精油包括佛手柑、藏茴香、雪松、肉桂葉、丁香、柑橘和甜橙。

氣味類別	香調	初始強度	太陽星座
辛香味	中調	中等至強	牡羊座、巨蟹座、雙魚座、金牛座

藥用價值

　　小荳蔻精油可用來緩解焦慮、便祕、宿醉、頭痛、消化不良、噁心、經前症候群（PMS）和壓力。

　　小荳蔻的療癒效果主要是在腹部和胃部。你可以把6-7滴小荳蔻精油和1大匙基底油混合，用來輕輕地按摩胃部以緩解消化不良的現象。以順時針的方向（右邊往上，左邊往下）按摩腹部則可減輕便祕。

27. Coombes, *Dictionary of Plant Names*, 78.

小荳蔻也可以用來緩解噁心的症狀。其方法是把 5 滴小荳蔻和 3 滴胡椒薄荷或甜橙滴入呼吸棒，用來吸嗅。如果想要消除壓力，可以把 2 滴小荳蔻、2 滴柑橘和 1 滴大西洋雪松滴進茶蠟香薰爐中。如果有孕吐的現象，光是用小荳蔻精油就可以有效緩解。

身心靈照護

小荳蔻能夠解決頭皮屑過多的問題，讓頭皮保持健康。方法是把 6-8 滴的小荳蔻精油（或 4 滴小荳蔻和 3 滴檸檬）加入 1 盎司的基底油，用來按摩頭皮。然後讓這些油停留在頭髮上大約 15 分鐘，之後再用洗髮精洗淨。

小荳蔻具有抗菌作用，能夠殺死那些造成體味的細菌，因此很適合用來製作體香劑。用下面這個配方做成的體香劑適合用指尖沾取塗抹。你可以嘗試不同的劑量以找出你最喜歡的軟硬度。

小荳蔻體香劑

- $1/4$ 杯玉米粉
- $1/4$ 小蘇打
- $1/4$ 杯單一或混合的基底油
- $1/2$ 盎司蜂蠟
- 20 滴佛手柑精油
- 12 滴小豆蔻精油
- 8 滴生薑精油

把所有乾料混合，放在一旁。把基底油和蜂蠟放進一個罐子裡，置於一鍋水中，以小火加熱，並不停攪拌，直到蜂蠟融化為止。等到混合物冷卻至室溫後即可拌入精油。之後再加入乾料，並同時用一把叉子不停地攪拌，使所有材料都徹底混合。做好的體香劑要存放在一個有密閉蓋子的罐子裡。

小荳蔻的香氣有令人振奮、愉悅的效果，有助緩和怒氣、安定情緒。當你需要集中注意力時，可以用 2 份小荳蔻和 1 份羅勒、1 份檸檬擴香，讓自己摒除雜念。小荳蔻也有助緩解心理疲勞與神經緊張的現象。

在能量方面，小荳蔻可以活化臍輪、太陽輪和心輪。在你冥想時，它能幫助你和大地連結並感覺平靜安穩，也能幫助你傳送祈求療癒的禱告。你在施行蠟燭魔法時，可以用小荳蔻精油來招來愛情或消除負面能量。

芳香風水學

如果你想保養你的傢具並增加它的光澤，可以將 5 滴小荳蔻、5 滴檸檬和 2 大匙的椰子油混合，然後用一條柔軟的布巾沾取並塗抹在傢具上，之後再擦亮。若要驅逐蚊蟲，可以將小荳蔻精油滴入擴香器，或者滴幾滴在柱狀蠟燭已經融化的蠟裡面。在風水方面，你可以把小荳蔻用在有需要的地方，以安定能量並維持平衡。

野胡蘿蔔籽 *Carrot Seed*

學名：*Daucus carota*

別名：Bird's nest weed、Queen Anne's lace、Wild carrot

野胡蘿蔔早年是從歐洲引進北美地區的，如今在各地的原野、溝渠和空曠地區到處可見。它的高度可達 1-4 呎，葉子呈羽狀，眾多的細小白花組成了大大的頭狀花序。每個花簇中間都有一朵深紫紅色的小花。根據傳說，這朵小花代表的是安妮女王（1665-1714）在製作蕾絲時不小心刺破了手指所流出來的 1 滴血。至於野胡蘿蔔之所以會有 bird's nest（鳥巢）這個俗名則是因為它的頭狀花序會向上捲曲，形成一個籃子的形狀。

野胡蘿蔔的根部遠比現今庭園栽種的品種要小，但它曾經是古代希臘、羅馬人日常的食物。這種植物原產於亞洲，至今仍是傳統的中藥藥材。在 16 世紀被引進英國後，它的花朵和葉子便逐漸成了流行的髮飾。它的種名 *carota* 源自希臘文中的 karoton 這個字，意思就是「紅蘿蔔」。它的屬名 *Daucus* 則是它的拉丁文名字。[28]

精油特性與使用禁忌

野胡蘿蔔籽精油是用野胡蘿蔔的種子以蒸氣蒸餾法萃取而成，呈黃色至琥珀色，質地有的稀薄，有的略微濃稠，保存期限約 2-3 年或更久一些。婦女在懷孕或授乳期間應避免使用這種精油。

28. Coombes, *Dictionary of Plant Names*, 70.

調香建議

野胡蘿蔔籽精油帶有土味、草本味和微微的辛香味。適合和它搭配的精油包括佛手柑、雪松、肉桂葉、天竺葵、生薑、檸檬、萊姆和柑橘。

氣味類別	香調	初始強度	太陽星座
草本味	中調	中等至強	處女座

藥用價值

野胡蘿蔔籽精油可用來治療關節炎、燒燙傷、雞眼與老繭、刀傷與擦傷、皮膚炎、溼疹、水腫、痛風、消化不良、經前症候群（PMS）、牛皮癬、疹子和晒傷。

野胡蘿蔔籽對皮膚問題（尤其是溼疹、皮膚炎和牛皮癬）特別有效。你可以把 6-10 滴胡蘿蔔籽油和兩大匙荷荷巴油混合，塗抹在患部，一天數次，藉以舒緩這類疾患以及其他類型的疹子所引起的搔癢或不適。燒燙傷時，可以把 2 滴野胡蘿蔔精油和 1 滴薰衣草或茶樹精油和 1 大匙基底油混合，用來塗抹傷處。野胡蘿蔔籽和茶樹所組成的複方也很適合用來做為刀傷或擦傷時的急救藥。如果要緩解痛風、關節炎或一般性的關節疼痛，可以把 5 滴胡蘿蔔籽、5 滴迷迭香和 3 滴杜松漿果加入 1 盎司的基底油，用來按摩患部，能使患部感到溫熱。

身心靈照護

野胡蘿蔔籽是肌膚的絕佳保養品，尤其是對成熟的肌膚而言，因為它能恢復肌膚的彈性並減少皺紋。如果加上乳香和橙花，更能恢復肌膚的活力。除此之外，它也很適合和天竺葵搭配，用來做為肌膚的保養品。如果你想緩解頭皮搔癢的症狀，可以把 2-3 滴的野胡蘿蔔籽精油加入 1 小匙的橄欖油，用來輕輕的按摩頭皮，大約過 10 分鐘之後再用洗髮精洗淨。此外，野胡蘿蔔籽精油也適用於中性髮質。

夏天時，你如果想穿涼鞋，通常就得先處理腳上的硬皮。要去除這層硬皮，第一步就是泡腳。你可以把 1-6 滴野胡蘿蔔籽精油和 1 小匙基底油混合，然後倒入一盆溫熱的水中。等到水冷卻後，就可以拿一塊浮石，將它弄溼，用來輕輕的磨擦長有硬皮的地方，然後再用下面這種軟膏來按摩。

野胡蘿蔔籽腳部按摩膏

- 1$\frac{1}{2}$ 大匙可可脂（磨碎或削成薄片）
- 1 大匙椰子油
- 10 滴野胡蘿蔔籽精油
- 8 滴檸檬精油

　　放少許水在鍋中，煮滾後離火。把可可脂和基底油放進一個罐子裡，置於熱水中，不停攪拌，直到可可脂融化為止。把罐子從水中取出，等其中的混合物冷卻到室溫後，再重複一次加熱的步驟。當它再度冷卻時，就可以倒入精油，並充分攪勻。把整罐成品放進冰箱裡，過 5-6 個小時之後再拿出來。等它回復到室溫之後，就可以拿來使用或儲存了。

　　野胡蘿蔔籽精油具有令人平靜的香氣，有助振奮情緒，讓人得以應付生命中突如其來的變化。心情不好時，可以用 2 份野胡蘿蔔籽、2 份玫瑰草和 1 份甜橙精油擴香。在能量方面，胡蘿蔔籽精油可以活化根輪和臍輪，也能幫助你傳送祈求療癒的禱告。在施行魔法時，你也可以用它招來富足。

芳香風水學

　　如果你想讓家中的能量保持和諧，可以使用含有野胡蘿蔔籽精油的擴香瓶或風水鹽。當你調節了家中流動過快的能量後，也可以用胡蘿蔔籽精油有效地加以平衡。

兩種雪松精油

　　雪松號稱「生命之樹」。這不僅是因為它們的外觀雄偉，也是因為數千年來它們為世人提供了許多日常生活的必要物資。維吉尼亞雪松其實是杜松的一種，但由於它的香氣的緣故，一般都被稱為雪松。

大西洋雪松 Cedarwood, Atlas

學名：*Cedrus atlantica*

別名：African cedar、Atlantic cedar、libanol oil、Moroccan cedarwood oil

大西洋雪松原產於阿爾及利亞和摩洛哥的亞特拉斯山脈（Atlas Mountains），高度幾可達100呎，樹形呈優雅的金字塔狀。它的屬名 *Cedrus* 源自雪松的拉丁名，種名則是「屬於亞特拉斯山脈的」的意思[29]。它是著名的黎巴嫩雪松（*C. libani*）的近親。

古代的埃及人會用雪松的精油做成香氛和化妝品，並用它的木材建造船隻和傢具。由於雪松的木材可以抵禦蟲害，因此在古代一直是珍貴的建材。中東和西藏地區的人都以雪松精油入藥，後者更是用它來製造寺廟裡焚燒的香。時至今日，雪松普遍被用來做為香氛、化妝品和家用產品（尤其是驅蟲劑）中的定香劑。

精油特性與使用禁忌

雪松精油是用雪松的木材以蒸氣蒸餾法萃取而成，色澤從深琥珀色、黃色到橙色都有。大西洋雪松的質地略微黏稠而且有點油。它的保存期限大約 4-6 年。在懷孕期間應避免使用；可能會造成皮膚發炎或疼痛。

調香建議

大西洋雪松有一種溫暖的木頭味，且微帶辛香氣息。適合和它搭配的精油包括佛手柑、洋甘菊、杜松漿果、玫瑰草、苦橙葉、迷迭香和岩蘭草。

氣味類別	香調	初始強度	太陽星座
木頭味	中調至後調	強	牡羊座、射手座、金牛座

藥用價值

大西洋雪松精油可用來治療青春痘、關節炎、香港腳、支氣管炎、感冒、咳嗽、皮膚炎、溼疹和壓力。

---

29. Coombes, *Dictionary of Plant Names*, 50.

　　它具有消炎的功效，可以緩解關節炎導致的關節疼痛和僵硬。你可以把6-8滴的雪松精油加入1大匙的基底油中，拿來按摩膝蓋部位，也可以把10滴雪松、5滴肉桂葉（或百里香）和2杯浴鹽（或海鹽）混合後拿來泡澡，藉以緩解不適。

　　大西洋雪松也具有抗真菌的作用，可以緩解真菌感染所造成的搔癢現象。你可以把6滴雪松和3滴檸檬草加入1大匙的基底油中，拿來輕輕地塗抹患部。

身心靈照護

　　雪松具有收斂和抗菌的特性，因此很適合用於油性的肌膚和瘢點上，對於油性髮質和頭皮屑也有不錯的效果。你可以把1滴雪松、1滴快樂鼠尾草和1小匙基底油混合，用來按摩頭皮，然後再用洗髮精清洗乾淨。雪松也有助解決掉髮問題。

　　大西洋雪松特別適合用來緩和怒氣、平衡情緒，或幫助我們面對失去親人或愛人的傷痛。如果你想緩和緊張的情緒，讓自己平靜下來，可以用3份雪松、1份天竺葵和1份檸檬擴香。此外，雪松精油也能讓你心思清明。

　　在能量方面，雪松能活化並平衡所有的脈輪。你可以用它來聖化祭壇或淨化冥想空間。在施行魔法時，雪松有助消除負面能量、幫助你實現公平正義並招來豐盛與富足。它對夢境的探索也有幫助。

芳香風水學

　　自古以來，人們就喜歡用以雪松木製成的衣櫃來保護衣物和床單、枕套等。今天我們只要使用香袋就可以輕易的達成這個目標。你可以用含有雪松精油的香袋來防護你在換季時收存的冬衣或者讓存放床單、枕套的櫥櫃散發清新的氣息。下面這個配方足以裝滿好幾個3×5吋的棉布袋。當香袋的氣味變淡時，你可以再補充4滴雪松、2滴佛手柑和2滴薰衣草。

雪松除蟲香袋

- 1小匙單一或混合的基底油
- 15滴雪松精油
- 8滴佛手柑精油
- 8滴薰衣草精油
- 1杯小蘇打

把所有的油混合起來，一邊倒入小蘇打中一邊攪拌，使材料徹底混合。如果其中有粉塊，就用一根叉子打碎。等到混合物變乾後即可倒入棉布袋中。

在調整風水時，可以把一根雪松蠟燭或一罐雪松風水鹽放在你需要提升能量的地方。

維吉尼亞雪松 Cedarwood, Virginia

學名：*Juniperus virginiana*

別名：American red cedarwood oil、Eastern red cedar、red cedar、Virginia juniper

維吉尼亞雪松原產於美國的 37 個州，是分布最廣的一種東方針葉樹。它的樹枝橫向伸展、枝葉濃密，樹冠則呈金字塔狀。其高度通常為 30-40 呎，有時也可達到 90 呎之高。它的屬名 *Juniperus* 乃是 juniper（杜松）的拉丁名。[30]

從前的美國原住民會用此樹的各個部分來治療咳嗽、感冒、創傷和關節僵硬等各種疾病。早期的歐洲移民除了用它的漿果來泡茶之外，也把它們當成藥物使用。當時的殖民地開拓者則用它的木材做成傢具、圍籬和船隻。至今它仍普遍被用來做成雪松衣櫃。

精油特性與使用禁忌

這種精油是用維吉尼亞雪松的木材以蒸氣蒸餾法萃取而成，色澤介於透明無色到淺黃色之間。它的黏稠度中等，質地有點油，保存期限約 2-3 年。維吉尼亞雪松精油有可能會導致流產，因此懷孕期間切勿使用。此外，它也可能會導致皮膚疼痛或發炎。

調香建議

維吉尼亞雪松有一種木頭味和甜美的香脂氣息。適合和它搭配的精油包括肉桂葉、香茅、絲柏、乳香、薰衣草、檸檬、橙花、玫瑰和迷迭香。

氣味類別	香調	初始強度	太陽星座
木頭味	中調至後調	強	牡羊座、射手座、金牛座

30. Coombes, *Dictionary of Plant Names*, 111.

藥用價值

維吉尼亞雪松可用來治療青春痘、焦慮、關節炎、支氣管炎、感冒、咳嗽、溼疹牛皮癬、疹子、鼻竇感染、壓力和疣。

維吉尼亞雪松含有香脂，能夠緩解關節炎引起的關節疼痛和僵硬現象。可以單獨使用，也可以將 5 滴雪松、3 滴冷杉、4 滴絲柏和 1 大匙基底油混合，用來按摩關節部位以緩解疼痛。以上這幾種木頭精油的組合也有助減輕支氣管炎所引發的不適。你可以把 5 滴雪松、1 滴冷杉和 1 滴松樹加入 1 夸特的熱水中，用來做蒸氣吸入法。

身心靈照護

雪松有助抑制皮膚油脂的分泌。你可以用 $1/4$ 杯洋甘菊茶、1 大匙金縷梅和 16-18 滴雪松做成收斂劑，將它搖勻後再用棉花球沾取塗抹在臉上。如果要抑制頭皮油脂的分泌，可以把 4 滴雪松和 1 大匙質地清爽的基底油（如甜杏仁油）混合，用來按摩頭皮，過幾分鐘之後再用洗髮精清洗乾淨。雪松精油也能緩解頭皮搔癢的現象。

雪松具有驅蟲功效，因此不僅適合用來做成衣櫃和壁櫥，也很適合用來在夏日外出時噴灑裸露的手腳。以下這個配方也可以加上 1 滴薰衣草。

雪松驅蟲噴霧

- $1/2$ 小匙基底油
- 3 滴雪松精油
- 2 盎司水

把基底油和精油放進一個有細霧噴嘴的瓶子裡，再把水加進去。每次使用前要先搖勻。

如果要平衡情緒、消解怒氣或舒緩緊繃的神經，可以用等量的雪松和杜松漿果擴香。雪松也可以用來創造平靜的氛圍或減輕面對死亡時的憂傷。在能量方面，維吉尼亞雪松可以活化並平衡所有脈輪。

你可以用雪松加檀香來聖化祭壇或冥想的空間。當你要尋求公平與正義時，可以用雪松施行蠟燭魔法。它還能幫助你招來富足並消除負面能量，對夢境的探索也有助益。

芳香風水學

雪松除了能夠有效驅趕蚊子和蠹蛾之外，也具有害蟲（尤其是老鼠）討厭的氣味。你可以把幾滴雪松滴在棉花球上，然後把這些棉花球散佈在家裡或車庫中老鼠可能出入的地方。但要小心，千萬不要讓家裡的寵物和孩童碰到那些棉花球。在風水方面，你可以把一根雪松蠟燭或一罐雪松風水鹽放在你想提升能量的地方。

兩種洋甘菊精油

儘管有時候德國洋甘菊被視為一種野草，但自從古埃及和古希臘時期至今，兩種洋甘菊都被人們用來治療多種疾病。由於洋甘菊能使其他的庭園植物健康茁壯，因此被中世紀時期的僧侶視為「植物的醫生」。[31]

德國洋甘菊 *Chamomile, German*

學名：*Matricaria recutita* syn. *M. chamomilla*

別名：Blue chamomile、common chamomile、mayweed、wild chamomile

德國洋甘菊可以長到 2-3 呎高，莖幹直立，有著許多分枝，葉子呈羽狀。它的花朵小巧，狀似雛菊，有著白色的花瓣和黃色的蕊心。它的花朵雖然沒有羅馬洋甘菊那麼香，但在中世紀時期一直被人們用來鋪撒在地板上，以防治害蟲、去除異味。

精油特性與使用禁忌

德國洋甘菊精油是取該種植物的頭狀花序以水蒸氣蒸餾法萃取而成，色澤深藍，黏稠度中等，保存期限約 2-3 年。對大多數人而言，它具有抗過敏的特性，但對菊科植物過敏的人在使用前應該先做過敏測試。此外，德國洋甘菊精油也可能會讓某些人出現皮膚疼痛、發炎的現象。

---

31. Staub, 75 *Exceptional Herbs for Your Garden*, 48.

調香建議

德國洋甘菊精油具有溫暖、甜美的草本味。適合和它搭配的精油包括乳香、天竺葵、葡萄柚、永久花、薰衣草、檸檬、甜馬鬱蘭、橙花、廣藿香、迷迭香、茶樹和伊蘭伊蘭。

氣味類別	香調	初始強度	太陽星座
草本味	中調至後調	中到強	巨蟹座、獅子座

藥用價值

德國洋甘菊精油可用來治療青春痘、焦慮、關節炎、癤子、燒燙傷、水痘、凍瘡、刀傷和擦傷、皮膚炎、耳朵痛、溼疹、花粉熱、頭痛、消化不良、發炎、蚊蟲叮咬、失眠、更年期的不適、經痛、暈車暈船、肌肉痠痛、噁心、野葛中毒、經前症候群（PMS）、牛皮癬、疹子、扭傷與拉傷、壓力與晒傷。

雖然兩種洋甘菊的特性幾乎完全相同，也經常可以替換使用，但德國洋甘菊的抗發炎效果較強。它有助緩解關節炎和一般的肌肉痠痛，也能舒緩經痛。

洋甘菊止痛按摩油

- 2 滴德國洋甘菊精油
- 2 滴甜馬鬱蘭精油
- 1 滴百里香精油
- 1 大匙單一或混合的基底油
- 1 杯小蘇打

把所有精油混合起來，再加入基底油中。沒用完的油要存放在有密閉蓋子的瓶子裡。

德國洋甘菊精油具有抗過敏和止痛的作用，對蜜蜂叮咬特別有效，如果再加上薰衣草，效果就更好了。你可以把 2 滴德國洋甘菊和 2 滴薰衣草和 1 小匙基底油混合，用來塗抹被咬傷的部位。這兩種精油所組成的複方也適合用來對燒燙傷的傷口進行急救。如果有扭傷或拉傷的情況，可以先冰敷受傷的部位，然後把 2 滴德國洋甘菊、1 滴百里香和 1 小匙基底油混合，用來輕輕的按摩患部，就可以消腫。

如果想緩解頭痛，你可以把5-6滴洋甘菊精油和1大匙基底油混合，然後加入1夸特的冷水中攪拌一下，再把一條布巾放進水中浸泡後取出，用來冷敷額頭。若想讓腫脹、發炎的雙眼感覺舒服一些，可用德國洋甘菊熱敷。如果要減緩更年期熱潮紅的不適，可以用洋甘菊、天竺葵和（或）快樂鼠尾草冷敷。

身心靈照護

洋甘菊適合各種膚質，包括敏感性肌膚在內。把它加在保溼霜中，用來療癒因日晒或吹風而受損的肌膚，效果特別好。

如果你想舒緩緊繃的神經、創造安詳平靜的氛圍，可以用3份洋甘菊、2份甜橙和1份雪松擴香。同樣的複方也有助消解怒氣。在能量方面，洋甘菊精油能夠活化所有脈輪並使它們運作和諧。在靈性方面，你可以把它用在祭壇上，以幫助你傳送祈求療癒的禱告。在施行蠟燭魔法時，洋甘菊能招來繁榮、運氣與愛情，並幫助你獲致成功。此外，它對夢境的探索也有助益。

芳香風水學

當你用其他精油來提升或安定家中的能量後，可以再用德國洋甘菊來維持能量的平衡。你可以用它製作室內噴霧。只要每隔一天噴個一、兩下就會有效果。

羅馬洋甘菊 *Chamomile, Roman*

學名：*Chamaemelum nobile* syn. *Anthemis nobilis*

別名：English chamomile、garden chamomile、sweet chamomile、true chamomile

羅馬洋甘菊的高度通常都在9吋以下，是一種蔓延很快的草本植物，它的莖會沿著地面匍匐生長，葉子呈羽毛狀，花朵小巧，狀似雛菊，有著白色的花瓣和黃色的花心。它的屬名和俗名乃是源自希臘文中的 chamai 和 melon 這兩個字。前者的意思是「在地上」，後者則是「蘋果」之意（意指它的香氣）[32]。當年，德國的醫師兼植物學家喬基姆‧卡梅拉留斯（Joachim Camerarius，1534-1598）在羅馬城外發現了這種植物，於是便在它的名字中加了「羅馬」二字。[33]

---

32. Coombes, *Dictionary of Plant Names*, 53.
33. Wheelwright, *Medicinal Plants and Their History*, 84.

精油特性與使用禁忌

這種精油是用羅馬洋甘菊的頭狀花序以水蒸氣蒸餾法萃取而成，最初是淺藍色，擺久了之後會變得有點泛黃。它的質地稀薄，保存期限約為 2-3 年。對大多數人而言，它和德國洋甘菊一樣，都具有抗過敏的作用，但對菊科植物過敏的人士在使用前應該先做過敏測試。有些人在使用羅馬洋甘菊精油後可能會有皮膚疼痛、發炎的現象。

調香建議

羅馬洋甘菊精油有一種草本味以及宛如蘋果一般的香甜氣息。適合和它搭配的精油包括佛手柑、絲柏、尤加利、天竺葵、葡萄柚、檸檬、沒藥和玫瑰草。

氣味類別	香調	初始強度	太陽星座
草本味	中調	強	巨蟹座、獅子座

藥用價值

羅馬洋甘菊精油可用來治療青春痘、焦慮症、關節炎、癤子、燒燙傷、凍瘡、刀傷和擦傷、憂鬱、皮膚炎、耳朵痛、溼疹、發燒、花粉熱、頭痛、消化不良、發炎、昆蟲叮咬、失眠、更年期的不適、經痛、偏頭痛、暈車暈船、肌肉痠痛、噁心、野葛中毒、經前症候群（PMS）、牛皮癬、疹子、喉嚨痛、扭傷和拉傷、壓力、晒傷和扁桃腺炎。

用洋甘菊泡澡可以舒緩牛皮癬、溼疹所引起的不適，並幫助肌膚恢復健康。方法是把 15-20 滴洋甘菊精油和 1 盎司杏桃核仁油混合，然後再加入泡澡水中。要治療其他類型的疹子，可以把 2 滴洋甘菊和 1 滴永久花加入 1 小匙基底油中，拿來輕輕地塗抹在患部。

如果要治療癤子，可以把 3 滴洋甘菊和 3 滴茶樹和 1 大匙基底油混合，再放入 1 夸特的熱水中，用來熱敷。熱敷的布巾要經常更換，讓它保持溫熱。如果有噁心的現象，可以把等量的洋甘菊和綠薄荷滴入呼吸棒中，或者各滴幾滴在面紙上，拿來吸嗅。

身心靈照護

羅馬洋甘菊就像它的親戚德國洋甘菊一樣，適用於各種膚質。你可以把 4 滴洋甘菊、2 滴薰衣草和 2 滴沒藥加入 1 夸特熱水中，拿來蒸臉，藉以清潔肌膚，然後再把 1-2 滴洋甘菊和 1 小匙甜杏仁油混合起來，做成潤膚油，塗抹在臉上，以達到保溼的效果。

　　雖然洋甘菊特別適合用來調理臉部的肌膚，但也別忘了你身上其他的部位。你可以依照下面這個配方製作洋甘菊巧克力保溼棒。在使用時，要用雙手的手掌心握住一段巧克力棒，利用你手掌心的熱度將它融化後即可使用。在淋浴（或泡澡）前後都可以用這種油來塗抹身體。

洋甘菊巧克力保溼棒

- 6大匙可可脂（磨碎或削成薄片）
- 3大匙單一或混合的基底油
- 8滴維他命 E 油
- $^{1}/_{2}$ 小匙羅馬洋甘菊精油
- $^{1}/_{4}$ 小匙天竺葵精油

　　把少許水放入鍋中加熱，滾沸後離火。把可可脂、基底油和維他命 E 油放進一個罐子裡，置於熱水中，不停攪拌，直到可可脂融化為止。將罐子從水中取出，讓裡面的混合物冷卻至室溫。然後重複一次加熱的步驟，等到它再度冷卻後即可加入精油。接著，把罐內的混合物倒入做糖果棒的模型中，並放入冰箱冰 5-6 個小時。過一天後，等到保溼棒定型後再將它從模型中取出，並將它切成幾段，再裝進罐子裡，存放在陰涼的地方。

　　如果你想讓自己心情平靜、平息怒氣，可以用 2 份洋甘菊、1 份薰衣草和 1 份玫瑰（或玫瑰草）擴香。這個配方也能幫助你安撫自己緊繃的神經。如果你希望晚上能睡得安穩，可以把加了洋甘菊的擴香瓶放在你的床頭櫃上。

　　在能量方面，你可以用洋甘菊活化任何一個脈輪或使所有的脈輪保持平衡，也可以用一點洋甘菊幫助自己傳送祈求療癒的禱告。在施行蠟燭魔法時，洋甘菊有助招來成功、好運和愛情，並讓你得以達成目標。此外，它對夢境的探索也有幫助。

芳香風水學

　　你可以把含有洋甘菊的風水鹽放在屋裡的部分區域，讓你家的能量保持平衡。由於羅馬洋甘菊具有清新的蘋果香氣，因此特別適合放在廚房裡。

肉桂葉 *Cinnamon Leaf*

學名：*Cinnamomum zeylanicum* syn. *C. verum, Laurus cinnamomum*

別名：Ceylon cinnamon、Madagascar cinnamon、true cinnamon

　　肉桂原產於東南亞的部分地區，是熱帶的常綠樹木，高度可達約 50 呎。它有閃亮而堅韌的葉子，黃白兩色的花朵以及藍白色的漿果。它的屬名和俗名乃是源自希臘文中的 kinnamon 或 kinnamomon，意思就是「甜甜的木頭」，而一般認為，這個希臘字乃是源自馬來文和印尼文中的 kayamanis 這個字。它的意思同樣是「甜甜的木頭」[34]。最早栽種這種樹木的是斯里蘭卡人。

　　肉桂一直是世界上最重要的香料之一。它曾是腓尼基人和阿拉伯人對埃及、希臘和羅馬貿易的貴重商品。當年歐洲貿易商之所以在全球各地探險，尋找前往遠東地區的更快速的新航線，除了是為了黑胡椒之外，也是為了肉桂。

精油特性與使用禁忌

　　肉桂葉精油是用肉桂樹的葉子以水或蒸氣蒸餾而成，色澤介於黃色到淺棕色之間，黏稠度中等，質地有點油，保存期限約 2-3 年或更久一些。在懷孕期間要避免使用；可能會造成皮膚疼痛、發炎；應適量使用，並稀釋成較低的濃度。

　　本條目所含的資訊只限於肉桂葉精油。用肉桂樹的樹皮做成的精油對皮膚有毒，也是最危險的精油之一。

調香建議

　　肉桂葉精油有一種溫暖的辛香氣息。適合和它搭配的精油包括小荳蔻、丁香、生薑、葡萄柚、薰衣草、檸檬、甜橙、苦橙葉、迷迭香和百里香。

氣味類別	香調	初始強度	太陽星座
辛香味	中調	中等	牡羊座、摩羯座、獅子座

34. Cumo, *Foods That Changed History*, 89.

藥用價值

肉桂葉精油可用來治療關節炎、支氣管炎、血液循環不良、感冒、咳嗽、憂鬱、發燒、流行性感冒、頭蝨、昆蟲叮咬、經痛、肌肉痠痛、疥瘡、壓力和疣。

如果想緩解被蜜蜂（尤其是黃蜂）叮咬所引起的痛楚，可以把 1 滴肉桂葉精油加入 1 小匙的基底油中，輕輕地塗抹在患部。也可以把 2-3 滴肉桂葉精油和 1 大匙的基底油混合，然後再加入 1 夸特的冷水中，用來冷敷。要消滅頭蝨，可以把 2 滴肉桂葉和 8 滴茶樹加入 2 大匙的基底油中，用來塗抹頭皮和頭髮，等到大約 1 小時之後再用洗髮精清洗乾淨。

肉桂葉具有抗菌特性，有助緩解咳嗽與感冒。你可以把各 2 滴的肉桂葉、迷迭香和檸檬精油加入 1 夸特的熱水中，拿來做蒸氣吸入法。肉桂葉所具有的消毒功效也有助淨化病房的空氣。

大家都知道，肉桂具有溫熱的效果，因此肉桂精油能夠舒緩關節炎所引起的不適。其方法是把肉桂葉、芫荽籽、生薑各 3 滴和 2 滴檸檬加入 1 盎司的基底油中，拿來按摩患部，以緩解僵硬和疼痛的感覺。

身心靈照護

肉桂葉可能會造成皮膚發炎疼痛的現象，因此不適合用在個人的保養品中，但它對情緒卻頗有幫助。如果你想讓自己的心情保持平穩，可以用 1 份肉桂葉、1 份小荳蔻和 2 份薰衣草擴香。當你需要讓自己心思清明以便專注於工作或課業時，可以再加上柑橘與迷迭香。此外，肉桂葉也有助減輕抑鬱和神經衰弱的現象。

在能量方面，你可以用肉桂葉活化太陽輪、心輪和眉心輪，也可以把它滴進柱狀蠟燭已經融化的蠟裡面，以幫助自己冥想或靈修。肉桂葉也能用來聖化祭壇或特殊的空間。在施行蠟燭魔法時，它可以幫助你獲得公平正義、招來好運並且讓你達到目標。此外，它對夢境的探索也有助益。

芳香風水學

你可以把肉桂精油用在你的毛毯或其他寢具上，這樣一來你躺在床上或靠在沙發上時就能享受到肉桂所散發出的溫暖氣息。其做法是：把幾滴肉桂葉精油滴在一條洗臉毛巾或一個烘衣球上，然後把毛巾和毯子一起丟進烘衣機裡。由於精油在某些狀況下會具有可燃性，因此你要把烘衣機設定在涼風的行程，讓它把你的毯子和寢具吹得很蓬鬆。

在風水方面，你可以用肉桂葉提升家中的能量。在聖誕假期時，如果能點一根含有肉桂精油的蠟燭，家中就會瀰漫著特殊的節日氣氛。如果你不想一直點著蠟燭，也可以用擴香瓶擴香，讓家中充滿令人振奮的美好氣息。

冬日節慶用的肉桂擴香瓶

- 2 小匙用肉桂葉、丁香、甜橙和迷迭香調製的複方精油
- $1/4$ 杯葵花油
- 1 個好看的罐子
- 4-5 根擴香竹

把所有精油都混合起來（用量隨你喜歡），然後加入基底油。把混合物倒入罐子裡，並插上擴香竹。每天都要把擴香竹倒過來至少一次，讓香氣得以擴散。

香茅 *Citronella*

學名：*Cymbopogon nardus* syn. *Andropogon nardus*
別名：Ceylon citronella、mosquito grass、nard grass、Sri Lanka citronella

凡是喜歡在自家後院野炊的人應該都很熟悉香茅蠟燭這玩意兒，並且應該都很慶幸世上有這東西。目前人工栽培的香茅都是斯里蘭卡的野生種「神力草」（mana grass，學名 *C. confertiflorus*）的後代。它的葉片狹長，每每都長成一大叢，每叢高度可達 6 呎高、6 呎寬。它是檸檬草和玫瑰草的近親。其俗名 citronella 乃是源自法文中的 citronnelle 這個字，意為「檸檬酒」或「檸檬水」。這是因為它有著檸檬般的香氣。[35]

有好幾千年的時間，遠東地區的人一直用香茅治療各種疾病。19 世紀時，它被引進歐洲，做為室內消毒劑和驅蟲劑，以防止蠹蛾在存放寢具的櫥櫃裡做窩。貓和老鼠也不太喜歡它的氣味。儘管到了 20 世紀初期，香茅的使用逐漸式微，但自從化學藥劑 DDT 被禁之後，它又開始大受歡迎了。

---

35. Barnhart, ed., *The Barnhart Concise Dictionary of Etymology*, 127.

精油特性與使用禁忌

香茅精油是用香茅的葉子以水蒸氣蒸餾法萃取而成，呈黃褐色，質地稀薄，保存期限約 2-3 年。在懷孕期間不宜使用；可能會造成皮膚疼痛發炎的現象；也不要用於六歲以下的孩童身上。

調香建議

香茅有一種類似檸檬般的清新香甜的氣息，而且還帶著微微的草本味。適合和它搭配的精油包括佛手柑、雪松、檸檬尤加利、天竺葵、檸檬、甜橙、松樹、檀香和岩蘭草。

氣味類別	香調	初始強度	太陽星座
草本味	前調	中等	金牛座

藥用價值

香茅精油可用來治療焦慮、感冒、憂鬱、發燒、流行性感冒、花粉熱、頭蝨、頭痛、發炎、蚊蟲叮咬、偏頭痛和壓力。

香茅具有抗菌功能，因此有助緩解感冒與流感症狀。你可以把 3 滴香茅、1 滴松樹和 1 滴藍膠尤加利加入 1 夸特的熱水中，用來做蒸氣吸入法。也可以把 10 滴香茅、6 滴雪松和 4 滴胡椒薄荷和 1 盎司的基底油混合，再加入洗澡水中，用來泡澡，讓自己全身暖和，以加速痊癒。此外，你還可以用香茅擴香，藉以淨化病人所住的房間裡的空氣，並去除異味。

用香茅精油泡腳可以緩解頭痛。這聽起來似乎有些違反我們的直覺，不過事實的確如此，因為泡腳時可以讓更多的血液流到下半身，從而能夠減輕頭部的壓力。做法是把香茅、薰衣草和松樹各 2 滴和 1 小匙的基底油混合，再倒入一盆熱水中，用來泡腳。當腳部出汗、產生異味時，用香茅來泡一泡，就可以殺死那些造成異味的細菌，讓你的雙腳不再臭氣薰人。

香茅固然是出了名的驅蟲劑，但它其實也可以舒緩並治療被蚊蟲叮咬引起的不適。方法是把 2-3 滴的香茅和 1 小匙的基底油混合，並將之塗抹在患處。

身心靈照護

如果要防止蚊蟲叮咬，可以把 4 滴香茅和 $1/2$ 小匙的基底油混合，再倒入裝有 2 盎司水的噴瓶中。每次出門前先搖勻，然後再噴灑在裸露的肌膚上。這個配方也可以改成香茅和維吉尼亞雪松各 2 滴。

如果你的皮膚和頭髮比較偏油性，就很適合使用香茅，因為它具有收斂的作用，能使油脂不致過度分泌。香茅、絲柏和茶樹的組合很適合油性膚質。除了抑制油脂分泌外，香茅也能改善你的髮質。如果用它來泡澡，可以改善過度出汗的現象。

當你需要心思高度專注時，可以用 3 份香茅、2 份佛手柑和 1 份玫瑰草擴香。這個配方也能緩解心理疲勞。在能量方面，香茅有助活化臍輪、心輪和喉輪。在冥想或祈禱時，它能幫助你和大地連結，讓你的能量變得平靜安穩。在施行蠟燭魔法時，它能幫助你消除任何一種形式的負面能量。此外，它還有助淨化氣場，讓你的氣場變得更加光明。

芳香風水學

你可以在家中能量流動太快的地方放一罐含有香茅的風水鹽。香茅具有抗菌功能，不僅能讓空氣變得清新宜人，也能發揮消毒的效果。在戶外野餐時，可以放一個滴了香茅精油的茶蠟擴香台在野餐桌上，讓蚊子不敢近身。

你可以把各 15 滴的香茅和薰衣草加入 1 杯小蘇打中，做成香袋，掛在衣櫥裡，以防止蠹蟲滋生。香茅也可以用來去除地毯的異味，並驅趕跳蚤。但由於貓兒對精油特別敏感，而且不喜歡香茅的味道，因此如果你家裡有養貓，就不建議在地毯上使用香茅。

香茅地毯清潔粉

- 15滴香茅精油
- 10滴佛手柑精油
- 5滴雪松精油
- 8盎司小蘇打

把所有的精油混合，然後和小蘇打拌勻。如果出現粉塊，就用叉子打散。把做好的粉輕輕的撒在地毯上，過20-30分鐘後再用吸塵器吸乾淨。

快樂鼠尾草

請參見「兩種鼠尾草精油」。

丁香 Clove Bud

學名：*Syzygium aromaticum* syn. *Eugenia caryophyllata*

　　丁香原產於印尼，外觀呈金字塔狀，高度可達40-50呎。它有著毛茸茸的簇狀白花和大而艷綠的葉子。人們所熟悉的丁香是它的花苞乾燥後的樣子。

　　丁香是早期印尼出口至中國和印度的商品，是這兩個地區非常重要的調味料和藥品。西元176年時，埃及人已經開始使用丁香。不久後，希臘人和羅馬人也跟進了[36]。就像其他備受歡迎的貿易物資一般，丁香也是促使歐洲貿易商探索世界以尋找前往東方的更好路線的香料之一。丁香的英文俗名 clove 乃是源自法文中的 clou 或拉丁文中的 clavus，兩者的意思都是「釘子」。它的中文名字則是「香甜的釘子」的意思。[37]

精油特性與使用禁忌

　　丁香精油是用丁香樹的花苞以水或水蒸氣蒸餾而成，呈淡黃色，黏稠度中等，質地有點油，保存期限約為 2-3 年或更久一些。懷孕期間應避免使用這種精油；可能會造成皮膚和黏膜疼痛發炎的現象；使用時不可過量。

　　本條目所提供的資訊只適用於用丁香花苞萃取的精油。其他兩種精油（有一種是用葉子萃取，另一種則是以莖幹提煉）被視為具有危險性。

調香建議

　　丁香精油有一種甜甜的辛香味，而且微帶果香。適合和它搭配的精油包括羅勒、佛手柑、洋甘菊、生薑、永久花、薰衣草、檸檬、甜橙、玫瑰草和檀香。

---

36. Prance and Nesbitt, eds., *The Cultural History of Plants*, 161.

37. Weiss, *Spice Crops*, 106.

氣味類別	香調	初始強度	太陽星座
辛香味	中調	強	牡羊座、獅子座、雙魚座、天蠍座、射手座

藥用價值

丁香精油可用來治療焦慮症、關節炎、氣喘、香港腳、支氣管炎、瘀傷、燒燙傷、水痘、感冒、咳嗽、刀傷與擦傷、流行性感冒、花粉熱、腰痛、肌肉痠痛、灰指甲、噁心、帶狀皰疹、扭傷與拉傷和壓力。

就像許多味道強烈的香料一般，丁香有助舒緩因咳嗽、感冒和流行性感冒導致的呼吸道不適症狀。它具有祛痰的功效，因此有助清除過多的黏液。如果要出門，你可以把 3 滴丁香、4 滴甜橙和 4 滴牛膝草滴入呼吸棒，隨身帶著走。此外，丁香也有抗菌功效，因此在流感季節，你可以用它來擴香，以便淨化空氣，防患未然。但使用時應該少量，擴香的時間也不宜太長。

丁香可用來治療好幾種黴菌感染症，對付頑固的灰指甲尤其有效。但使用之前一定要先做測試。

灰指甲斷根療法

- 3 滴基底油
- 1 滴丁香精油

將基底油與精油混合。用棉花棒塗一層在指甲以及邊緣的肌膚上，過幾分鐘後再用 OK 繃貼上。一天塗抹 2-3 次。

丁香具有抗病毒的特性，能夠減輕帶狀皰疹和水痘所造成的搔癢和疼痛。如果是帶狀皰疹，可以把 2 滴丁香、4 滴香蜂草和 1 大匙基底油混合，輕輕塗抹在患處。如果是水痘，則改用丁香和薰衣草。

丁香的氣味無論用來做芳療或入菜都能帶給人溫暖與安慰。同樣的，它也能舒緩疼痛的關節和肌肉。你可以把 2 滴丁香、2 滴生薑、4 滴德國洋甘菊和 1 大匙基底油混合，做成按摩油，用來按摩患部。這個配方也適合用來泡澡，以減輕關節與肌肉的不適。

身心靈照護

丁香雖不適合用在護膚和護髮用品中，但它那令人舒服的香氣具有安定情緒的功效，也可以提升幸福感。它能提神醒腦、振奮情緒並且讓人更加專注。在能量方面，它能夠活化根輪與太陽輪。

在冥想和靈修時，你可以把 1 滴丁香精油滴在柱狀蠟燭已經融化的蠟裡面。用在蠟燭魔法中時，它能消除負面能量，創造幸福感，也能招來好運並且幫助你達到自己所要追尋的目標。

芳香風水學

雖然傳統的「波曼德」（pomander，即「表面嵌滿丁香的甜橙」）大多用來做為聖誕假期間的裝飾，但在過去它可是讓空氣清新宜人並驅趕蚊蟲的有效方法。不過，只要用 1 份丁香、2 份佛手柑和 2 份檸檬擴香，同樣也可以產生「波曼德」的效果。

要對付霉斑，你可以用丁香、雪松和白醋。方法是：把 $1/2$ 杯白醋倒入一個噴瓶，再加入丁香和雪松精油各 3-4 滴，然後輕輕地搖一搖，噴一點在有霉斑的區域，不要沖洗。這個配方中的精油除了可以消除醋味之外，也有助殺死真菌。如果你希望家裡某個地方的能量能夠流動順暢，可以在那裡放一罐含有丁香的風水鹽，或滴幾滴丁香精油在柱狀蠟燭已經融化的蠟裡面。

芫荽籽 *Coriander*

學名：*Coriandrum sativum*

別名：Chinese parsley、cilantro、coriander seed、Italian parsley

這種植物有兩個英文名字，分別是 coriander 和 cilantro。嚴格說來，coriander 指的是種子，而 cilantro 則是指下方的葉子。芫荽的莖幹挺直纖細，可長到大約 2 呎高，具有強烈的香氣。它那金褐色的球形種子直徑不到 $1/4$ 吋。其屬名和俗名是源自希臘文中的 koriandron 一字，而此字又源自 koris 這個字，意思是「蟲子」，指的是它的葉子和未成熟種子的氣味。[38]

---

38. Quattrocchi, *CRC World Dictionary of Plant Names*, 616.

芫荽籽的使用可以追溯至蘇美爾與巴比倫文明興盛的時期，因此它們是最古老也最受重視的食物調味料之一。早在西元前1500年時，埃及和地中海一帶的人就已經開始使用芫荽籽了[39]。希臘人和羅馬人用它們來入藥、調味，也把它們添加在酒品中，增添風味。甚至有人把它們當成春藥。後來羅馬人把芫荽引進了西歐與英國。今天，芫荽籽已經被廣泛運用於各種食物與飲料（包括好幾種利口酒）中，做為調味料。

精油特性與使用禁忌

芫荽籽精油是用芫荽的種子以水蒸氣蒸餾法萃取而成，顏色介於透明無色到淺黃色之間，黏稠度中等，保存期限約為2-3年，在懷孕期間請勿使用；用時請勿過量。

調香建議

芫荽籽精油有一種甜甜的辛香味以及微微的木頭味。適合和它搭配的精油包括小荳蔻、肉桂葉、絲柏、生薑、葡萄柚、檸檬、檸檬草、橙花、甜橙、苦橙葉、松樹、檀香和伊蘭伊蘭。

氣味類別	香調	初始強度	太陽星座
辛香味	中調	中等	牡羊座

藥用價值

芫荽籽精油可用來治療焦慮症、關節炎、血液循環不良、感冒、流行性感冒、痛風、頭痛、消化不良、更年期的不適、經痛、偏頭痛、肌肉痠痛、噁心、經前症候群（PMS）和壓力。

芫荽籽精油具有止痛功效，能夠緩解肌肉與關節的疼痛。你可以把3滴芫荽籽、4滴迷迭香和4滴萊姆加入1盎司的基底油中，做成按摩油。這個配方除了能夠有效緩解肌肉與關節的疼痛之外，也有助減輕壓力。芫荽籽和迷迭香則是緩解顳頜關節疼痛的好搭檔。但要擦在臉上時，一定要稀釋成1%的濃度。

泡澡是紓解壓力、減輕頭痛的有效方法。你可以用芫荽籽、橙花和薰衣草做成浴鹽來泡澡，除了可以用來緩解病症之外，平日也可以使用。

---

39. Chevallier, *The Encyclopedia of Medicinal Plants*, 193.

芫荽籽鎮痛浴鹽

- 4大匙單一或混合的基底油
- 5滴薰衣草精油
- 3滴芫荽籽精油
- 3滴橙花精油
- 2杯浴鹽（或海鹽）

把基底油和精油混合。把鹽放在一個玻璃碗或陶碗裡，加入油，然後攪拌均勻。做好的成品要儲存在附有密閉蓋子的罐子裡。

芫荽籽精油能夠有效緩解噁心的感覺。你可以滴 2-3 滴在一張面紙上拿來吸嗅，也可以滴幾滴芫荽籽精油和基底油在你的手掌心，然後用兩隻手互相搓揉，再把雙手合成杯狀蓋住鼻子，開始嗅聞。在感冒的時候，這種做法也可以緩解鼻塞。

身心靈照護

芫荽籽對油性肌膚的效果很好。你可以用 $1/4$ 杯洋甘菊茶，1 大匙金縷梅、3 滴芫荽籽和各 4 滴的佛手柑與快樂鼠尾草做成收斂劑。只要把所有的材料放入一個瓶子搖勻，然後用棉花球沾取搽在臉上就可以了。芫荽籽能夠抑制細菌生長，因此用來當成除臭劑也很有效。

芫荽籽的氣味溫和，具有撫慰人心的效果，可以讓人感受到快樂、忠誠與幸福。它能讓煩躁的心平靜下來，並幫助神經衰弱的人恢復正常。用 2 份芫荽籽、1 份佛手柑和 1 份玫瑰草擴香，可以幫助你的情緒維持在平穩的狀態，尤其是在你面對生命中的劇變時。除此之外，芫荽籽也能讓人心思清明並激發創造力。

在能量方面，芫荽籽可以活化臍輪、太陽輪與心輪，也可以用來聖化家中的神聖空間。此外，芫荽籽有助傳送祈求療癒的禱告並帶來平靜安詳的感覺。在施行蠟燭魔法時，它可以幫助你招來好運。

芳香風水學

當你感覺家中某個地方的能量停滯時，可以在那裡放一罐含有芫荽籽精油的風水鹽，讓能量流動得順暢一些。或者，你也可以用少許芫荽籽精油擴香。

絲柏 *Cypress*

學名：*Cupressus sempervirens*
別名：common cypress、Italian cypress、Mediterranean cypress

絲柏原產於地中海東岸，終年常綠，外觀呈圓錐形，枝條纖細，針葉為鱗狀葉，毬果呈圓形，外觀多瘤，且成簇生長，樹形高大優美。在古時，絲柏因其藥效與在宗教上的象徵意義而備受重視。古人會將絲柏的木材切成小塊，用來焚香，藉以在病後淨化空氣與靈性。腓尼基人則喜歡用它的木頭造船。

數千年來，絲柏一直與生死有著關連。它的拉丁種名的意思是「長青樹」。這不僅是因為它的葉子終年常綠，也是因為它是「永生不朽」的象徵[40]。有一個希臘神話故事就和絲柏樹的起源有關。雖然這個故事有著許許多多不同的版本，但大意不外乎這樣：一位名叫「絲柏瑞索斯」（Cyparissus）的年輕人無意中誤殺了一隻非常溫馴且很受他喜愛的雄鹿，令他為之心碎。由於悲痛過度，他變成了一棵絲柏樹。從此絲柏便成為哀傷的象徵。千百年來，世人總會在墓地種植絲柏樹，以代表他們對逝者的懷念。

精油特性與使用禁忌
絲柏精油是用絲柏樹的針葉與枝條以水蒸氣蒸餾法萃取而成，色澤介於淺黃到淡淡的橄欖綠之間。它的質地稀薄；保存期限約 12–18 個月；在懷孕和授乳期間應該避免使用。

調香建議
絲柏精油有木頭、香料味以及淡淡的堅果氣味。適合和它搭配的精油包括雪松、洋甘菊、生薑、葡萄柚、薰衣草、檸檬、檸檬草、橙花、甜橙、松樹和檀香。

氣味類別	香調	初始強度	太陽星座
木頭味	中調至後調	中等	水瓶座、摩羯座、雙魚座、金牛座、處女座

---

40. *Coombes, Dictionary of Plant Names*, 113.

藥用價值

絲柏精油可用來緩解關節炎、氣喘、支氣管炎、黏液囊炎、橘皮組織、血液循環不良、感冒、咳嗽、刀傷與擦傷、水腫、流行性感冒、痔瘡、更年期的不適、肌肉痠痛、野葛中毒、經前症候群（PMS）、壓力、肌腱炎、靜脈曲張和百日咳。

絲柏具有抗痙攣的作用，能夠有效緩解咳嗽（包括由支氣管炎和百日咳引起的咳嗽）。在咳嗽劇烈難忍時，可以滴 1-2 滴絲柏精油在面紙上拿來吸嗅。下面這個供呼吸棒使用的配方專治因感冒而引起的支氣管炎與一般性咳嗽。如果是百日咳，除了絲柏精油之外，還可以添加牛膝草與迷迭香。

供呼吸棒使用的絲柏止咳複方

- 7 滴絲柏精油
- 3 滴乳香精油
- 1 滴甜橙精油

把所有精油滴在呼吸棒的管子中的棉芯上，或滴入一個小瓶子中。需要時吸個兩三口。

以上這個複方也適合用來做蒸氣吸入法。如果你有氣喘，在使用精油前應該先請教你的醫生。如果你想用蒸氣吸入法來緩解氣喘，就不要用毛巾把頭蒙住，而是要用手把蒸氣朝臉部的方向拂送。

絲柏具有消炎作用，有助緩解因靜脈曲張而引起的疼痛。你可以把絲柏、佛手柑和鼠尾草精油各 3 滴和 1 大匙基底油混合，再拌入 1 夸特的熱水中，用來熱敷痛處。以上這個複方也適合用來按摩靜脈曲張的部位，但要由下往上朝著心臟的部位輕柔地按摩，以便讓血液不致沉積於腿部。

身心靈照護

絲柏精油具有收斂的作用，因此適用於油性的肌膚和頭髮，也可以促進毛髮的生長。你可以將絲柏與檸檬和胡椒薄荷混合，做成緊膚水。此外，你也可以用它來泡澡或做成體香劑，以解決汗水過度分泌的問題。在雙腳疲勞又被汗水所溼透的時候，用它來泡腳，會讓你感覺特別舒服。

絲柏精油氣味芬芳清新，能使人心靈平靜、情緒安穩，也能舒緩緊繃的神經。當你處於氣憤或脾氣暴躁的狀態時，它能讓你變得比較心平氣和。此外，它還能讓你心思清明、

心情安穩，在你正面臨生命中的轉變時尤其有用。若要撫慰喪親之痛，可以用3份絲柏、2份玫瑰（或玫瑰草）和1份乳香擴香。光是用絲柏也能讓氣氛變得恬靜安詳。

在能量方面，絲柏精油可以活化太陽輪、心輪、喉輪和眉心輪。它的淨化效果很出名，因此可以用來聖化祭壇或其他的神聖空間。在冥想或祈禱時，你可用它來讓自己的能量與大地連結並定心，也可以把幾滴絲柏滴在一個小碗裡，擺在神壇上獻祭以追念已故的親人。在施行蠟燭魔法時，你可以用它來消除各種負面能量、培養快樂的情緒。此外，它也能幫助你追求公平與正義。

芳香風水學

絲柏精油特別適合用來使快速流動的能量緩慢下來並創造平靜的氛圍。你可以用它做成室內噴霧。如果家中有哪個地方的能量需要停整，就可以在那裡噴個一兩下。除此之外，絲柏也可以驅蟲。

欖香脂 *Elemi*

學名：*Canarium Luzonicum*

別名：Elemi canary tree、Manila elemi tree、pili tree

欖香脂是乳香與沒藥的親戚，樹高可達100呎左右，有暗色的橢圓形葉子和黃白色的花朵。它原產於菲律賓與印尼的部分地區，在古時即已為人所知。它那氣味強烈的油性樹脂被用來當成香焚燒，是當時很重要的貿易商品。在後來的數百年間，它被用來製造亮光漆和油墨。它的英文俗名elemi源自阿拉伯文中的al-Lâmî這個字，意思是「樹脂」。這個字指的是欖香脂以及橄欖屬的其他好幾種樹木[41]。欖香脂精油雖然有一些藥用價值，但它最重要的用途還是護膚。

---

41. *Webster's II New College Dictionary (2005),*s.v. "elemi," 372.

精油特性與使用禁忌

欖香脂精油是用欖香脂樹的油性樹脂以水蒸氣蒸餾法萃取而成，色澤介於無色與微微的淡黃色之間，質地稀薄，保存期限約為 2-3 年。肌膚較為敏感的人士使用後可能會出現皮膚疼痛或發炎的現象。

調香建議

欖香脂有淡淡的辛香味和檸檬味，還帶著著微微的香膏氣息。適合和它搭配的精油包括肉桂葉、乳香、薰衣草、沒藥、迷迭香和鼠尾草。

氣味類別	香調	初始強度	太陽星座
辛香味	中調	中等至強	雙魚座

藥用價值

欖香脂精油可用來治療支氣管炎、感冒、咳嗽、刀傷和擦傷、頭痛、發炎、疹子、傷疤、鼻竇感染、壓力和妊娠紋。

若要緩解頭痛（尤其是與鼻病有關的頭痛），可以用等量的欖香脂、藍膠尤加利和百里香擴香。這幾種精油都具有抗菌作用，可以淨化空氣，有助治療鼻竇的感染。這個複方也能緩解感冒與咳嗽。欖香脂具有祛痰的功效。在咳嗽（包括因支氣管炎所引起的咳嗽）時，很適合拿來做蒸氣吸入法。

如果想淡化疤痕和妊娠紋，可以用 2 滴欖香脂加上 1 小匙基底油（玫瑰果油和琉璃苣油特別有效）塗抹在有疤痕和紋路的部位。如果長了疹子，可以把 4-5 滴欖香脂和 1 大匙基底油混合，再拌入 1 夸特的冷水中，然後把一條洗臉毛巾泡在裡面再拿出來，輕輕的敷在長疹子的部位。如果要緩解因為長痱子而引起的不適，可以用欖香脂泡澡。只要把 8-10 滴欖香脂精油和 1 盎司的基底油混合，然後再加入洗澡水中就可以了。

身心靈照護

欖香脂適合各種膚質。它能使乾燥和油性肌膚恢復正常，尤其是對成熟的肌膚更具有滋養的效果。它能對抗皺紋，並幫助肌膚變得年輕緊緻。對於因日晒、風吹而受損或乾燥的肌膚，除了欖香脂之外，還可以加上乳香和胡蘿蔔籽。如果是成熟型肌膚，則可以加上薰衣草與橙花。在下面這個配方中，你可以用玫瑰果油來代替琉璃苣油。

欖香脂夜間保溼霜

- 2大匙可可脂（磨碎或削成薄片）
- 3大匙琉璃苣油
- 12滴欖香脂精油
- 10滴薰衣草精油
- 8滴玫瑰草精油
- 8滴橙花精油

把少許水放在鍋中，煮沸後離火。把可可脂和基底油放進一個罐子裡，置入熱水中並不停攪拌，直到可可脂融化為止。讓混合物冷卻至室溫。重複一次加熱步驟。當混合物再度冷卻時，便可以加入精油，然後整罐放進冰箱中，過5-6小時之後再拿出來。等它回復到室溫後就可以使用或儲存了。

欖香脂的氣味清新，能夠鎮靜緊張的神經，緩解心理上的疲勞。當你有負面情緒、想讓自己的心情平穩下來或者需要振奮精神時，可以用它來擴香。當你需要讓自己心思清明、精神集中時，同樣可以用它。如果用少量的欖香脂在家中擴香，可以使家裡的氛圍變得恬靜安詳。

在能量方面，欖香脂可以活化根輪、眉心輪和頂輪。在冥想、祈禱或靈修時，它能幫助你和大地的能量連結，變得平靜安穩，也能幫助你把祈求療癒的禱告傳送到有需要的人那兒。在施行蠟燭魔法時，欖香脂有助消除負面能量或任何你在生命中已經不再需要的事物。

芳香風水學

當你需要在某個地方冥想或讓那裡的能量安定下來時，可以在該處擺上一罐含有欖香脂的風水鹽或點一根含有欖香脂的蠟燭。當你置身室外，想讓那裡的能量變得恬靜安詳時，可以把幾滴欖香脂和1盎司的水裝入一個噴瓶中，用來噴灑門廊或露台等區域。

兩種尤加利精油

尤加利樹的屬名和俗名源自希臘文中的 eukalypto 這個字，意思是「被蓋住的」或「被包起來的」。這是因為它們那懸垂的種子莢幾乎把新生的花蕾都蓋住了[42]。由於尤加利樹會

分泌黏稠的膠狀物質，因此它們又被稱為「膠樹」（gum trees）。19世紀時，它們被人從澳洲引進了加州、南歐和其他地區[43]。尤加利樹精油是強效的抗菌劑，能夠治療感冒，因此大多數人對它都很熟悉。

藍膠尤加利 *Eucalyptus, Blue*

學名：*Eucalyptus globules*

別名：Fever tree、gum tree、southern blue gum

藍膠尤加利的根系分布甚廣，可以吸收大量的水分，因此澳洲各地的人都將它們種植在溼地上，以免蚊蟲為患。由於它們具有樟腦般的氣味，因此也可以順帶驅趕蚊蟲。在原產地，它們可以長到300呎以上，但在其他地區，它們的高度大約只有一半。藍膠尤加利的樹皮很光滑，呈藍灰色，樹幹上方的樹皮會大片剝落，露出底下奶油色的肌理。它的樹葉狹長，呈黃綠色，花朵則為乳白色。

精油特性與使用禁忌

藍膠尤加利精油是取藍膠尤加利樹的葉子以水蒸氣蒸餾法萃取而成，油色透明，但放久了以後會變黃。它的質地稀薄，保存期限約為2–3年或更久一些。如果拿來內服，對人體具有毒性；可能會造成皮膚疼痛、發炎的現象；不適合用在順勢療法中；應適量使量；不要用在6歲以下的孩童身上。

調香建議

這種精油具有樟腦般的氣味，同時略帶木頭味和土味。適合和它搭配的精油包括洋甘菊、絲柏、生薑、杜松漿果、薰衣草、檸檬、松樹、迷迭香和茶樹。

氣味類別	香調	初始強度	太陽星座
木頭味	中調至前調	很強	巨蟹座、摩羯座、雙魚座、金牛座

42. Coombes, *Dictionary of Plant Names*, 87.
43. Chevallier, *The Encyclopedia of Medicinal Plants*, 94.

藥用價值

藍膠尤加利精油可用來治療關節炎、氣喘、水泡、癬子、支氣管炎、傷燙傷、黏液囊炎、水痘、血液循環不良、唇皰疹、感冒、咳嗽、刀傷與擦傷、發燒、流行性感冒、花粉熱、頭蝨、頭痛、蚊蟲叮咬、腰痛、肌肉痠痛、鼻竇感染、喉嚨痛以及扭傷與拉傷。

藍膠尤加利能夠對抗寄生蟲，因此可以被用來治療頭蝨和疥瘡。如果是頭蝨，你可以把 3-4 滴藍膠尤加利精油和 1 大匙基底油混合，用來輕輕的按摩頭皮，然後再用一條毛巾把頭髮包起來，過半個小時之後再用洗髮精洗淨。如果是疥瘡，用軟膏的效果會很好，尤其是加上其他精油的時候。

尤加利疥瘡軟膏

- $^1/_4$ 盎司蜂蠟
- 4 大匙單一或混合的基底油
- 10 滴藍膠尤加利精油
- 14 滴薰衣草精油
- 8 滴松樹精油

把蜂蠟和基底油裝進一個罐子裡，再放進一鍋水中以小火加熱，並不停攪拌，直到蜂蠟融化為止。接著，將罐子從鍋中取出，等到裡面的混合物冷卻至室溫時就可以加入精油。必要時，你可以調整它的軟硬度。等到混合物完全冷卻後就可以使用或儲存了。

如果要緩解花粉熱所引起的不適，可以把各 1 滴的尤加利、洋甘菊和香蜂草和 1 小匙的基底油混合，然後塗抹少許在手腕上的脈搏跳動處、手肘內側和胸膛上。若要緩解並治療唇皰疹，可以把 1 滴尤加利和 1 滴佛手柑加入 1 小匙的基底油中，再用棉花棒沾取並塗抹在患部。

身心靈照護

用尤加利精油護膚，可以讓臉部肌膚緊緻並保持平衡。它具有輕微的收斂作用，能減少油脂分泌。油性肌膚的人可以用它來蒸臉，以清潔毛孔，讓毛孔暢通。尤加利精油也有助抑制頭皮屑。此外，你還可以單獨用它（或者再加上薰衣草和胡椒薄荷）來做成體香劑。

在情緒方面，尤加利精油可以幫助你面對失去親人的傷痛，也能讓你重新找回幸福感。當你需要情緒空間時，可以用 3 份尤加利、2 份檸檬和 1 份羅勒擴香。此外，尤加利精油也能幫助你減輕疲勞或神經衰弱的現象。

在能量方面，尤加利可以活化心輪。當你要祈求疾病得到療癒時，可以將它用在祭壇上。在施行蠟燭魔法時，藍膠尤加利精油可以招來幸福。此外，它也有助夢境的探索和前世的回溯。

芳香風水學

尤加利精油是典型的驅蟲劑。你可以將它用於蠟燭或擴香器中，以驅趕家中的蚊蟲。在風水方面，你可以用它來提升能量並且讓能量流動順暢。

檸檬尤加利 *Eucalyptus, Lemon*

學名：*Eucalyptus citriodora* syn. *E.maculata* var. *citriodora*, *Corymbia citriodora*

別名：Lemon-scented gum tree, spotted gum

檸檬尤加利樹可以長到大約 100 呎高，葉片狹長呈錐形。它的樹皮顏色淺淡、略帶斑點，且會成片脫落並呈捲曲狀，讓樹幹看起來有些斑駁。它的種名是「有檸檬香氣」的意思，因此它的精油一直被普遍用來薰香存放床單、枕套的櫥櫃並防止蟲害。一般認為，它的樹形比其他幾種尤加利樹更加優雅，因此經常被用來做為園藝植物。

精油特性與使用禁忌

檸檬尤加利的精油是用檸檬尤加利樹的枝葉以水蒸氣蒸餾法萃取而成，呈透明狀或淺黃色，質地稀薄，保存期限約為 2-3 年或更久一些。如果用來內服，會有毒性；可能會造成皮膚疼痛、發炎的現象；不適合用在順勢療法中；應適量使用。

調香建議

檸檬尤加利精油有一種既像檸檬、又像香茅的氣味。適合和它搭配的精油包括羅勒、黑胡椒、快樂鼠尾草、丁香、天竺葵、生薑、薰衣草、甜馬鬱蘭、甜橙、松樹、羅文莎葉、茶樹、百里香和岩蘭草。

氣味類別	香調	初始強度	太陽星座
柑橘味	中調至前調	中等	巨蟹座、摩羯座、雙魚座、金牛座

藥用價值

檸檬尤加利精油可用來治療氣喘、香港腳、水痘、唇皰疹、感冒、刀傷與擦傷、發燒、蚊蟲叮咬、喉頭炎、灰指甲、鼻竇感染和喉嚨痛。

在發燒時，兩種尤加利精油都有解熱的效果，但檸檬尤加利的降溫效果比藍膠尤加利更好一些。你可以把 5-6 滴檸檬尤加利精油和 1 大匙基底油混合，然後放入 1 夸特的冷水中，攪勻後再把一條洗臉毛巾泡在裡面，再拿出來冷敷。

檸檬尤加利具有抗菌和殺菌的功效，因此是很好的急救藥物，可以用來處理刀傷、擦傷和因蚊蟲叮咬所引起的不適。只要把 1-2 滴的檸檬尤加利和 1 小匙的基底油混合，輕輕的搓在患部就可以了。檸檬尤加利也有助緩解因香港腳而引起的搔癢。如果希望效果更強一些，可以用檸檬尤加利和松紅梅各 1 滴。

身心靈照護

就像其他柑橘類精油一樣，檸檬尤加利也是油性肌膚的福音，有助減少和調節油脂分泌。它也能治療青春痘。你可以把 1-2 滴檸檬尤加利和 1 小匙的杏桃核仁油或水蜜桃核仁油混合，然後用棉花棒沾取並塗抹在長痘子的部位。此外，檸檬尤加利也能消除體味並抑制頭皮屑。

檸檬尤加利精油能幫助你穩定波動的情緒、平息怒氣並且讓心情平衡。它也能讓你的心思變得清明專注。如果你想創造幸福感，可以用 2 份檸檬尤加利、1 份雪松和 1 份甜馬鬱蘭擴香。

你可以把這種油塗抹在胸口，以活化心輪，也可以將它用在祭壇上，以幫助你傳送祈求療癒的禱告。在施行蠟燭魔法時，它有助招來幸福。此外，它對夢境的探索和前世的回溯也有助益。

芳香風水學

從前的人都會用檸檬尤加利薰香存放床單、枕套、桌布等的櫥櫃，並達到驅蟲的效果。它也是唯一經美國環保署核准的驅蚊精油。事實上，它對蟑螂和那些可能造成重大危害的蠹魚也有效。除此之外，蠹蛾也討厭它的氣味。下面這個配方中所用的醋也能遏制某些昆蟲。

尤加利驅蟲噴霧

- $^1/_4$杯白醋
- $^1/_4$杯水
- 20滴檸檬尤加利精油
- 10滴胡椒薄荷精油
- 10滴薰衣草精油
- 10滴茶樹精油
- 5滴迷迭香精油

把所有材料裝入一個噴瓶中。每次使用前要先搖勻。

如果想防止蠹蛾和其他令人討厭的蟲子進入放置床單、枕套和衣服的櫥櫃裡，可以用1杯小蘇打、15滴檸檬尤加利、10滴薰衣草和5滴胡椒薄荷做成香袋，放在櫥櫃裡。

如果家裡有任何地方能量停滯，可以在那裡放一罐含有檸檬尤加利的風水鹽，讓能量流動得更順暢一些。也可以點一根含有檸檬尤加利精油的蠟燭。

甜茴香 *Fennel, Sweet*

學名：*Foeniculum vulgare* var. *dulce* syn. *F. dulce, F. fulgare, F. officinale*
別名：French fennel、garden fennel、Roman fennel

茴香原產於地中海一帶。它的底部有球根，還有羽狀的葉子與黃色的繖狀花序。植株的高度可達5-6呎。古時的中國、印度和埃及人已經開始以甜茴香做為食材和藥材。希臘人和羅馬人也用它來治療各式各樣的疾病。甜茴香的屬名意思是「小乾草」，指的是它具有類似乾草的氣味。此字源自拉丁文中的 foenum 這個字，意思就是「乾草」[44]。到了中世紀時期，這個名字又演化成 fenkel，最終更變成了 fennill。中世紀的藥草學家尼可拉斯·卡爾培柏（Nicholas Culpeper）和約翰·杰拉德（John Gerard，1545-1612）都很推崇甜茴香，並且曾建議用它來治療許多不同的疾病。

---

44. Weiss, *Spice Crops*, 285.

精油特性與使用禁忌

　　甜茴香精油是用甜茴香的種子以水蒸氣蒸餾法萃取而成，油色介於透明至淺黃之間，質地稀薄，保存期限約為 2-3 年。在懷孕和授乳期間，要避免使用這種精油。有癲癇和其他痙攣症狀的人請勿使用；可能會造成過敏現象；使用時請勿過量；不可用於 6 歲以下的孩童身上。

　　甜茴香的俗名就像學名一樣重要，因為 *Foeniculum vulgare* 和 *F.officinale* 既指甜茴香，也指苦茴香。儘管苦茴香被用來當成蔬菜，但用它萃取的精油卻具有毒性，絕不可用於肌膚上。

調香建議

　　甜茴香精油具有辛香味，還有一種類似大茴香的甜甜的氣息。適合和它搭配的精油包括佛手柑、黑胡椒、小荳蔻、絲柏、冷杉、天竺葵、杜松漿果、薰衣草、柑橘、綠花白千層、玫瑰、迷迭香和伊蘭伊蘭。

氣味類別	香調	初始強度	太陽星座
辛香味	前調	中等	牡羊座、雙子座、處女座

藥用價值

　　甜茴香精油可用來治療關節炎、氣喘、支氣管炎、瘀傷、橘皮組織、便祕、咳嗽、水腫、消化不良、發炎、更年期的不適、噁心、經前症候群（PMS）和靜脈曲張。

　　用甜茴香精油按摩，有助減少橘皮組織和水腫，也可以緊膚。只要把 14 滴的甜茴香精油和1盎司的基底油混合就行了。或者，你也可以試試下面這個配方。

消橘皮和水腫的甜茴香按摩油

- 3大匙單一或混合的基底油
- 6滴甜茴香精油
- 8滴絲柏精油
- 6滴天竺葵精油

　　把所有油混合均勻。用不完的油要放在有密閉蓋子的瓶子裡。

　　遇到因靜脈曲張導致的疼痛，也可以用類似的配方來緩解：6滴甜茴香、8滴檸檬和6滴迷迭香。若要緩解便祕，可以用6-8滴的甜茴香精油加上1大匙基底油來按摩腹部。

　　甜茴香具有抗菌功效，因此用它做蒸氣吸入法，可以緩解鼻塞和鼻涕過多的現象。它也有鎮咳的作用。如果想要緩解噁心的現象，可以把1滴甜茴香加入一杯滾燙的熱水中，用來做第八章中所提到的簡易蒸氣法。

身心靈照護

　　甜茴香對油性肌膚頗有助益。如果要做收斂劑，可以拿4大匙泡好的洋甘菊茶，加上1小匙金縷梅、5滴甜茴香和6滴杜松漿果即可。這個配方也能使暗沉的膚色變得明亮。由於甜茴香有助恢復肌膚的滋潤度與彈性，因此對成熟肌膚也頗有助益。你可以用4大匙玫瑰果油或荷荷巴油（或兩者混合）、3滴甜茴香、5滴天竺葵和4滴乳香做成基礎潤膚油。如果要消除眼袋，可以用甜茴香冷敷。

　　甜茴香精油可以創造平靜、安心的氛圍，改善我們的情緒和心境，也能幫助我們開始改變。要疏通壓抑的情緒和能量，可以用等量的甜茴香、檸檬和杜松漿果擴香。在調節脈輪時，甜茴香可以活化臍輪和喉輪。在靈修時，甜茴香能夠淨化能量，也可以用來聖化祭壇或神聖空間。在施行魔法時，你可以用它招來愛情。

芳香風水學

　　當家中某個區域的能量沉滯時，你可以用含有甜茴香的室內噴霧來噴灑該處。用甜茴香精油做成的蠟燭即使並未點燃，也能夠揮發提升能量的作用。

冷杉 *Fir Needle*

學名：*Abies alba syn. A. pectinata*

別名：European silver fir、silver fir needle、white fir、white spruce

　　冷杉原產於中歐和南歐的山區，因具有高品質的軟木而備受重視。它就像其他樅樹一般，可以提煉出松節油。銀冷杉生長於雜木林中，高度通常可達80-100之間。它的針葉是暗綠色的，有光澤，背面則是較淺的銀綠色。此樹幼小時呈圓錐形，長大後就逐漸愈來愈

像圓柱形。它的傳統拉丁名是 abies，而 alba 是「白色」的意思，指的是較老的銀冷杉樹皮的顏色[45]。它的氣味普遍被用來為市售的各種產品增添香氣。

精油特性與使用禁忌

冷杉精油是用冷杉樹的針葉和幼嫩的枝條以水蒸氣蒸餾法萃取而成，色澤介於無色到淺黃色之間。它的質地稀薄，略油，保存期限約為 9–12 個月。有可能會造成皮膚疼痛或發炎的現象。

請注意：此處所提供的資訊只適用於用銀冷杉（*A. alba*）萃取的精油。以膠冷杉（或稱香脂冷杉，A. balsamea）或鐵杉（*Tsuga canadensis*）萃取的精油也被稱為冷杉精油。

調香建議

冷杉精油有土味、木頭味和微甜的香脂味。適合和它搭配的精油包括雪松、絲柏、杜松漿果、薰衣草、檸檬、甜馬鬱蘭、甜橙、胡椒薄荷、松樹、迷迭香和綠薄荷。

氣味類別	香調	初始強度	太陽星座
木頭味	中調	中等	牡羊座

藥用價值

銀冷杉精油可以用來治療關節炎、支氣管炎、感冒、咳嗽、發燒、流行性感冒、肌肉痠痛、鼻竇感染和壓力。

冷杉精油具有強大的止咳祛痰功效，因此是治療咳嗽的高手。你可以用它和其他以常綠樹木萃取的精油來緩解胸悶和鼻塞的現象。方法是用它做成軟膏來按摩胸腔部位，或者它滴進小罐子裡隨身帶著走，以便隨時可以吸嗅。下面這個配方也可以用來做蒸氣吸入法。

---

45. Coombes, *Dictionary of Plant Names*, 15.

冷杉森林鎮咳伏冒軟膏

- $^1/_4$ 盎司蜂蠟
- 3 大匙單一或混合的基底油
- 9 滴冷杉精油
- 6 滴絲柏精油
- 4 滴雪松精油
- 3 滴松樹精油

把蜂蠟和基底油裝進一個罐子裡，放在一鍋水中以小火加熱，並不停攪拌直到蜂蠟融化為止。接著，將它從鍋中取出，等裡面的混合物冷卻至室溫後即可拌入精油。必要時，可以調整其軟硬度。等它完全冷卻後再使用或儲存。

在辛苦工作了一天或大量運動之後，若想緩解痠痛的肌肉，可以將各 3 滴的冷杉和甜馬鬱蘭和 1 大匙的基底油混合，用來按摩痠痛的部位。冷杉精油具有溫熱、止痛的效果，對關節炎尤其有益。或者，你也可以把 3 滴冷杉、4 滴迷迭香、1 滴黑胡椒和 1 大匙基底油混合，效果更佳。

身心靈照護

冷杉可能會造成皮膚疼痛、發炎的現象，因此通常不會用在常用的個人保養用品中。但它的氣味清新，能幫助我們平衡情緒，尤其是在面對改變、心情七上八下的時候。當你需要讓自己的情緒安穩並且提振、平衡自己的心情時，可以用等量的冷杉、檸檬和綠薄荷擴香。當你覺得心靈疲累、精神緊繃時，可以改用冷杉和玫瑰草。當你因失去親人而倍感傷痛時，可以把 5 滴冷杉、5 滴絲柏滴入一根呼吸棒，必要時就吸上幾口。

冷杉加上薰衣草可以給人一種深沉的平靜感。它也有助冥想和靈修。在祈禱（尤其是祈求疾病得到療癒）之前，你可以用冷杉讓自己與大地連結，並幫助自己定心。在能量方面，冷杉能夠活化根輪、臍輪、喉輪和頂輪。在施行蠟燭魔法時，你可以用它招來富足、繁榮並創造幸福感。

芳香風水學

用冷杉擴香，可以淨化空氣、去除異味。此外，它那清新的氣息也可為家中帶來溫暖、親切的感覺。當家中某個區域的能量顯得滯重時，你可以用含有冷杉的風水鹽來加以提升。

乳香 *Frankincense*

學名：*Boswellia carteri*

別名：Olibanum

乳香原產於紅海地區，是枝葉濃密的矮小灌木，會開出淺粉色的花朵。frankincense 一名源自十世紀時法文中的 frank 和 encens 這兩個字。前者意為「真正的」，後者則是「香」的意思，意指它是高品質的香[46]。它的拉丁名 olibanum 則是源自阿拉伯文中的 al-lubān 一字，意為「牛奶」。這是因為乳香的樹脂在接觸到空氣硬化之前看起來就像牛奶一般。[47]

一般相信，乳香能深化靈性經驗，因此在中國和印度各地的廟宇裡都經常被當成香來焚燒。此外，它也被用來治病。在埃及人眼中，它則是珍貴的美妝和護膚用品。由於他們對乳香樹如此重視，因此大約在西元前 1479 年到 1458 年間統治埃及的哈特謝普蘇特女王（Queen Hatshepsut）甚至命人運送了好幾棵乳香樹到她的庭園栽種。

精油特性與使用禁忌

乳香精油是取乳香樹的油性樹脂以水蒸氣蒸餾法萃取而成，呈淺黃色或淡綠色，質地稀薄，保存期限約為 12–18 個月。在懷孕期間請勿使用。

調香建議

乳香具有濃郁的樹脂味和木頭味。適合和它搭配的精油包括佛手柑、黑胡椒、絲柏、天竺葵、葡萄柚、薰衣草、檸檬、沒藥、甜橙、玫瑰草、檀香、岩蘭草和依蘭依蘭。

---

46. Barnhart, ed., *The Barnhart Concise Dictionary of Etymology*, 298.
47. Rodd and Stackhouse, *Trees: A Visual Guide*, 134.

氣味類別	香調	初始強度	太陽星座
樹脂味	後調	中等至強	水瓶座、牡羊座、獅子座、射手座

藥用價值

乳香精油可用來治療焦慮、氣喘、癤子、支氣管炎、感冒、咳嗽、刀傷與擦傷、流行性感冒、痔瘡、發炎、喉頭炎、野葛中毒、經前症候群（PMS）、傷疤、壓力和妊娠紋。

乳香具有抗菌功效，有助治療輕微的刀傷和擦傷。若要治療癤子，可以把 2 滴乳香和 3 滴薰衣草加入 1 夸特的溫水中，用來熱敷。若要緩解咳嗽和感冒，可以用等量的乳香和胡椒薄荷做蒸氣吸入法。

乳香也具有消炎作用，可以緩解痔瘡所引起的不適。你可以在 2 小匙的基底油中加入各 2 滴的乳香、絲柏和天竺葵，然後用一張沾溼的面紙沾取幾滴塗抹在痔瘡的部位。乳香的消炎特性也有助緩解因野葛中毒所引起的搔癢。你可以把 4 滴乳香和 $1/2$ 小匙基底油混合，再和 2 盎司的水一起放入一個噴瓶中，每次使用前要先搖勻。或者，你也可以改用等量的乳香和永久花。

身心靈照護

數千年來，乳香一直以其護膚用途著稱。它對乾性肌膚尤其具有回春的效果，也能讓成熟的肌膚變得比較緊緻。用它來敷臉有助清除毛孔中的汙垢，並讓皮膚保持水分。

乳香清新面膜

- 2 大匙白色高嶺土或燕麥粉
- 1 大匙優格或蜂蜜（或者是足夠做成糊狀物的量）
- 3 滴乳香精油
- 2 滴欖香脂精油
- 2 滴胡蘿蔔籽精油

把高嶺土或燕麥粉放入碗中。將優格或蜂蜜與精油混合，然後倒入碗裡的乾料中，徹底攪拌均勻，形成糊狀，再把它塗抹在臉上（但要避開髮際線、嘴唇和眼睛）。等它開始變乾時，就用溫水徹底沖淨。然後再搽上保溼霜。

　　要緩解眼睛浮腫的現象，可以用等量的乳香和羅馬洋甘菊冷敷。如果腿上有蛛網般的青筋，可以將1滴天竺葵、1滴乳香與1小匙基底油混合，用來輕輕的按摩患部。

　　乳香是用來平衡心情、振奮精神的理想精油，尤其是在你面對生命中的轉變、心緒混亂的時候。你可以單獨用乳香擴香，也可以用 3 份乳香、2 份雪松和 1 份柑橘。此外，乳香也有助減輕神經緊張的現象，讓人心思清明。

　　在冥想時使用乳香，可以讓呼更加深沉，進而讓情緒平靜、能量集中。它可以活化任何一個脈輪，並使它們和諧運作。在冥想和靈修時，你可以將各 1 滴的乳香、薰衣草和佛手柑滴在柱狀蠟燭已經融化的蠟裡面，也可以單獨用乳香來聖化神聖的空間或表達感恩之意。此外，當你請求天使協助或祈求病得醫治時，它也能發揮一些作用。

　　在施行蠟燭魔法時，你可以用乳香消除負面能量、創造幸福感或招來愛情。它也能幫助你獲得成功或追求公理正義。它對夢境的探索和前世的回溯也有助益。

芳香風水學

　　當家中某個區域的能量需要平衡時，你可以在那裡放置一罐含有乳香精油的風水鹽或點一根含有乳香的蠟燭。尤其是在你已經安定或提升了那裡的能量後，這樣做的效果會特別好。

天竺葵 *Geranium*

學名： *Pelargonium roseum, P. capitatum × radens, P.* cv. 'Rosé'

別名： Attar of rose geranium 、 bourbon geranium 、 geranium rosat 、
rose geranium 、 rose-scented geranium

　　玫瑰天竺葵是個難解的謎題。首先，它並非大多數人所熟悉的那種被稱為「天竺葵」的庭園植物。事實上，它的確切學名至今仍未有定論。我們一般稱為「天竺葵」（geranium）的植物其實是「天竺葵屬植物」（*pelargonium*）。「天竺葵」和「天竺葵屬植物」是牻牛兒苗科植物的兩個屬。但真正複雜的部分還在後頭。

　　這種名稱混淆的現象可以追溯至好幾百年前。當時，由於人們對天竺葵屬植物非常狂熱，因此培育出了許多雜交種，但因為數量過多，彼此之間委實難以分辨。讓問題變得更加複雜的因素包括：人們為同一個品種取了不同的名字，但卻並未提及它的別名；有時好幾

個品種共用同一個名字；有些人培育出了雜交種，但卻並未加以命名，以致它們和親本植株難以區分；有些名字則沒有任何植物學上的意義。無怪乎這種名稱混淆不清的現象會一直持續至今。

天竺葵精油是由兩大類雜交種的天竺葵萃取而成。第一類是 *P. capitatum* 和 *P. radens*（syn. *P. radula*）的雜交種。第二類則是 *P. capitatum* 和 *P. graveolens*（syn. *P. × asperum*）的雜交種。具有玫瑰香氣的天竺葵是屬於第一類。

在人造的化學香精問世之前，具有玫瑰香氣的天竺葵對香水工業而言是極其重要的原料，因為它們的價格較低，可以做為玫瑰的替代品。印度洋上的留尼旺島曾是玫瑰天竺葵最大的生產地。事實上，有一段時期，「玫瑰天竺葵」（rose geranium）這個名字專門用來指留尼旺島上所栽種的品種。有些栽培品種和精油則以留尼旺島的舊名「波旁」（Bourbon）來命名。

精油特性與使用禁忌

天竺葵精油是用整株天竺葵以水蒸氣蒸餾法萃取而成，呈淺綠色，質地稀薄，保存期限約 2-3 年。在懷孕期間應該避免使用；不要用在 6 歲以下的孩童身上；可能會引起皮膚過敏的現象。

調香建議

天竺葵精油具有玫瑰般的香甜氣息，還帶點兒薄荷味。適合和它搭配的精油包括佛手柑、胡蘿蔔籽、快樂鼠尾草、葡萄柚、永久花、杜松漿果、薰衣草、香蜂草、橙花、甜橙、苦橙葉、迷迭香和檀香。

氣味類別	香調	初始強度	太陽星座
花香味	中調	中等	牡羊座、巨蟹座

藥用價值

天竺葵精油可用來治療青春痘、焦慮、瘀傷、燒燙傷、橘皮組織、血液循環不良、刀傷與擦傷、憂鬱、皮膚炎、溼疹、水腫、頭蝨、痔瘡、時差、更年期的不適、經前症候群（PMS）、錢癬、帶狀皰疹、喉嚨痛、壓力、晒傷和扁桃腺炎。

　　無論你是在廚房裡被燙傷或是被太陽晒傷，天竺葵都能幫助你緩解並療癒受傷的部位，尤其是在加了蘆薈凝膠之後。你不妨一次多做一些這種凝膠放在手邊，當成急救藥物，以備不時之需。

天竺葵與薰衣草燒燙傷凝膠

- 2大匙蘆薈膠
- 5滴天竺葵精油
- 5滴薰衣草精油

　　把所有材料加在一起，混合均勻，然後存放在有密閉蓋子的罐子裡。

　　若要治療皮膚炎和溼疹，可將 1 滴天竺葵、1 滴杜松漿果與 1 小匙甜杏仁油混合，然後輕輕地塗抹於患部。如果要緩解更年期或月經前的不適，可以用等量的天竺葵、薰衣草和快樂鼠尾草擴香。喉嚨痛時，可以用天竺葵和牛膝草各3滴做蒸氣吸入法。

身心靈照護

　　天竺葵具有清潔和清新的效果，有助平衡肌膚油脂的分泌，無論乾性、成熟性或油性肌膚都適用。你可以將 2 滴天竺葵、1 滴乳香和 1 滴洋甘菊加入 1 大匙甜杏仁油中，做成簡易的保溼油。如果你是油性肌膚，則可改用 2 滴天竺葵、1 滴佛手柑和 1 滴杜松漿果。天竺葵也有抗皺的效果。

　　頭髮乾燥、頭皮屑很多時，可以用天竺葵精油來調理。做法是把各 2 滴的天竺葵和沒藥和 1 大匙椰子油混合，用來按摩頭皮和頭髮，然後再用洗髮精洗淨。天竺葵精油也適合中性髮質，用來製作體香劑效果也很好。

　　無論你因何而悲傷，天竺葵都能幫助你穩定情緒，重新獲得幸福感。當你感覺精神緊繃時，可以用 2 份天竺葵、2 份葡萄柚和 1 份伊蘭伊蘭擴香，以幫助自己放鬆、平靜。天竺葵也能幫助你摒除雜念、集中注意力。

　　在能量方面，天竺葵可以活化太陽輪、心輪、喉輪和頂輪。在冥想或祈求疾病得到醫治時，可以用它來淨化能量或神聖空間。在施行蠟燭魔法時，可以用它招來愛情、幸福與好運，並幫助自己達成目標。

芳香風水學

天竺葵很適合用來當成空氣清新劑，而且它搭配薰衣草和柑橘一起使用效果很好。如果家裡有任何地方的能量流動過快，你都可以用天竺葵擴香，讓能量流動變慢並達到平衡的狀態。

生薑 *Ginger*

學名：*Zingiber officinale*

別名：Common ginger、Jamaica ginger

生薑的屬名和俗名源自拉丁文中的 zingiber 一字，而後者又源自梵文中的 singabera 一字，意思是「角狀的」[48]。這指的是它的根莖形狀像動物頭上的角。生薑原產於南亞地區。它的莖有如蘆葦，葉子像矛，還有黃色或白色的穗狀花序。

幾千年來，在中國和印度地區，生薑一直被用來做為食材與藥材，也被當成壯陽之物。後來它被希臘與羅馬人引進歐洲，在中世紀時期一直是備受重視的商品。西班牙人將它帶到西印度群島與南美洲。早期移民至美國的歐洲人會用生薑做成他們所謂的「小啤酒」（small beer），後來便逐漸成了「薑汁啤酒」（ginger beer）和「薑汁汽水」（ginger ale）。

精油特性與使用禁忌

生薑精油是取生薑的根莖以水蒸氣蒸餾法萃取而成，呈淺黃、琥珀或淡綠色，質地稀薄，保存期限約2-3年。有可能會造成皮膚疼痛、發炎或敏感現象；具輕微的光敏性。

調香建議

生薑精油有濃郁的辛香味和木頭味。適合和它搭配的精油包括雪松、丁香、尤加利、天竺葵、葡萄柚、檸檬、萊姆、柑橘、橙花、玫瑰草、廣藿香、玫瑰、岩蘭草和伊蘭伊蘭。

氣味類別	香調	初始強度	太陽星座
辛香味	中調至後調	強到很強	牡羊座、獅子座、天蠍座、射手座

藥用價值

生薑精油可用來治療關節炎、黏液囊炎、血液循環不良、感冒、便祕、咳嗽、憂鬱、發燒、流行性感冒、宿醉、消化不良、時差、經痛、暈車暈船、肌肉痠痛、噁心、季節性情緒失調（SAD）、鼻竇感染、喉嚨痛、扭傷和拉傷和眩暈。

生薑具有止咳祛痰的功效，有助緩解胸悶和鼻塞。感冒的時候，不妨用 2 份生薑、1 份甜橙和 1 份乳香擴香，以治療感冒或緩解相關的症狀。此外，生薑還具有抗痙攣的作用，能夠緩解咳嗽。若想減輕鼻竇感染，可以用各 2 滴的生薑、尤加利和百里香做蒸氣吸入法。

由於生薑有止痛和溫熱的功效，因此能夠緩解關節炎所造成的關節疼痛和僵硬。你可以將 3 滴生薑、2 滴冷杉和 2 滴迷迭香加入 1 大匙的基底油，用來按摩膝蓋，以緩解不適。

出門在外時，你可以隨身帶一根呼吸棒以便在暈車暈船時緩解不適。只要把 10-12 滴生薑（或 6 滴生薑加上 5 滴胡椒薄荷）滴入呼吸棒就可以了。這個配方也有助緩解時差或宿醉。

身心靈照護

若要緩解神經衰弱和心理疲勞，就要找時間放鬆。這時可以用 2 份生薑、1 份薰衣草和 1 份胡椒薄荷擴香。點一根會散發生薑氣息的精油蠟燭能夠創造靜謐、安詳與幸福的氛圍。（關於如何製作蠟燭，詳情請參閱第十三章）下面這個配方可以製作 3-4 個茶蠟。

讓日子更明亮的生薑精油蠟燭

- 2 小匙生薑、柑橘與維吉尼亞雪松的複方精油
- 1 盎司蜂蠟
- 2 小匙椰子油

將所有精油混合，並依照你喜歡的香氣調整每一種精油的用量。把蜂蠟和椰子油倒進一個玻璃量杯，並放入一鍋水中以小火加熱。期間要不斷攪拌，直到蜂蠟融化為止，接著把量杯從熱水中取出。用燭芯鐵片的下端沾一點蠟，然後將它固定在每個茶蠟杯的底部。讓玻璃量杯中的混合物慢慢冷卻。趁著它還是液狀時，把精油加進去（如果精油在蠟中凝結了，可以把量杯放在熱水鍋中 1 分鐘），然後再把蠟倒入茶蠟杯中。等到成品變涼時，便可以修剪燭芯。過兩三天後，當蠟燭已經定型時，就可以使用了。

---

48. Foster and Johnson, *National Geographic Desk Reference to Nature's Medicine*, 180.

在冥想或祈禱時，如果你想讓自己的能量與大地連結並且得以定心，可以用生薑、天竺葵和柑橘擴香，或者把它們滴入柱狀蠟燭已經融化的蠟中。生薑精油還可以活化根輪、臍輪、太陽輪和心輪。如果你想為自己招來富足與繁榮，可以用生薑精油施行蠟燭魔法。此外，它也可以吸引愛情。

芳香風水學

若想讓家中的空氣聞起來清新宜人，可以用 3 份柑橘、2 份橙花和 1 份生薑擴香。這個組合也是很好的地毯除臭劑。在風水方面，你可以用生薑提升能量。

葡萄柚 *Grapefruit*

學名：*Citrus × paradisi*

葡萄柚是柚子（*C. maxima*）和甜橙（*C. sinensis*）的天然雜交種，原產於西印度群島，而甜橙則是在 17 世紀末從東南亞進口到西印度群島的。*paradisi* 此名源自拉丁文中的 paradisus 和希臘文中的 parádeisos 一字，意思是「樂園」[49]。葡萄柚樹可以長到大約 30 呎高，葉子光滑濃密，花朵大而白，果實成簇生長，幼小時是綠色的，看起來有點像葡萄。

精油特性與使用禁忌

葡萄柚精油是用整顆葡萄柚果實以冷壓法萃取而成，呈黃色或淺綠色，質地稀薄。儘管大多數柑橘類精油的保存期限大約都在 12–18 個月之間，但葡萄柚的保存期限只有 12 個月左右。它可能會造成皮膚疼痛、發炎的現象；具有光敏性；在服用與葡萄柚相剋的藥物時應該避免使用。

調香建議

葡萄柚精油具有香甜的柑橘氣息。適合和它搭配的精油包括小荳蔻、羅馬洋甘菊、芫荽籽、絲柏、杜松漿果、檸檬、橙花、甜橙、玫瑰草和綠薄荷。

---

49. Small, Top 100 *Food Plants*, 276.

氣味類別	香調	初始強度	太陽星座
柑橘味	中調至前調	強	雙子座、處女座

藥用價值

葡萄柚精油可用來治療青春痘、橘皮組織、血液循環不良、感冒、憂鬱、流行性感冒、宿醉、頭痛、噁心、經前症候群（PMS）、季節性情緒失調（SAD）、壓力和靜脈曲張。

葡萄柚精油能夠促進血液循環，有助改善橘皮組織或靜脈曲張。你可以將 2 滴葡萄柚以及各 3 滴的絲柏和檸檬和 1 大匙基底油混合，用來按摩患部（手法是朝著心臟的方向由下往上按）。

用葡萄柚精油擴香，可以緩解月經來臨前情緒起起伏伏的現象。你可以單獨用葡萄柚擴香，也可以加上等量的小荳蔻和羅馬洋甘菊。頭痛時，可以用等量的葡萄柚、胡椒薄荷和迷迭香擴香，也可以用這幾種精油冷敷。

身心靈照護

葡萄柚具有收斂作用，很適合油性肌膚和髮質。把 6-7 滴葡萄柚滴入 1 夸特熱水中用來蒸臉，可讓毛孔打開、排出其中的汗垢。在蒸臉後，要用棉花球沾一點收斂水擦在臉上。你可以用 1/4 杯已經放涼的洋甘菊茶、1 大匙金縷梅和各 5 滴的葡萄柚、胡蘿蔔籽和杜松漿果做成收斂水。葡萄柚對油性的髮質也很好，且具有促進毛髮生長的作用。你可以將它與迷迭香混合，用來按摩頭皮，讓頭皮更加健康。

葡萄柚也能平衡情緒，幫助舒緩神經緊張、衰弱的現象。你可以用 3 份葡萄柚、2 份柑橘和 1 份羅勒擴香。這個配方也有助緩解緊張性頭痛與煩躁的心情，並帶來幸福感。當你需要專注時，除了用葡萄柚之外，還可以加上等量的綠薄荷。這個配方也能幫助你克服時差或宿醉。

在冥想或靈修時，你可以把各 1 滴的葡萄柚、檀香和薰衣草滴進柱狀蠟燭（或罐裝蠟燭）已經融化的蠟裡面。在能量方面，葡萄柚能夠活化太陽輪和喉輪。施行蠟燭魔法時，你可以用它招來富足或幫助你達成目標。

芳香風水學

葡萄柚具有抗菌、防腐的作用，很適合用來清潔廚房的流理台和櫥櫃表面。如果加上檸檬草，效果會更好。

葡萄柚廚房清潔劑

- 2 杯水
- 2-4 大匙卡斯提亞皂
- 8 滴葡萄柚精油
- 7 滴檸檬草精油

把所有材料裝入一個噴瓶裡，輕輕搖勻，然後噴在流理台和櫥櫃表面，再用溼布擦掉。

用葡萄柚擴香可以去除家裡的霉味。在消除冰箱異味方面，它更是好用。只要把 10-12 滴葡萄柚和一盒（8 盎司）的小蘇打粉充分混合，然後放進冰箱裡，就能讓冰箱聞起來乾淨清新。如果要清潔傢具和硬木地板，可以把幾滴葡萄柚精油加入檸檬清潔劑，但使用之前要先在小塊的面積上進行測試。在風水方面，葡萄柚精油可以促進能量的流動。

永久花 *Helichrysum*

學名：*Helichrysum angustifolium* syn. *H.italicum*

別名：Curry plant、everlasting、immortelle、Italian strawflower、whiteleaf

永久花是草本植物，原產於地中海區域，高約 2 呎。它的莖枝分叉，看起來像是一根根棍棒。這種外型有如灌木一般的植物有著灰綠色的針狀葉子以及成簇的金黃色球狀小花。它的葉子有著咖哩一般的氣味。它的花朵即使在乾燥之後仍然能夠保持原來的香氣與色澤，因此才會被稱為「永久花」或「不凋之花」。由於這點，它經常被用在乾燥花擺設以及「百花香」（potpourri）當中。helichrysum 這個名字源自希臘文，意思是「金色的太陽」，因為它的花看起來就像一個個小小、圓圓的太陽。[50]

從古代一直到整個中世紀時期，永久花一直被當成藥材，用來治療多種疾病。從前的人也會將它鋪在地板上以去除家中的異味。時至今日，它普遍被用來為化妝品和肥皂增添香氣，並且做為香水中的定香劑。

---

50. Coombes, *Dictionary of Plant Names*, 164.

精油特性與使用禁忌

永久花精油是取整朵花以水蒸氣蒸餾法萃取而成，色澤介於淺黃到淡紅之間，質地稀薄，保存期限約 2-3 年或更久一些。可能會造成皮膚疼痛、發炎的現象。

調香建議

永久花有一種木頭和蜂蜜般的氣味。適合和它搭配的精油包括佛手柑、黑胡椒、洋甘菊、丁香、乳香、薰衣草、柑橘甜橙、玫瑰草、玫瑰、茶樹和岩蘭草。

氣味類別	香調	初始強度	太陽星座
草本味	中調至後調	強	雙子座、金牛座

藥用價值

永久花精油可用來治療青春痘、關節炎、氣喘、癤子、支氣管炎、瘀傷、燒燙傷、黏液囊炎、皮膚龜裂、感冒、咳嗽、刀傷與擦傷、憂鬱、皮膚炎、溼疹、發燒、流行性感冒、發炎、肌肉痠痛、野葛中毒、疹子、疤痕、扭傷與拉傷、壓力、妊娠紋、晒傷和百日咳。

永久花精油具有消炎作用，能有效減輕因扭傷或拉傷而導致的腫脹與疼痛。你可以把各 4 滴的永久花和德國洋甘菊和 1 大匙基底油混合，用來輕輕的按摩受傷的部位。若要放鬆緊繃的肌肉並緩解關節疼痛，可以用 3 滴永久花、3 滴快樂鼠尾草和 1 滴丁香及 1 大匙基底油來按摩。如果要用按摩的方式緩解關節炎所造成的不適，可用 1 滴永久花、1 滴茴香和 1 小匙基底油。

永久花精油也具有抗菌作用，很適合用來做為急救藥物，為刀傷與擦傷的傷口進行消毒。如果要治療癤子，可以用等量的永久花與洋甘菊熱敷。若要治療瘀傷，可單獨用永久花或者加上月桂葉。若要緩解或消除疹子，可以用等量的永久花與佛手柑。此外，用永久花做蒸氣吸入法，有助緩解胸悶和鼻塞的現象並且有鎮咳的作用。

身心靈照護

把永久花加入臉部保溼霜中，可以讓成熟的肌膚變得緊緻並恢復活力。它對油性肌膚也有益處，尤其能夠抑制青春痘或粉刺的發炎現象。如果眼睛浮腫，可以用 4-5 滴永久花加上 1 大匙基底油冷敷，藉以消腫。如果被太陽晒傷了，可以用 2 大匙蘆薈膠加上各 5 滴的永久花和薰衣草來塗抹。如果手部皮膚乾裂，則可以用永久花和薰衣草各 6 滴再加上椰子油和乳木果油各 1 大匙塗抹。

永久花精油的氣味給人一種溫暖的感覺，也能幫助我們與大地連結，提升幸福感並且擺脫過去的煩惱。它能平衡能量、振奮心情，使人心思清明並帶來平靜安詳的感覺。下面這個配方除了可以讓波動的心情恢復平衡外，也能幫助你克服神經衰弱的現象並勇於面對改變。

讓人心情愉快的永久花泡澡複方

- 2杯浴鹽（或海鹽）
- 2大匙小蘇打（可省略）
- 4大匙單一或混合的基底油
- 5滴永久花精油
- 5滴佛手柑精油
- 5滴薰衣草精油

把乾料放在一個玻璃碗或陶碗裡。把基底油和精油混合，然後加入乾料中，徹底拌勻。

在能量方面，永久花精油可以活化臍輪、眉心輪和頂輪。由於它具有讓人與大地連結的效果，因此可以幫助你做好冥想與祈禱的準備。它也能聖化祭壇或靈性空間。在施行蠟燭魔法時，你可以用它招來繁榮。此外，它也能刺激你做夢，並提升夢的品質。

芳香風水學

永久花具有抗細菌和抗真菌的特性，因此用來擴香可以淨化空氣、去除異味。它也是很好的表面清潔劑。在風水方面，當你需要提升家中任何一個區域的能量並促進它的流動時，就可以使用永久花。

牛膝草 *Hyssop*

學名：*Hyssopus officinalis*
別名：Hedge hyssop

　　牛膝草可以長到大約 2 呎高，有著挺直、呈尖角狀的莖、深綠色的長矛形葉子，以及長在莖頂端呈輪繖花序的紫蘭色小花。它的莖、葉和花都有香味。牛膝草原產於地中海區域，是希臘和羅馬人眼中珍貴的藥草。它的屬名和英文俗名源自希臘文中的 hussopos 一字，意思是「聖草」，因為當時它被用來清掃聖殿。[51]

　　中世紀時期，神職人員會用牛膝草的小枝條沾取聖水灑在會眾身上，以示祝福之意。但它也有世俗的用途：人們會把它鋪在很難清掃的地面上，或者用它來填充床墊。它之所以會有 hedge hyssop 這個英文俗名，是因為它經常被種在結紋花園（knot garden）中，當作矮籬。

精油特性與使用禁忌

　　牛膝草精油是用牛膝草的葉子和花朵以水蒸氣蒸餾法萃取而成，色澤介於透明無色到淺黃綠色之間，質地稀薄，保存期限約 2-3 年。在懷孕和授乳期間應該避免使用；如果你有癲癇或高血壓，也不要使用；它可能會造成皮膚過敏現象；應適量使用。

調香建議

　　牛膝草精油有微微的甜味和草本味，還隱隱帶著樟腦般的氣息。適合和它搭配的精油包括：月桂葉、快樂鼠尾草、天竺葵、薰衣草、檸檬、香蜂草、檸檬草、萊姆、甜橙和綠薄荷。

氣味類別	香調	初始強度	太陽星座
草本味	中調至前調	中等	巨蟹座、射手座

---

51. Kowalchik and Hylton, eds., *Rodale's Illustrated Encyclopedia of Herbs*, 342.

藥用價值

　　牛膝草精油可用來治療焦慮、關節炎、氣喘、支氣管炎、瘀傷、唇皰疹、感冒、咳嗽、刀傷與擦傷、皮膚炎、溼疹、流行性感冒、消化不良、發炎、喉嚨痛、壓力、扁桃腺炎和百日咳。

　　牛膝草具有抗菌和抗病毒功效，可用來治療唇皰疹，只要把1滴牛膝草加入1小匙基底油，然後用棉花棒沾取，塗抹在患部就可以了。牛膝草也能緩解皮膚發炎的情況和溼疹。用牛膝草清潔過的傷口比較不會留下疤痕。若要治療瘀傷，可將3滴牛膝草、3滴玫瑰草和2滴丁香加入1大匙基底油。牛膝草和薰衣草一起使用對減輕瘀傷也很有效。

　　用牛膝草治療因感冒或流行性感冒所引起的胸悶和鼻塞，效果特別好。將牛膝草加上胡椒薄荷、迷迭香和百里香，用來擴香，可以緩解胸悶、鼻塞，也能淨化空氣。同樣的配方也能用來按摩胸口。

能使呼吸道通暢的牛膝草擴香複方

- 2份牛膝草精油
- 2份胡椒薄荷精油
- 1份迷迭香精油
- 1份百里香精油

　　將所有精油混合，然後放進擴香器中。

　　牛膝草具有止痙攣和祛痰的作用，有助緩解支氣管痙攣。你可以把各3滴的牛膝草、綠薄荷和白千層加入1夸特的熱水中，用來做蒸氣吸入法。喉嚨痛時，可以用各4滴的牛膝草和天竺葵做蒸氣吸入法。感冒時，可以把各4滴的牛膝草和百里香滴入呼吸棒，隨身帶著走，以緩解感冒所引起的不適。

身心靈照護

　　牛膝草可以幫助人們放鬆，有助緩解焦慮、神經緊張和壓力。用等量的牛膝草、薰衣草和香蜂草擴香可以讓人放鬆緊張的情緒並使心情變得比較愉悅。若要減輕心理疲勞，可以把5滴薰衣草和各4滴的牛膝草和杜松漿果加入1盎司的基底油，用來按摩身體。如果想要心思清明、情緒平靜，可以用2份牛膝草、2份檸檬與1份伊蘭伊蘭擴香。

在能量方面，牛膝草精油可以活化臍輪、太陽輪和喉輪。

由於牛膝草長久以來一直被用來清理神聖的空間，因此它很適合用來淨化並打理祭壇或神聖的空間。它對冥想和靈修也有助益。在施行魔法時，你可以用它消除任何一種形式的負面能量。

芳香風水學

牛膝草可以當成一般的驅蟲劑使用。用它來擴香，更能有效嚇阻蒼蠅。若要使蠹蛾不敢進入衣櫥或儲藏箱，可以用 ¹/₂ 杯小蘇打和 15 滴牛膝草做成香袋。在風水方面，牛膝草可用來提升能量。

杜松漿果 *Juniper Berry*

學名：*Juniperus communis*
別名：common juniper、gin berry

杜松是常綠灌木，有著水平伸展的枝枒，可以長到 6 呎高，經常被用於庭園造景中。杜松樹幼小時葉子為針狀，成熟後則通常呈魚鱗狀。圓圓的杜松漿果其實是它的毬果。這些漿果大約要兩年的時間才會成熟。它們起初是綠色的，後來會慢慢變成藍黑色，表面經常有一層薄薄的白粉。

古代的羅馬人除了用杜松漿果做為藥物之外，在買不到黑胡椒的時節也會用它們來調味。在中世紀時期，歐洲人會焚燒杜松的枝條來熏蒸自家的居所，藉以防止瘟疫和其他疾病。這種做法一直延續到第一次世界大戰之時。當時的人也曾藉著焚燒杜松來對抗流行病。杜松漿果是大家所熟知的調味品，經常被用來為燉菜與烤肉增添風味。琴酒那股特殊的味道就是來自杜松漿果。如今杜松精油普遍被用在香水、肥皂與化妝品中。

精油特性與使用禁忌

杜松漿果精油是用尚未成熟的杜松漿果以水蒸氣蒸餾法萃取而成，為白色或淺黃色，質地稀薄，保存期限約 2-3 年。在懷孕期間應避免使用；有腎臟疾病的人也不宜使用；可能會造成皮膚微微疼痛、發炎的現象；應適量使用。

調香建議

杜松漿果精油有甜甜的木頭味和香脂氣息。適合和它搭配的精油包括：佛手柑、黑胡椒、快樂鼠尾草、絲柏、欖香脂、冷杉、天竺葵、薰衣草、檸檬草、松樹、迷迭香、檀香和岩蘭草。

氣味類別	香調	初始強度	太陽星座
木頭味	中調	中	牡羊座、獅子座、射手座

藥用價值

杜松漿果精油可用來治療青春痘、焦慮症、關節炎、黏液囊炎、橘皮組織、感冒、刀傷與擦傷、皮膚炎、溼疹、流行性感冒、痛風、宿醉、痔瘡、肌肉痠痛、牛皮癬和壓力。

要消除橘皮組織，可將各 2 滴的杜松漿果、絲柏和葡萄柚加入 1 大匙基底油，用來按摩患部。若要緩解痛風所引起的不適，可用杜松漿果、羅勒和胡蘿蔔籽所調成的複方來按摩。如果是關節炎，則用杜松漿果、生薑和丁香。

杜松漿果抗黏液囊炎凝膠

- 2大匙蘆薈膠
- 6滴杜松漿果精油
- 2滴絲柏精油
- 2滴甜馬鬱蘭精油

將所有材料徹底混合後存放在有密閉蓋子的罐子裡。

在關節發炎、僵硬不適時，用以上這三種精油來熱敷也很有效。只要把 3 滴絲柏、1 滴杜松漿果和 1 滴甜馬鬱蘭和 1 大匙基底油混合，再加入 1 夸特熱水中就可以了。如果是運動或幹活所引起的肌肉痠痛，可以單獨用杜松漿果來熱敷。

若要緩解並治療皮膚炎、溼疹或牛皮癬等肌膚問題，可將各 5 滴的杜松漿果、洋甘菊和胡蘿蔔籽加入 1 盎司的基底油中，用來泡澡。如果頭皮上長了牛皮癬，可以用同樣的精油各1滴加入1大匙基底油，用來輕輕的按摩頭皮。過10分鐘之後再用洗髮精洗淨。

家裡有人生病時，我們也可以比照從前的人用杜松熏蒸以預防疾病的做法，用等量的杜松漿果、藍膠尤加利和檸檬在病人的房間裡擴香。這種做法也有助緩解因感冒所引起的呼吸道不適現象。

身心靈照護

杜松漿果具有收斂作用，很適合油性肌膚使用，有助疏通阻塞的毛孔並平衡油脂的分泌。你可以把 1/4 杯已經放涼的洋甘菊茶以及各 6 滴的杜松漿果和迷迭香倒進一個有蓋子的瓶子裡搖勻，做成緊膚水，然後再用棉花球沾取塗抹在臉上。杜松漿果對油性髮質也很有幫助。

杜松漿果精油能鎮靜緊繃的神經並改善神經衰弱的現象。你可以用 2 份杜松漿果和各 1 份的佛手柑與生薑擴香，以提振情緒，讓自己心情愉悅。杜松漿果那清新的氣息會給你一種幸福感。在能量方面，它能夠活化臍輪、太陽輪與眉心輪。

當你冥想或禱告時，杜松漿果精油可以幫助你的能量與大地連結，讓你得以定心，對你的靈修也有幫助。在施行蠟燭魔法時，你可以用它招來富足與幸福。它也能消除負面能量並幫助你成功。此外，它還能讓你睡得比較安穩，對夢境的探索也有助益。

芳香風水學

用杜松漿果精油做成室內噴霧或地毯清潔粉，能夠去除家中的霉味，讓空氣變得清新宜人。它也具有驅蟲作用。在點燃香茅蠟燭時，你可以加幾滴杜松漿果，以提升它的效果和香氣。在風水方面，你如果需要讓家裡某個地方的能量開始流動，也可以使用杜松漿果。

薰衣草 *Lavender*

學名：*Lavandula angustifolia,* syn. *L. officinalis*
別名：Common lavender、English lavender、garden lavender、true lavender

薰衣草是枝葉濃密的常綠灌木，可以長到 2–3 呎高、2 呎寬。它的花形小巧，呈紫色，輪生在沒有葉子的花枝頂端。它的葉片狹長，上面有一些絨毛，呈灰色或銀綠色。自古以來，薰衣草的香氣就廣為人知並且備受喜愛。希臘與羅馬人用它來治療各式各樣的疾病並清潔居家環境。羅馬人將它引進了英國，成為英國庭園中的主要植物。

中世紀時，薰衣草因為可以治病，也可用來鋪在地上讓家中（尤其是病房內）的空氣變得清新宜人，因此在歐洲各地普受歡迎。當時的人會把薰衣草裝在香袋中，為床單枕套等增添香氣並杜絕蠹蛾、跳蚤等害蟲。英國肥皂製造商「雅麗公司」（Yardley）的老闆威廉知道薰衣草是個好東西，於是便設法取得了英國薰衣草的專賣權。後來那些移民到北美地區的清教徒也捨不得他們所鍾愛的這種庭園植物，便將它一起帶了過去。

精油特性與使用禁忌

薰衣草精油是用薰衣草的花朵以水蒸氣蒸餾法萃取而成，顏色介於無色到淺黃色之間，質地稀薄，保存期限約2–3年或更久一些。在服用鎮靜劑時，不要使用薰衣草精油。

薰衣草有好幾種，因此一定要買對品種，才能達到你想要的效果。西班牙薰衣草（*L. stoechas*）具有興奮作用，效果剛好和英國薰衣草相反。除此之外，有些市售的西班牙薰衣草學名和英國薰衣草相同，但被稱為「法國薰衣草」。

調香建議

薰衣草精油有草本和花香味，通常還帶著一絲香脂木的氣息。適合和它搭配的精油非常多，但效果最好的包括月桂葉、黑胡椒、白千層、雪松、所有柑橘類精油、絲柏、欖香脂、冷杉、天竺葵、杜松漿果、甜馬鬱蘭、玫瑰草、廣藿香、胡椒薄荷、松樹、迷迭香和岩蘭草。

氣味類別	香調	初始強度	太陽星座
花香味	中調至前調	強	水瓶座、雙子座、獅子座、雙魚座、處女座

藥用價值

薰衣草精油可用來治療青春痘、焦慮症、關節炎、氣喘、香港腳、水泡、癤子、支氣管炎、瘀傷、燒燙傷、皮膚龜裂、凍傷、感冒、咳嗽、刀傷與擦傷、憂慮、皮膚炎、耳朵痛、溼疹、流行性感冒、頭蝨、頭痛、消化不良、發炎、蚊蟲叮咬、失眠、喉頭炎、更年期的不適、經痛、偏頭痛、肌肉痠痛、噁心、野葛中毒、經前症候群（PMS）、牛皮癬、疹子、錢癬、疥瘡、疤痕、喉嚨痛、扭傷與拉傷、壓力、妊娠紋、晒傷、眩暈和百日咳。

我們先前提過，法國化學家雷內・莫里斯・蓋特福斯是在實驗室燙傷了手之後才發現薰衣草的療效。我們也可以做一罐薰衣草軟膏放在手邊作為燒燙傷的急救藥物。薰衣草可以

恢復肌膚的活力，緩解疼痛，使得傷口痊癒後比較不會留下疤痕。這種軟膏也可以用來治療刀傷，並緩解因牛皮癬、溼疹和皮膚炎等肌膚問題所引起的發炎狀況。它也可以用來治療癤子和瘀傷。

薰衣草燒燙傷軟膏

- $1/2$盎司蜂蠟（磨碎或削成薄片）
- 6大匙單一或混合的基底油
- 1小匙薰衣草精油

把蜂蠟和基底油放進一個罐子裡，置於一鍋水中以小火加熱，期間要不停攪拌，直到蜂蠟融化為止。接著，將罐子從熱水中取出，等它冷卻至室溫後即可加入精油。必要時可以調整其軟硬度。等做好的軟膏完全冷卻後就可以開始使用或貯存起來了。

若要緩解野葛中毒所引起的不適，可以將 2 滴薰衣草、1 滴乳香加入 1 小匙基底油中，用來塗抹患部。若是被蜜蜂叮咬，則可用薰衣草與藍膠尤加利。

薰衣草具有止痛效果，因此用它來按摩，不僅能讓人放鬆，更能有效緩解肌肉痠痛和關節僵硬的現象。你可以用它做成具有療效的浴鹽。只要把 10 滴薰衣草和各 3 滴的德國洋甘菊和芫荽籽和 4 大匙基底油混合，然後再倒入 2 杯浴鹽中並混合均勻就可以了。若要緩解扭傷與拉傷所引起的疼痛，可將各 3 滴的薰衣草與迷迭香和 1 大匙基底油混合，再倒入 1 夸特的熱水中，用來熱敷。感到噁心的時候，可以把各 5 滴的薰衣草和胡椒薄荷滴入呼吸棒中，用來吸嗅，即可緩解。

身心靈照護

薰衣草肥皂之所以廣受歡迎，不僅是因為它的氣味芳香，也是因為它對皮膚特別有益。薰衣草適用於所有膚質。由於它具有抗菌作用，因此很適合在臉上猛長青春痘的時候用來蒸臉，藉以淨化毛孔。薰衣草可以平衡頭皮的油脂分泌並抑制頭皮屑。你可以把它加上迷迭香，用來緩解頭皮屑所引起的搔癢。它還能促進毛髮生長，中性的髮質也適用。此外，由於它具有抗細菌的特質，因此也很適合用在體香劑中。

薰衣草最為人所知的作用就是能夠平衡情緒並予人平靜安詳的感覺，尤其是在面對失去親人的傷痛時。在能量方面，它可以活化任何一個脈輪並讓所有脈輪保持平衡。它也有助冥想和祈禱。在施行蠟燭魔法時，它能夠招來並強化愛情。

芳香風水學

自從羅馬時期，人們就已經開始用薰衣草來清洗衣服。它不僅能使衣物和床具散發清香，還有助去除洗衣機的汙垢和異味。你可以把它用在存放床單枕套的櫃子裡以杜絕蠹蟲，或者將它噴灑在螞蟻經過的地方，以阻斷它們行走的路徑。在戶外時也可以用它來防蚊。在風水方面，你可以用它來抑制流動過快的能量並使其保持平衡。

檸檬 *Lemon*

學名：*Citrus limon* syn. *C. limonum*

檸檬樹原產於印度、中國和緬甸，自古以來就因其藥用價值和芳香的氣息而備受珍視。最早開始栽培檸檬樹的地區是印度河谷。在西元前 2500 年到 500 年間，伊朗各地都普遍有人種植。後來，希臘人也加入了這個行列[52]。在中世紀時期，人們之所以種植檸檬樹，一來是為了要利用它們的果實，二來也是做為觀賞用。當時歐洲各地的人都認為它是一個效果強大的萬靈丹，會用它來治療各式各樣的疾病。後來，它甚至成為英國海軍艦艇上的必備物資，主要是用來預防壞血病。

檸檬樹的高度大約只有 20 呎。它的枝條上佈滿了尖銳的刺。上方的葉子是深綠色的，下面則是淺綠色。花苞最初是淡紅色的，微微散發著香氣，盛開後便成了略帶一些粉紅的白花。法文中用來表示「檸檬」的 citron 這個字是源自拉丁文，泛指所有柑橘屬的樹木和它們的果實。一般認為，希臘文中的 kitrion 這個字是源自 kedris，意思就是「雪松的毬果」，因為未成熟的檸檬看起來就像是個毬果。[53]

精油特性與使用禁忌

檸檬精油是用整顆的檸檬以冷壓方式萃取而成，呈淡淡的綠黃色，質地稀薄，保存期限約 9–12 個月。它可能會造成皮膚疼痛、發炎或過敏的現象；具有光敏性。

52. Cumo, ed., *Encyclopedia of Cultivated Plants*, 564.
53. Sonneman, *Lemon: A Global History*, 13.

調香建議

　　檸檬精油有淡淡的水果味和柑橘的香氣。適合和它搭配的精油包括小荳蔻、洋甘菊、尤加利、茴香、天竺葵、杜松漿果、橙花、玫瑰和檀香。

氣味類別	香調	初始強度	太陽星座
柑橘味	前調	非常強	水瓶座、巨蟹座、雙子座、雙魚座

藥用價值

　　檸檬精油可用來治療青春痘、關節炎、氣喘、水泡、癤子、支氣管炎、橘皮組織、凍瘡、血液循環不良、唇皰疹、感冒、雞眼與硬皮、咳嗽、刀傷與擦傷、發燒、流行性感冒、痛風、宿醉、頭痛、蚊蟲叮咬、時差、靜脈曲張和疣。

　　檸檬精油用途廣泛，如果手邊有一瓶，會很好用。當你要緩解因感冒和咳嗽而引起的胸悶時，可以用 4 滴檸檬、2 滴藍膠尤加利和 1 滴絲柏來做蒸氣吸入法。此外，檸檬具有抗菌特性，很適合用來為較小的傷口止血。

　　若要減輕唇皰疹，可以將 3 滴檸檬、2 滴松紅梅和 1 大匙基底油混合，用來塗抹患部。若要緩解頭痛，可以用等量的檸檬、薰衣草和胡椒薄荷擴香。如果要緩和時差和宿醉的痛苦，可以在檸檬中加上等量的生薑。

身心靈照護

　　檸檬具有收斂和抗菌的作用，很適合油性肌膚使用，尤其是在臉上一下子冒出許多粉刺的時候。用等量的檸檬和薰衣草精油來蒸臉，可以達到深層清潔的效果。

　　檸檬除了能夠治療頭皮屑之外，還能促進頭皮的新陳代謝，平衡油脂的分泌。此外，它還能讓頭髮更有光澤，也很適合中性髮質使用。你可以把 4 滴檸檬和 1 大匙基底油混合，用來按摩頭皮，然後再用洗髮精洗淨。由於檸檬可以對抗細菌，因此也很適合用來做成體香劑。

　　檸檬會給人一種幸福感。當你需要專注時，可以用等量的檸檬和迷迭香擴香，也可以再加上一些胡椒薄荷，用來提振自己的心情。你需要讓自己的頭腦很清醒時，可以用檸檬、佛手柑和大茴香籽精油擴香。當你已經精疲力竭時，則可改用檸檬、羅勒與柑橘。

　　在能量方面，檸檬能夠促進太陽輪、心輪和眉心輪的功能，對冥想和靈修也有助益。在施行蠟燭魔法時，可以用檸檬招來繁榮、獲致快樂並得到成功。

芳香風水學

論清潔效果，檸檬可說是重量級的精油。把檸檬、白醋和水混合，用來清潔窗戶，效果絕佳。把檸檬和迷迭香與茶樹混合，用來清潔爐台和桌面，效果也很好。檸檬有助清除洗衣機裡的汙垢，並消除異味。你可以光用檸檬，也可以加上等量的薰衣草。

含檸檬的洗衣機清潔劑

- 3-4 杯白醋
- $1/2$ 杯小蘇打
- 30 滴檸檬精油

將洗衣機設定在高水位，並注入熱水。水滿時，加入所有材料，讓洗衣機攪動 1 分鐘。停止洗衣行程，讓它浸泡大約 45 分鐘。然後，把一條布巾放入洗衣機裡的水中沾溼，用來擦拭洗衣槽的上緣以及漂白劑和柔軟精的投入口，接著再讓洗衣機走完整個洗衣行程。

你可以把 20 滴檸檬和 2 盎司蜂蠟混合，做成傢具亮光劑。但在使用前要先做小面積的測試。在點香茅蠟燭時，可以加幾滴檸檬，以增添香氣和防蚊效果。在風水方面，家中有任何地方的能量需要提升時，都可以使用檸檬。

香蜂草 *Lemon Balm*

學名：*Melissa ofcinalis*

別名：Bee balm、common balm、honey plant、melissa、mint balm、sweet balm

香蜂草是一種枝葉濃密的草本植物，可以長到 3 呎高。它那艷綠色的葉子會散發出明顯的檸檬味。白色至淺黃色的細小花朵沿著莖成簇的生長。它有一個廣為人知的俗名是 melissa。這是希臘文中用來表示「蜜蜂」的字眼。香蜂草會吸引蜜蜂，並使它們變得比較平靜，因此兩千多年來養蜂人都會在蜂房附近種植香蜂草。[54]

在中世紀時期，香蜂草是很重要的藥用植物，被用來治療各式各樣的疾病。但儘管藥草學家卡爾佩波和杰拉德都盛讚香蜂草的療效，但它在美洲地區並未受到太大的歡迎。一直要到 20 世紀末期草藥再度興起後，當地人才發現它的價值。如今香蜂草已經被廣泛運用於市售的護膚產品中。

精油特性與使用禁忌

香蜂草精油是用香蜂草的葉子與花朵以蒸餾法萃取而成，色澤介於淺黃到深黃色之間。它的質地稀薄，保存期限約 2-3 年。可能會造成皮膚疼痛、發炎或過敏的現象。

調香建議

香蜂草有著檸檬般的氣味，但也有清新的草本味。適合和它搭配的精油包括洋甘菊、乳香、天竺葵、薰衣草、橙花、胡椒薄荷、苦橙葉、玫瑰和綠薄荷。

氣味類別	香調	初始強度	太陽星座
柑橘味	中調	強	巨蟹座

---

54. Castleman, *The New Healing Herbs*, 305.

藥用價值

香蜂草精油可用來治療焦慮症、氣喘、支氣管炎、咳嗽、憂鬱、溼疹、發燒、花粉熱、頭痛、消化不良、發炎、蚊蟲叮咬、失眠、經痛、偏頭痛、噁心、經前症候群（PMS）、季節性情緒失調（SAD）、壓力和晒傷。

若要緩解咳嗽和支氣管炎，可以將等量的香蜂草和胡椒薄荷混合，用來做蒸氣吸入法，就能幫助呼吸道暢通。也可以將各3滴的香蜂草與生薑精油、2滴藍膠尤加利和1大匙荷荷巴油混合，用來按摩胸部。

如果皮膚因罹患溼疹而發炎或搔癢，可以把1滴香蜂草和1小匙基底油混合，用來塗抹患部。這個配方也能緩解因蚊蟲叮咬所引起的腫脹和搔癢，尤其對被黃蜂叮咬的部位特別有效。如果加上薰衣草和佛手柑，效果會更好。你可以做一罐這種油放在手邊備用。

香蜂草舒緩油

- 2滴佛手柑精油
- 5滴香蜂草精油
- 5滴薰衣草精油
- 2大匙杏桃核仁油

把所有精油混合在一起，再加入基底油中。沒用完的油要存放在有密閉蓋子的瓶子裡。

若要治療溼疹，可用香蜂草加上海鹽或浴鹽來泡澡。想要讓身心放鬆並且睡得安穩，可在睡前用香蜂草和快樂鼠尾草泡澡。用香蜂草擴香可以有效減輕焦慮和頭痛。若想緩解經前症候群的不適，可以加上等量的小荳蔻或芫荽籽。如果有季節性情緒失調的問題，則可用2份香蜂草和各1份的甜橙和伊蘭伊蘭擴香。

身心靈照護

香蜂草可用於各種膚質。它具有抗氧化功能，對成熟肌膚頗有幫助。此外，它也有抗菌作用，對油性肌膚頗有好處，且能改善臉上突然冒出來許多粉刺的狀況。如果經過稀釋、降低其濃度，也能用在敏感性肌膚上。香蜂草具有緊膚作用，只要把15滴香蜂草和 $1/4$ 杯洋甘菊茶倒入一個瓶子裡搖勻，就成了很好的緊膚水。你可以用棉花球沾取，然後塗抹在臉上。

香蜂草有助鎮靜神經，尤其是在你面對生命中突如其來的變化時更有幫助。你可以把4滴香蜂草、3滴岩蘭草和2滴羅馬洋甘菊和1大匙基底油混合，用來按摩你的太陽穴。單獨用香蜂草擴香可以幫助你集中注意力，讓你心思清明。當你面對失去親人或愛人的傷痛時，可用各 2 份的香蜂草和甜橙以及 1 份的乳香擴香。這個配方也能帶給人平靜安詳的感受。

在能量方面，香蜂草能促進臍輪和心輪的運作，對冥想和靈修也有助益。在施行蠟燭魔法時，香蜂草有助創造快樂的氛圍，為你招來愛情，並使你能獲得成功。它對夢境的探索和前世的回溯也有助益。

芳香風水學

如果要阻絕蚊蟲進入室內，可以做幾根香蜂草蠟燭，或將香蜂草精油滴入擴香瓶後放在打開的窗戶附近。當你在露台上活動時，可以在香茅蠟燭上滴幾滴香蜂草精油，以增進其香氣和防蚊效果。在風水方面，當你安定或提升了家中某個區域的能量後，可以用香蜂草風水鹽或香蜂草蠟燭來使能量保持平衡。

兩種檸檬草精油

檸檬草是熱帶的禾本科芳香植物，具有強烈的檸檬香氣。它的葉片狹長，一大叢一大叢密密麻麻的長在一起，可達 5 呎高、4 呎寬。花朵為淡綠色，開在狹長的莖頂端，並不顯眼。它的屬名 *Cymbopogon* 是源自希臘文中的 kymbe 和 pogon 這兩個字，分別是「船」和「鬍子」的意思，這是因為它的花長得像船，而花朵外緣的苞片則像鬍子。[55]

早在千百年前，「東印度檸檬草」和「西印度檸檬草」這兩種檸檬草就已經開始被人們種來當成調味料與藥草。長久以來，印度人一直用檸檬草來治療發燒與感染性疾病，也用它來使家中空氣變得清新。在治病時，這兩種檸檬草精油可以替換使用。

55.Foster and Johnson, *National Geographic Desk Reference to Nature's Medicine*, 228.

東印度檸檬草 *Lemongrass, East Indian*

學名：*Cymbopogon flexuosus*

別名：British Indian lemongrass、fever tea、French Indian verbena

東印度檸檬草原產於東印度，如今在西印度也有人栽培，當地人稱之為「發燒茶」（fever tea）。它的種名是「捲繞的」意思，因為它的根看起來彎彎曲曲的，呈之字型。[56]

精油特性與使用禁忌

東印度檸檬草精油是用東印度檸檬草的葉子以水蒸氣蒸餾法萃取而成，呈黃色或琥珀色，質地稀薄，保存期限約 12–18 個月。可能會造成皮膚疼痛、發炎的現象；不要使用在眼睛四周；不要用在 6 歲以下的嬰兒或孩童身上；懷孕期間應避免使用。

調香建議

東印度檸檬草精油有草本味和檸檬味，氣味比西印度檸檬草精油清淡。適合和它搭配的精油包括：羅勒、黑胡椒、雪松、茴香、天竺葵、薰衣草、甜馬鬱蘭、甜橙、玫瑰草、迷迭香和岩蘭草。

氣味類別	香調	初始強度	太陽星座
柑橘味	中調至前調	非常強	雙子座

---

56. Neal, *Gardener's Latin*, 53.

西印度檸檬草 *Lemongrass, West Indian*

學名：*Cymbopogon citratus* syn. *Andropogon citrates*
別名：Citronella grass、Madagascar lemongrass、West Indian lemongrass

西印度檸檬草原產於斯里蘭卡，目前在西印度群島、非洲和亞洲熱帶地區都有栽培。正如它的種名所顯示，它有非常濃烈的柑橘般的氣味。那些從小就使用「象牙肥皂」（Ivory soap）的人可能會很熟悉它的味道。

精油特性與使用禁忌

西印度檸檬草精油是用西印度檸檬草的葉子以蒸餾法萃取而成，呈黃色、琥珀色或淡紅褐色。它的質地稀薄，保存期限約 12-18 個月。可能會造成皮膚疼痛、發炎的現象；不要使用在眼睛四周；不要用在6歲以下的嬰兒或孩童身上；懷孕期間應避免使用。

調香建議

西印度檸檬草精油有清新的柑橘味和草本味，同時還帶著些許土味。適合和它搭配的精油包括：羅勒、佛手柑、雪松、芫荽籽、天竺葵、薰衣草、甜馬鬱蘭、甜橙、茶樹和百里香。

氣味類別	香調	初始強度	太陽星座
柑橘味	中調至前調	非常強	雙子座

兩種檸檬草精油的藥用價值

這兩種檸檬草精油都可用來治療青春痘、香港腳、血液循環不良、感冒、發燒、流行性感冒、頭蝨、頭痛、消化不良、蚊蟲叮咬、時差、股癬、肌肉痠痛、疥瘡、扭傷與拉傷、壓力、肌腱炎、陰道感染和靜脈曲張。

檸檬草含有許多類似它的親戚香茅（*C. nardus*）中所含的驅蟲成分，長久以來一直被用來驅除跳蚤、壁蝨和蝨子。如果你打算出門，可以做一罐防蟲噴霧，在家裡先噴一下，同時並隨身攜帶。做法很簡單，只要把 4 滴檸檬草和 $1/2$ 小匙基底油倒入一個噴瓶中，再加入 2 盎司水就可以了，但每次使用前要先搖勻。

如果你沒有在出門前事先做好噴霧，回到家後也可以用檸檬草和綠薄荷來緩解在外面被蚊蟲叮咬所引發的不適。除此之外，檸檬草還可用來泡澡，以治療疥瘡。

檸檬草具有止痛作用，有助緩解一般性的肌肉痠痛、扭傷與拉傷以及肌腱炎。如果加上岩蘭草和迷迭香，效果更好。

檸檬草鎮痛複方

- 4滴檸檬草精油
- 3滴迷迭香精油
- 2滴岩蘭草精油
- 2大匙單一或混合的基底油

把所有精油混合，再加上基底油，然後用來按摩患部。沒用完的油要存放在有密閉蓋子的瓶子裡。

身心靈照護

檸檬草能使膚色明亮、肌膚緊致。由於它具有抗菌和收斂的作用，因此很適合中性、油性以及容易長痘痘的皮膚。當臉上一下冒出許多痘子時，可以用檸檬草加天竺葵和薰衣草來處理。此外，檸檬草也有助平衡頭皮的油脂。由於它有抗細菌的功效，因此很適合用來做成體香劑。用檸檬草精油泡澡，可以擴張毛孔，對抗細菌，抑制過度排汗的現象。

若要緩解頭痛、心理疲勞、神經衰弱或壓力，可單獨用檸檬草擴香，或加上等量的薰衣草和洋甘菊。如果想要提神醒腦、讓心思清明，可以用各2份的檸檬草、甜橙以及1份的羅勒擴香。在能量方面，檸檬草可以活化根輪、太陽輪和喉輪。在冥想和祈禱前，你可以用它來幫助自己與大地連結，並讓你得以定心。在施行蠟燭魔法時，你可以用它招來好運。

芳香風水學

在風水方面，檸檬草可以用來提升家中的能量。如果你想讓家裡的空氣芬芳宜人並防止蚊蟲在你們用餐時飛到家中或露台上，可以用等量的檸檬草、薰衣草和胡椒薄荷擴香。有一種很喜氣的方法可以使用這些精油，那便是：製作芳香緞帶。只要剪下幾段1呎長的棉質緞帶，把它們泡在上述的複方精油裡（不需要用基底油），然後拿出來掛在打開的窗戶上或露台四周就可以了。如果你不喜歡用緞帶，就用這個複方來擴香或做成蠟燭。

萊姆 *Lime*

學名：*Citrus aurantifolia*

別名：Key lime、Mexican lime、sour lime、West Indian lime

　　用來提煉精油的萊姆是墨西哥萊姆，和我們在美國大多數超市看到的那些波斯萊姆（*C. latifolia*）不同。一般相信，墨西哥萊姆是源自印度或馬來群島，後來被阿拉伯商人運送到中東，再由返國的十字軍戰士引進歐洲，然後在 16 世紀時被西班牙人帶到加勒比海。20 世紀初期，這種萊姆在北美州很受歡迎，並且以其產地佛羅里達礁島群（Florida keys）為名，被稱為 key lime[57]。但後來這種萊姆在一次颶風中幾乎被摧毀大半，其後便由波斯萊姆取而代之。

　　自從第十世紀以來，萊姆一直被用來治療各式各樣的疾病以及預防壞血病。當英國海軍發現萊姆的效果不亞於檸檬時，便在配給蘭姆酒時一起發放萊姆，為他們的水手贏得了「萊姆佬」（limey）的暱稱。

　　儘管墨西哥萊姆的學名中往往有一個乘號（*Citrus* × *aurantiifolia*），但並沒有確鑿的證據顯示它是雜交種。它的種名的意思是「像橘子一般的葉子」[58]。墨西哥萊姆樹是一種矮小的常綠樹，表面有尖刺，並有橢圓形的葉子和白色的花朵。

精油特性與使用禁忌

　　由萊姆做成的精油有兩種，一種是由果皮提煉而成，另一種是由整顆果實萃取而成。將果皮以冷壓方式提煉的精油色澤介於淺黃色到橄欖綠之間，質地稀薄，保存期限約 9–12 個月。這種精油具有光敏性。

　　用整顆萊姆果實以水蒸氣蒸餾法萃取而成的精油色澤介於白色到淺黃色之間，質地也很稀薄，保存期限約 9–12 個月。

---

57. Cumo, ed., *Encyclopedia of Cultivated Plants*, 592.
58. Coombes, *Dictionary of Plant Names*, 56.

調香建議

由萊姆皮萃取的精油有甜甜的柑橘味；由整顆果實萃取而成的精油聞起來有清新的水果味。適合和它們搭配的精油包括黑胡椒、香茅、快樂鼠尾草、欖香脂、生薑、薰衣草、橙花、胡椒薄荷、迷迭香和伊蘭伊蘭。

氣味類別	香調	初始強度	太陽星座
柑橘	前調	中等	獅子座

藥用價值

萊姆精油可用來治療青春痘、關節炎、氣喘、癤子、支氣管炎、橘皮組織、凍瘡、血液循環不良、唇皰疹、感冒、雞眼與硬皮、咳嗽、刀傷與擦傷、發燒、流行性感冒、蚊蟲叮咬、靜脈曲張和疣。

萊姆具有抗菌和抗病毒的特性，對呼吸道疾病頗為有效。用它來做蒸氣吸入法，可以緩解咳嗽和感冒的症狀並疏通鼻子和支氣管。只要把 6 滴萊姆精油滴入 1 夸特的熱水就可以了。如果再加上胡椒薄荷（兩者各 3 滴），效果會更好。若要退燒，可以把 6-7 滴萊姆加入 1 夸特冷水中，用來冷敷。

天氣寒冷的時候，除了感冒和流行性感冒之外，人們可能還會長凍瘡。所謂凍瘡，就是皮膚因為天氣過冷而產生搔癢、腫脹的反應。用以下這種複方精油輕輕的塗抹患部，可以減輕疼痛與搔癢的現象，並且讓皮膚恢復健康。

萊姆凍瘡複方

- 1 大匙單一或混合的基底油
- 3 滴萊姆精油
- 2 滴洋甘菊精油
- 2 滴薰衣草精油
- 1 滴黑胡椒精油

把所有的油混合均勻就可以了。沒用完的油要存放在有密閉蓋子的瓶子裡。

　　萊姆也能緩解因靜脈曲張所引起的疼痛與腫脹。你可以把 8 滴萊姆和 6 滴絲柏加入 1 盎司的基底油中，用來泡澡。若要緩解痛風或關節炎的不適，可以把 4 滴萊姆、各 2 滴的杜松漿果和迷迭香加入 1 大匙的基底油中，做成按摩油來按摩疼痛部位。

身心靈照護

　　萊姆能夠平衡油性肌膚，並且讓暗沉的膚色變得明亮。由於它具有抗菌和收斂的作用，因此有助消除青春痘。如果在洗髮時加 1–2 滴的萊姆精油到洗髮精裡面，能夠平衡頭皮油脂的分泌，讓頭髮更有光澤。若要抑制頭皮屑，則可以把 4 滴萊姆、2 滴薰衣草和 1 滴柑橘加入 2 大匙基底油中，用來按摩頭皮。

　　萊姆的香氣能讓人心情愉悅，有助平衡情緒並帶來幸福感。若想讓疲憊的心靈恢復活力，可以用 3 份萊姆、2 份佛手柑和 1 份迷迭香擴香。在能量方面，萊姆可以活化心輪和喉輪。它對冥想和祈禱也有幫助。在施行蠟燭魔法時，它能招來愛情與富足並幫助你達成目標。

芳香風水學

　　由於萊姆具有滅菌的效果，因此用它來擴香不僅可以去除異味，還可以淨化空氣。它那柑橘般的清新氣息在冬天裡聞起來特別舒服。此外，萊姆也很適合用來清潔廚房和浴室的表面。只要把 15 滴萊姆和 1 杯水及 1 杯白醋混合就可以了。在風水方面，你可以用萊姆來促進能量流動。

柑橘 *Mandarin*

學名：*Citrus reticulata* syn. *C. nobilis*

別名：European mandarin、mandarin orange、true mandarin

　　儘管歐洲人一直到 19 世紀初期才開始種植柑橘，但中國人早在四千多年前就開始栽培這種樹木了[59]。柑橘的英文之所以被成為 mandarin，可能是因為清朝那些被稱為「滿大人」（mandarins）的官員都身穿黃色的袍子。柑橘的種名源自拉丁文中的 reticulate 一字，意思就是「網狀的」。它指的是橘皮下方那層白色的網狀襯皮[60]。柑橘樹矮小多刺，枝條纖細，樹葉光滑並呈橢圓形。它的花朵是白色的，香氣非常濃郁。

在英文中 mandarin（柑）和 tangerine（橘）這兩個字往往混用，因為外行人幾乎無法分辨這兩種果實的差異，而且兩者的學名也相同。然而，mandarin 指的是一種很容易剝皮的橘子，tangerine 則被視為柑橘屬下的一個子群或一種果皮為暗紅橙色的小橘子。

精油特性與使用禁忌

柑橘精油是以柑橘皮冷壓而成，呈淺綠橙色，質地稀薄，保存期限約 9-12 個月。它雖然普遍被認為是一種很安全的精油，但對敏感性肌膚的人而言可能還是有光敏性。

調香建議

柑橘精油有甜甜的水果味，而且還帶著一絲花香。適合和它搭配的精油包括：大茴香子、佛手柑、快樂鼠尾草、丁香、欖香脂、乳香、薰衣草、橙花和伊蘭伊蘭。

氣味類別	香調	初始強度	太陽星座
柑橘味	前調	中等	水瓶座

藥用價值：

柑橘精油可以用來治療青春痘、便祕、宿醉、消化不良、失眠、噁心、疤痕、壓力和妊娠紋。

若要緩解噁心（尤其是害喜）的症狀，可以把 10 滴柑橘、5 滴胡椒薄荷滴入呼吸器，帶在身邊隨時吸嗅。這個配方也有助消除宿醉。如果想淡化疤痕和妊娠紋，可以把各 3 滴的柑橘、永久花和薰衣草和 1 大匙玫瑰果油混合，用來塗抹在患部。若要減輕壓力，可以用 2 份柑橘和 1 份小荳蔻擴香。失眠時，則可用柑橘和檀香擴香。

身心靈照護

對於成熟肌膚而言，柑橘是很好的緊膚劑，也有助對抗皺紋。你可以把 $1/4$ 杯已經放涼的花草茶和 8 滴柑橘以及各 3 滴的乳香和薰衣草混合起來，做成緊膚水，搖勻後用棉花球沾取少許塗抹在臉上。柑橘也具有收斂作用，對於油性肌膚頗有助益，也能改善臉上偶爾冒出來的痘子。如果有頭皮屑過多的問題，可以把 4 滴柑橘和 1 大匙基底油混合，用來按摩頭皮。

---

59. Khan, ed., *Citrus Genetics, Breeding and Biotechnology*, 26.
60. Neal, *Gardener's Latin*, 105.

　　柑橘雖然無法用來治療許多疾病，但對人的心靈與情緒具有強大的功效。當你覺得心靈疲憊、精神緊張時，可以用 3 份柑橘以及各 2 份的雪松和玫瑰草擴香。想要營造幸福感，可以用 3 份柑橘、2 份薰衣草和 1 份生薑擴香。當然，如果你想讓自己混亂的心緒平靜下來，改善心情，最好的方式莫過於泡個澡，尤其是用兩三顆泡泡浴球來泡澡。

改善心情的柑橘泡泡浴球

- 1 杯小蘇打
- $1/2$ 杯檸檬酸
- 1 小匙乾燥花草和（或）花瓣（可不用）
- $1/2$ 小匙可可脂
- 6 滴柑橘精油
- 2 滴乳香精油
- 2 滴伊蘭伊蘭精油
- 1-2 滴基底油（必要時）

　　把所有的乾料混合後放置一旁。在鍋中放少許水，煮滾後離火。把可可脂放入一個罐子裡，置於熱水中，不停攪拌，直到可可脂融化為止。等它冷卻後便可倒入精油。然後慢慢的把乾料拌入，直到混合物變得像是一團溼溼的沙子（如果太乾，可以加 1-2 滴基底油進去），然後把它填入好看的糖果模子，並放個一天，讓它慢慢成形。你也可以用挖西瓜球的勺子，將它挖成一球一球的，然後將挖好的浴球放在一張蠟紙上。過一天後再把它們存放在一個有著密閉蓋子的罐子裡備用。

　　在能量方面，柑橘可以活化太陽輪、心輪與喉輪。在冥想和靈修時，它也能提供很大的助益。當你施行蠟燭魔法時，可以用它招來富足，營造快樂的氛圍，並幫助你達成目標。

芳香風水學

　　用 3 份柑橘以及各 2 份的洋甘菊和天竺葵擴香，可以讓空氣清香，使人心情愉悅。單獨用柑橘（或者加上等量的薰衣草）做成香袋，放在收存床單、枕套的櫥櫃中，效果會很好。做法很簡單，只要把以上精油各 15 滴和 1 杯小蘇打混合起來就可以了。在風水方面，柑橘可以用來抑制流動過快的能量。

松紅梅 *Manuka*

學名：*Leptospermum scoparium*

別名：Broom tree、New Zealand tea tree、tea bush

　　松紅梅原產於紐西蘭和澳洲，是常綠灌木，有銀灰色的針狀葉子。它的花沿著枝幹長在樹葉間，有的是白色，有的是淡紅色，花心則為深紅色。它的學名源自希臘文中的 leptos 和 sperma 這兩個字以及拉丁文中的 scoparium 一字。前兩者分別是「細長的」和「種子」的意思，指的是它那細長的種子。後者意為「像掃帚一樣」。[61]

　　有好幾百年的時間，毛利人一直用松紅梅的葉子來治病和泡茶。後來，英國的探險家庫克船長（Captain James Cook，1728-1779）認為松紅梅或許能夠改善壞血病，便帶了一些樣品回到英國。當他第二次來到紐西蘭時，他手下的船員更發揮創意，用松紅梅的葉子來釀造啤酒。

精油特性與使用禁忌
　　松紅梅精油是用松紅梅樹的枝葉以水蒸氣蒸餾法萃取而成，色澤介於透明到琥珀色之間。它的黏稠度中等，質地有點油，保存期限約2–3年。一般認為它是很安全的精油。

調香建議
　　松紅梅精油有草本味和屬於森林的味道，還略帶甜甜的蜂蜜味。適合和它搭配的精油包括：羅勒、洋甘菊、絲柏、尤加利、天竺葵、葡萄柚、薰衣草、檸檬、柑橘、胡椒薄荷、苦橙葉、松樹、檀香和茶樹。

氣味類別	香調	初始強度	太陽星座
草本味	中調	中等	摩羯座、雙魚座、射手座

---

61. Coombes, *Dictionary of Plant Names*, 116.

藥用價值

松紅梅精油可用來治療青春痘、焦慮、香港腳、水痘、唇皰疹、感冒、咳嗽、刀傷與擦傷、流行性感冒、花粉熱、頭痛、蚊蟲叮咬、股癬、偏頭痛、肌肉痠痛、錢癬、**鼻竇感染**、壓力、陰道感染、疣和百日咳。

就像其他來自澳洲或紐西蘭的精油一般，松紅梅有助緩解因感冒而引起的胸悶與鼻塞。你可以單獨用它，也可以把各 4 滴的松紅梅和檸檬尤加利加入 1 夸特的熱水中，用來做蒸氣吸入法。松紅梅也有祛痰作用，能幫助呼吸道暢通。

得了感冒或流行性感冒，感覺肌肉疼痛時，可以把各 4 滴的松紅梅和藍膠尤加利加入 1 大匙的基底油中，用來按摩。若要緩解花粉熱的不適，可以用等量的松紅梅、洋甘菊和香蜂草擴香，或將它們滴入呼吸棒。

松紅梅精油具有抗菌、殺菌的特質，很適合用來當成急救藥物以防止傷口感染。也可以加上等量的薰衣草以增添香氣與療效。被昆蟲叮咬時，可以將 3 滴松紅梅與 1 小匙基底油混合，用來塗抹患處。它對被蜘蛛和壁蝨叮咬的傷口特別有效。

身心靈照護

松紅梅具有抗菌和消炎作用，很適合油性肌膚，尤其對偶爾冒出來的粉刺特別有效。你可以用 1 小匙磨得很細的燕麥粉、2–3 滴基底油以及 1–2 滴松紅梅做成臉部磨砂膏，用它來輕輕地按摩臉部，然後再用溫水沖淨。此外，松紅梅還可以改善頭皮屑過多、頭皮搔癢的現象。用它來泡澡，可以去除腳部和身體的異味。

松紅梅能幫助你消滅火氣並穩定混亂的情緒。你可以用 3 份洋甘菊、各 2 份的松紅梅和松樹擴香，以改善心情，平衡情緒。如果你想放鬆緊繃的神經並且讓自己心思清明，除了松紅梅之外，還可以再加上柑橘與天竺葵。用等量的松紅梅和檀香擴香，則有助營造幸福感。

在能量方面，松紅梅可以活化臍輪、太陽輪和心輪。你可以用它來清理你要冥想的空間，並幫助你的能量和大地連結。此外，它也能幫助你傳送祈求療癒的禱告。在施行蠟燭魔法時，你可以用松紅梅來消除任何一種形式的負面能量並招來富足。

芳香風水學

由於松紅梅具有抗菌、滅菌和抗霉菌的作用，因此很適合用來清理浴室和廚房的表面以及洗衣間。當你在屋子、花園和店裡工作，以致雙手染上髒污時，可以用松紅梅作成的磨砂膏來擦洗。

松紅梅手部磨砂膏

- $1/4$ 杯粗海鹽
- $1/4$ 杯糖（黃糖或白糖皆可）
- 3 大匙椰子油
- 10 滴松紅梅精油
- 6 滴檸檬精油
- 5 滴胡椒薄荷精油

把所有乾料裝進一個玻璃碗或陶碗中，混合均勻。把椰子油融化（必要時）並加入精油。把所有材料混合後裝入一個有密閉蓋子的罐子裡。

以上配方之所以要加糖，是為了緩和海鹽的粗礪感。如果你是屬於敏感性肌膚，用糖就好了，不要用海鹽。

松紅梅是出了名的驅蟲劑。除了松紅梅之外，你還可以再加上等量的檸檬尤加利和薰衣草，以增添效果與香氣。在風水方面，你可以用松紅梅來安定家中的能量，使它不要流動得太快。

甜馬鬱蘭 *Marjoram*

學名：*Origanum majorana* syn. *Majorana hortensis*
別名：Joy of the mountain、knotted marjoram、sweet marjoram

甜馬鬱蘭的植株高約 12 吋，有著灰綠色的葉子和繁茂的枝條枝條。它的花苞是綠色的，形狀有如一個個小瘤，綻放後便成了一球球簇狀的白色（或紫色）小花。它和它的近親牛至（*O. vulgare*）都被暱稱為「山之喜悅」（joy of the mountain）。

甜馬鬱蘭被視為較甜的牛至。古希臘人用它來治療關節炎，羅馬人則用它來緩解消化不良的毛病。他們還會用泡過甜馬鬱蘭的水來洗澡、洗衣服。中世紀時期，甜馬鬱蘭在英國受歡迎的程度更勝於百里香。這或許是因為兩個著名的藥草學家杰拉德和卡爾佩波都在他們的著作中對甜馬鬱蘭讚譽有加的緣故。當時的英國人會把甜馬鬱蘭鋪在家中的地上，

讓空氣聞起來清新宜人，也會用它熏蒸病人所在的房間。他們要移民新大陸時，因為捨不得這種植物，便將它帶到了北美洲。

精油特性與使用禁忌

甜馬鬱蘭精油是用甜馬鬱蘭的花朵和葉子以蒸餾法萃取而成，色澤介於淺黃到琥珀色之間，質地稀薄，保存期限約 2-3 年。在懷孕期間應該避免使用；用時不宜過量；可能會讓人昏昏欲睡。

調香建議

甜馬鬱蘭精油有辛香味和草本味，同時還散發出微微的木頭味。適合和它搭配的精油包括：雪松、洋甘菊、尤加利、薰衣草、檸檬、甜橙、迷迭香和百里香。

氣味類別	香調	初始強度	太陽星座
草本味	中調	中等	牡羊座、雙子座、天秤座、處女座

藥用價值

甜馬鬱蘭可用來治療焦慮、關節炎、氣喘、支氣管炎、瘀傷、黏液囊炎、凍瘡、感冒、便祕、咳嗽、頭痛、消化不良、失眠、腰痛、經痛、偏頭痛、肌肉痠痛、噁心、經前症候群（PMS）、坐骨神經痛、扭傷與拉傷和壓力。

甜馬鬱蘭具有抗菌和抗病毒作用，能夠改善咳嗽和感冒時黏膜發炎的現象。用它來做蒸氣吸入法或泡個熱水澡能夠消除胸悶和鼻塞的現象。或者，你也可以把各 2 滴的甜馬鬱蘭、百里香和薰衣草加入 1 大匙基底油中，用來熱敷胸腔部位。

若要緩解肌肉痠痛和關節僵硬的現象，可以用 5 滴甜馬鬱蘭、4 滴迷迭香、3 滴冷杉和 1 盎司基底油做成按摩油，用來按摩患部。甜馬鬱蘭具有消炎作用，因此也有助緩解顳顎關節疾病所造成的疼痛。以下這個舒緩顳顎關節疼痛的配方如果用來塗抹太陽穴，也可以緩解頭痛。

舒緩顳顎關節疼痛的甜馬鬱蘭按摩油

- 2大匙單一或混合的基底油
- 5滴甜馬鬱蘭精油
- 2滴迷迭香精油
- 1滴檸檬草精油

把所有油都混合在一起，用來輕輕的按摩下頷的肌肉。

如果要緩解經前症候群的不適，可以用等量的甜馬鬱蘭、洋甘菊和橙花擴香。或者，也可以用這些油來泡個熱水澡。只要把6滴甜馬鬱蘭和各5滴的洋甘菊和橙花和1盎司基底油混合，再放入洗澡水中就可以了。這個泡澡複方能使人感到舒適、放鬆。如果在睡前用來擴香，也可以幫助你一夜好眠。

身心靈照護

甜馬鬱蘭具有輕微的抗菌作用，可以用來做成適合中性或混合型肌膚使用的緊膚水，方法是把6滴甜馬鬱蘭、5滴乳香和2滴檸檬加入 $^1/_4$ 杯已經放涼的洋甘菊茶中。甜馬鬱蘭也能幫助暗沉的肌膚變得明亮。如果頭皮屑過多，可以把5滴甜馬鬱蘭、各2滴的雪松和天竺葵和2大匙的基底油混合，用來按摩頭皮。此外，甜馬鬱蘭也是很好的護髮油。做法是：把各1大匙的椰子油和乳木果油融化，等到混合物冷卻至室溫後便可加入6-8滴甜馬鬱蘭精油。至於如何處理椰子油和乳木果油，詳情請參閱第七篇。

甜馬鬱蘭是平衡情緒、改善心情的恩物，尤其是在面臨失去親人或愛人的傷痛時。它也能幫助我們面對生命的變化。你可以用各2份的甜馬鬱蘭和佛手柑以及1份的雪松擴香。當你感覺神經緊張、心靈疲倦時，則可改用2份甜馬鬱蘭和各1份的冷杉和玫瑰草。此外，甜馬鬱蘭也能帶來安詳靜謐、幸福洋溢的感覺。

在能量方面，甜馬鬱蘭可以活化心輪和眉心輪。當你準備要冥想或禱告時，可以用甜馬鬱蘭來幫助自己和大地的能量連結並得以定心。在施行蠟燭魔法時，你可以用它招來快樂與愛情。此外，甜馬鬱蘭對夢境的探索也有助益。

芳香風水學

在風水方面，甜馬鬱蘭有平衡能量的效果。當你已經提升或抑制家中某個地方的能量時，可以在那裡用一些甜馬鬱蘭精油擴香，或放一罐含有甜馬鬱蘭精油的風水鹽。

兩種薄荷精油

薄荷一族的植物都有同樣一個特徵：它們的莖是正方形的。儘管綠薄荷被視為世上最古老的薄荷品種，但胡椒薄荷的歷史也很悠久。在古代埃及人的墓葬中就曾經發現乾燥的胡椒薄荷葉。兩種薄荷都很受古代的希臘、羅馬人重視，且被用來解決消化方面的問題。希臘人甚至會把綠薄荷葉放入洗澡水中用來泡澡，讓自己恢復活力。

兩種薄荷都是由羅馬人引進英國的。到了 18 世紀時，歐洲和北美各地的人已經普遍使用胡椒薄荷和綠薄荷來治病和調味了。

胡椒薄荷 *Peppermint*

學名：*Mentha × piperita*

別名：Balm mint、brandy mint

胡椒薄荷是綠薄荷（*M. spicata*）和水薄荷（*M. aquatica*）的天然雜交種。它的種名源自拉丁文中的 piper 一字，也就是「胡椒」的意思，因為它的味道有一點像胡椒[62]。胡椒薄荷是很受歡迎的一種庭園植物，高度介於 12-36 吋之間，葉片呈深綠色，葉面有向下凹陷的葉脈，邊緣有鋸齒。花朵細小，有紫色、粉色或白色，開在莖枝頂端，呈輪狀排列。

精油特性與使用禁忌

胡椒薄荷精油是用胡椒薄荷的葉子以水蒸氣蒸餾法萃取而成，色澤介於淺黃到淡綠之間，質地稀薄，保存期限約 2-3 年或更久一些。在懷孕期間應該避免使用；可能會造成皮膚疼痛、發炎的現象；有高血壓的人士應該應該避免使用；不適合用於順勢療法；應適量使用；不宜用於12歲以下的孩童身上。

調香建議

胡椒薄荷精油有濃烈的薄荷味以及微微的樟腦味。適合和它搭配的精油包括尤加利、冷杉、杜松漿果、薰衣草、檸檬、柑橘、綠花白千層、松樹和迷迭香。

---

62. Small, *Top 100 Food Plants*, 400.

氣味類別	香調	初始強度	太陽星座
草本味	前調	非常強	水瓶座、牡羊座、雙子座、處女座

藥用價值

胡椒薄荷精油可用來治療青春痘、氣喘、支氣管炎、感冒、便祕、咳嗽、憂鬱、皮膚炎、昏厥、發燒、流行性感冒、宿醉、頭痛、消化不良、發炎、蚊蟲叮咬、時差、偏頭痛、暈車暈船、肌肉痠痛、噁心、野葛中毒、疹子、錢癬、疔瘡、鼻竇感染、壓力、晒傷和眩暈。

胡椒薄荷因為含有薄荷腦（這是綠薄荷所沒有的）的緣故，用途廣泛，很適合用來緩解胸悶、鼻塞以及大多數的呼吸道疾病。用它來做蒸氣吸入法，效果會很好。但如果你想用蒸氣吸入法來緩解氣喘症狀，請參閱第八章末尾的資訊。

用胡椒薄荷做成的軟膏可以用來防蟲，也可以緩解因被蚊蟲叮咬所造成的腫脹和搔癢。

胡椒薄荷皮膚舒緩膏

- $1/8$ 盎司蜂蠟
- 2大匙杏桃核仁油
- 18-20滴胡椒薄荷精油

把蜂蠟和基底油放入一個罐子裡，置於一鍋水中以小火加熱，並不停攪拌，直到蜂蠟融化為止。將罐子從熱水中取出，待罐內的混合物冷卻至室溫後即可加入精油。必要時可調整其軟硬度。等到成品完全冷卻後就可以拿來使用或儲存。

如果罹患疔瘡，也可以用以上這種軟膏來治療，或者用胡椒薄荷精油來泡澡。只要把各5滴的胡椒薄荷、檸檬草和迷迭香精油和1盎司基底油混合，再放入洗澡水中就可以了。

發生扭傷或拉傷時，如果用胡椒薄荷冷敷，可以減輕傷處發炎、腫脹的情況。肌肉疼痛時，可以將各3滴的胡椒薄荷、德國洋甘菊、岩蘭草和1大匙基底油混合，用來按摩疼痛的部位。如果要緩解頭痛，可以將1滴胡椒薄荷和1小匙基底油混合，用來按摩太陽穴。如果再加1滴薰衣草，效果會更好。若要緩解因為長痱子所引起的不適，可以將各1滴的胡椒薄荷、快樂鼠尾草和茶樹精油加入1大匙基底油，用來塗抹患部。

身心靈照護

　　胡椒薄荷精油具有抗菌和收斂作用，因此很適合油性肌膚或偶爾會長痘子的中性肌膚使用。你可以用 1 小匙磨得很細的燕麥粉、2-3 滴基底油和 1-2 滴胡椒薄荷精油做成臉部磨砂膏，用來輕輕地按摩臉部，然後再以溫水沖洗乾淨。胡椒薄荷也可以讓暗沉的臉部肌膚變得明亮。

　　若要緩解晒傷或肌膚輕微發炎狀況，可以用 2 盎司水、$^1/_2$ 小匙基底油、2 滴胡椒薄荷和各 2 滴的岩蘭草和羅馬洋甘菊做成噴霧。只要把所有材料放進一個噴瓶並且搖勻就可以使用了。或者，你也可以把 1 滴胡椒薄荷加入 2 大匙蘆薈膠中，用來塗抹患部。胡椒薄荷很適合油性或乾性的頭皮，也能抑制頭皮屑。此外，它也很適合用來製作體香劑。

　　胡椒薄荷精油能夠提神醒腦並改善情緒。當你面對人生中重大的轉變或感覺精神衰弱時，可以用等量的胡椒薄荷、迷迭香和檸檬擴香。在能量方面，胡椒薄荷可以活化太陽輪、喉輪和眉心輪。在靈性方面，它能夠幫助你傳送祈求療癒的禱告。在施行蠟燭魔法時，你可以用胡椒薄荷招來好運和富足。此外，它也能幫助你去除所有你不想要的事物。

芳香風水學

　　用胡椒薄荷薰香可以達到驅蟲的效果。你也可以用胡椒薄荷、小蘇打、薰衣草和檸檬精油做成香袋，放在收存床單和枕套的櫥櫃裡。若要防止蠹蛾和其他各種昆蟲入侵，可以用胡椒薄荷再加上月桂葉。如果家裡有老鼠，你可以在鼠輩可能出入的地方放幾個沾了胡椒薄荷精油的棉花球。在風水方面，胡椒薄荷可以用來促進家中能量的流動。

綠薄荷 *Spearmint*

學名：*Mentha spicata* syn. *M. viridis*
別名：Garden spearmint、green mint、lamb mint

　　綠薄荷的種名源自拉丁文中的 spicate 一字，意思就是「有尖刺的」，這指的是它的花莖形狀[63]。綠薄荷的葉子鮮綠，花為粉色或淡紫色，密密的輪生於花莖頂端。它的葉子就像胡椒薄荷一樣，有很深的紋理而且邊緣呈鋸齒狀。它的高度介於 12-18 吋之間，是最被廣為種

---

63. Neal, *Gardener's Latin*, 115.

植的食用薄荷。它的氣味比胡椒薄荷溫和。大致上來說，綠薄荷氣味芳香甜美，胡椒薄荷則氣味強烈。

精油特性與使用禁忌

　　綠薄荷精油是用綠薄荷的花朵以水蒸氣蒸餾法萃取而成，色澤介於淺黃色到橄欖色之間，質地稀薄，保存期限約 2-3 年。有些人用了綠薄荷精油之後皮膚會有發炎的現象，也可能會造成過敏，尤其是在孩童身上；不適用於順勢療法。

調香建議

　　綠薄荷精油有薄荷味、草本味，還有微微的辛香氣，但不像胡椒薄荷那麼強烈。適合和它搭配的精油包括：羅勒、月桂葉、尤加利、薰衣草、檸檬、萊姆、柑橘、綠花白千層、甜橙和迷迭香。

氣味類別	香調	初始強度	太陽星座
草本味	前調	中等	雙子座、天秤座

藥用價值

　　綠薄荷精油可用來治療青春痘、焦慮症、氣喘、支氣管炎、感冒、咳嗽、皮膚炎、發燒、流行性感冒、宿醉、頭痛、消化不良、蚊蟲叮咬、失眠、更年期的不適、偏頭痛、暈車暈船、肌肉痠痛、噁心、鼻竇感染、喉嚨痛、壓力和曬傷。

　　綠薄荷雖然不像含有薄荷腦的胡椒薄荷那般效果強大，但也有助舒緩感冒症狀，尤其是在你想要採用比較溫和的療法時。它具有緩解充血和祛痰的作用，能夠緩解咳嗽、胸悶和鼻塞。此外，綠薄荷也有止痙攣的功效，能夠舒緩因支氣管炎而引起的咳嗽。你可以在淋浴時用它來做蒸氣吸入法以祛除風寒。方法是把各 20 滴的綠薄荷和牛膝草滴在一條洗臉毛巾上，然後把毛巾對折再對折，再放在淋浴間內可以接觸到水流的地面上。發燒時，你可以把 6-8 滴綠薄荷加入 1 夸特的冷水中，用來冷敷，藉以退燒。

　　若要消除噁心的感覺，可以把 2-3 滴綠薄荷滴在一張面紙上拿來吸嗅。綠薄荷對害喜孕吐也有幫助。你可以把 1-2 滴綠薄荷滴在一杯熱騰騰的水中，然後拿著它湊近臉部以便吸入那些熱氣。如果你會暈車暈船，出門前可以把 5 滴綠薄荷和 2 滴生薑滴進一根呼吸棒中，隨身攜帶。

　　綠薄荷有鎮靜神經的功能，因此也能助眠。你可以在睡前用它和等量的洋甘菊擴香。

身心靈照護

　　綠薄荷具有抗菌和收斂作用，可以對抗油性肌膚上的青春痘，也很適合用在偶爾會冒痘子的中性肌膚和敏感性肌膚上。炎熱的夏天用含有綠薄荷的水潑洗臉部，感覺會特別舒服。

清涼的綠薄荷洗臉水

- 4 小匙基底油
- $1/4$–$1/2$ 小匙綠薄荷精油
- 2 杯水

　　將基底油與精油混合，並拌入一盆水中，然後用你的雙手把水潑在臉上。

　　綠薄荷有助緩解頭皮的搔癢並減少頭皮屑。你可以把 8 滴綠薄荷和 2 大匙基底油混合，用來按摩頭皮，然後用一條毛巾把頭髮包住，大約 15 分鐘後再用洗髮精清洗乾淨。若要消除腳臭，可以把 6 滴綠薄荷、2 滴葡萄柚和 1 大匙基底油混合，再拌進腳盆裡的熱水中，用來泡腳，直到水變涼為止。

　　綠薄荷那清新的氣味有助提振疲倦的心靈與神經。你可以滴幾滴在一根蠟燭上，或者用它和等量的柑橘擴香。如果讓要自己頭腦清醒、得以面對改變，可以把 6 滴綠薄荷、3 滴檸檬和 2 滴月桂葉滴進一根呼吸棒中，在必要時放在鼻子底下吸嗅。

　　在能量方面，綠薄荷可以活化太陽輪、喉輪和眉心輪，對於冥想和禱告也有助益。在施行蠟燭魔法時，綠薄荷有助招來愛情與好運，同時它對夢境的探索也有幫助。

芳香風水學

　　用綠薄荷擴香，可以讓空氣變得清新宜人。把它加在地毯清潔粉中，可以消除地毯的臭味。做法是：把 8 盎司小蘇打和 30 滴綠薄荷精油（或另外加上其他幾種精油）混合，並用叉子把其中的粉塊打散並徹底拌勻，然後將做好的粉輕輕灑在地毯上，過 30–40 分鐘之後再用吸塵器徹底吸乾淨。除此之外，綠薄荷也有助嚇阻昆蟲和老鼠。在風水方面，你可以把綠薄荷用在你希望能量能稍微提升的地方。

沒藥 Myrrh

學名：*Commiphora myrrha* syn. *C. molmol*

別名：Common myrrh、gum myrrh、hirabol myrrh

在古代，芳香樹膠和樹脂是珍貴的物品。其中除了乳香之外，最有名的便是沒藥了。myrrh 這個字可能是源自阿拉伯文中 murr 一字，也可能是源自希伯來文中的 mor 這個字。兩者都是「苦」的意思，指的是它那苦澀、強烈的味道。[64] 而它的屬名 *Commiphora* 則是「有樹脂」的意思。[65]

埃及人可能是史上最早採集沒藥的民族。他們用它來製造香水和藥物，也將它用在宗教儀式中。在中東地區，有好幾千年的時間沒藥都被用來治病，而且就像其他樹脂一般，被人們視為能治百病的萬靈丹。它被販賣到東方後，便被納入了印度的阿育吠陀醫學中。到了西元 600 年時，沒藥已經被引進中國[66]。從古代到中世紀時期，有許多醫師們都盛讚它的功效。

沒藥樹原產於非洲東北部和阿拉伯半島，是一種矮小的灌木，樹皮呈白灰色，枝條上有刺。它的花朵細小，顏色介於乳白色到淡黃色之間，葉子則是橢圓形，有如皮革般強韌，由三片小葉所組成。樹皮隙縫中會滲出淺黃色樹脂。這些樹脂變硬後會形成紅褐色、有如淚珠般的塊狀物。至今沒藥仍是珍貴的貨品，被用來做成香水與寺廟中所焚燒的香。

精油特性與使用禁忌

沒藥精油是用沒藥樹的樹脂以水蒸氣蒸餾法萃取而成，色澤介於淺黃至琥珀色之間。它的黏稠度中等，保存期限約 4-6 年。在懷孕期間應該避免使用。

調香建議

沒藥精油有苦味和辛香味。適合和它搭配的精油包括洋甘菊、丁香、絲柏、乳香、檸檬、玫瑰草、迷迭香、檀香、岩蘭草和伊蘭伊蘭。

---

64. Foster and Johnson, *National Geographic Desk Reference to Nature's Medicine*, 256.

65. Quattrocchi, *CRC World Dictionary of Plant Names*, 596.

66. Foster and Johnson, *National Geographic Desk Reference to Nature's Medicine*, 256.

氣味類別	香調	初始強度	太陽星座
樹脂味	後調	強到非常強	水瓶座、巨蟹座、雙魚座、天蠍座

藥用價值

　　沒藥精油可以用來治療關節炎、氣喘、香港腳水泡、癤子、支氣管炎、皮膚乾裂、感冒、雞眼與硬皮、咳嗽、刀傷與擦傷、溼疹、痔瘡、消化不良、喉頭炎、野葛中毒、疹子、錢癬、喉嚨痛、妊娠紋和陰道感染。

　　沒藥具有抗霉菌的作用，有助緩解因錢癬和其他幾種黴菌感染所引起的不適。你可以單獨使用沒藥（當然必須要經過稀釋），也可以把各 3 滴的沒藥、松紅梅和天竺葵和 1 大匙基底油混合，用來塗抹患部。若要淡化妊娠紋，可以用各 4 滴的沒藥和欖香脂和 1 大匙椰子油混合。如果長了癤子或水泡，可以用等量的沒藥和佛手柑冷敷。你也可以用沒藥和薰衣草做成軟膏，以做為刀傷或擦傷時的急救藥物。

　　與其購買市面上用來治療尿布疹的藥膏，你不如自己動手做。畢竟，你應該不會想要把用石油做成的東西擦在寶貝的小屁股上面吧？

含沒藥的尿布疹凝膠

- 4 大匙蘆薈膠
- 8 滴沒藥精油
- 8 滴薰衣草精油

　　把所有材料混合均勻，存放在有密閉蓋子的瓶子裡備用。

身心靈照護

　　沒藥能夠保溼、抗皺，很適合乾性或成熟肌膚使用。你可以用 3 大匙荷荷巴油、1 大匙玫瑰果油、8 滴沒藥、各 4 滴的欖香脂和乳香做成基礎保溼劑。如果頭髮太過乾燥，可以用 2 大匙椰子油和 4 滴沒藥塗抹在頭髮上，然後再用洗髮精洗淨。若想對抗頭皮屑，可以先用這種油按摩頭皮。

　　沒藥有助平衡情緒、提振心情，並帶來平靜與幸福的感覺。當你有這方面的需要時，可以用 3 份沒藥、2 份絲柏和 1 份檸檬擴香。在面對生命中的重大變故或傷痛時，可以改用沒藥與等量的香蜂草。若想讓自己頭腦清醒、注意力集中，可以用沒藥和迷迭香擴香。

在調理脈輪時，沒藥可以活化根輪、喉輪、眉心輪與頂輪。當你要冥想或祈求療癒時，沒藥尤其好用，能幫助你和大地的能量連結，並得以定心。用沒藥淨化祭壇或靈修空間，效果會很好。當你要表達感恩之意或呼求天使協助時，可以滴幾滴沒藥精油在一根蠟燭上。在施行蠟燭魔法時，你可以用沒藥招來富足與成功。它對前世的回溯也有幫助。

芳香風水學

你可以把 15-20 滴的沒藥精油加入一瓶（16 盎司）含有檸檬精油的傢具亮光劑裡面，讓它的氣味更加芬芳。在風水方面，沒藥可以用來平衡能量。

綠花白千層 Niaouli

學名：*Melaleuca quinquenervia* syn. *M. viridiflora* var. *angustifolia*

別名：Five-veined paperbark、paperbark tea tree、punk tree

綠花白千層原產於新喀里多尼亞（New Caledonia）和澳洲東岸，是茶樹、尤加利樹和白千層的親戚。它的高度通常在 30-50 呎之間，但有些也可以長到 80 呎。它的樹皮泛白，會剝落，看起來有如捲曲的紙片。它的樹葉呈深綠色，革質，葉片上有一條條平行的葉脈。它的花朵為乳白色，形狀宛如瓶刷。

千百年來，綠花白千層一直是傳統醫學所使用的藥材，被用來治療各種不同的疾病。當年，那些隨著庫克船長航海的植物學家在看到土人用綠花白千層治病後，便帶了一些樣本回到英國。早期，由於綠花白千層精油都是在新喀里多尼亞（位於澳洲西北方）的戈曼省（Gomen）蒸餾並出口，因此它又被稱為「果美油」或「戈曼油」（gomenol）。

由於綠花白千層長得和葉子較寬的白千層（*M. viridiflora*）極為相似，因此它最初被歸類為白千層樹的一個變種，並因而有了一個錯誤的學名 *M. quinquenervia viridiflora*。所以，有一陣子，綠花白千層精油也被稱為 MQV 油。

精油特性與使用禁忌

綠花白千層精油是用綠花白千層的葉子和嫩枝以水蒸氣蒸餾法萃取而成，質地稀薄，呈透明、淺黃或淡綠色，保存期限約12-18個月。一般認為它是很安全的精油。

調香建議

綠花白千層精油有土味，還有一種類似尤加利的草本味。適合和它搭配的精油包括佛手柑、丁香、尤加利、茴香、杜松漿果、薰衣草、檸檬、胡椒薄荷、松樹、迷迭香和綠薄荷。

氣味類別	香調	初始強度	太陽星座
草本味	中調	中等	獅子座、天蠍座、處女座

藥用價值

綠花白千層精油可用來治療青春痘、關節炎、氣喘、癬子、支氣管炎、燒燙傷、血液循環不良、感冒、咳嗽、刀傷和擦傷、發燒、流行性感冒、頭痛、蚊蟲叮咬、肌肉痠痛、疤痕、鼻竇感染、喉嚨痛和百日咳。

出門渡假時，不妨在急救箱裡放一瓶用綠花白千層精油做的消毒水。在家裡也可以準備一瓶，以便在日常擦傷時使用。綠花白千層精油不僅具有清潔和抗菌的效果，還有止痛作用，能緩解傷口的疼痛。用它處理過的傷口也比較不會形成疤痕。依照下面這個配方所做成的消毒水可以用噴的，也可以用紗布墊沾取後擦在傷口上。

綠花白千層消毒水

- 1小匙基底油
- 15滴綠花白千層精油
- 8滴茶樹精油
- 7滴永久花精油
- 4大匙水
- 4大匙蒸餾過的白醋

把基底油和所有的精油混合，裝進瓶子裡，然後加入水和白醋。每次使用前應先搖勻。

綠花白千層精油有止痙攣的作用，可以鎮咳。它也有祛痰的效果，能夠消解胸悶。你可以採用蒸氣浴療法。方法是：把20滴綠花白千層、10滴松樹和10滴牛膝草滴在一條洗臉毛巾上，然後把毛巾對折再對折，放在淋浴間裡可以被水柱沖到的地面上。

要改善鼻竇感染，可以用 4 滴綠花白千層以及各 2 滴的維吉尼亞雪松和尤加利做蒸氣吸入法。罹患感冒或流行性感冒時，可以用綠花白千層擴香，以緩解症狀。如果喉嚨痛，除了綠花白千層之外，還可以加上等量的羅馬洋甘菊。

身心靈照護

綠花白千層就像其他千層樹屬（*Malaleuca*）的精油一般，適用於油性的肌膚和髮質，能夠平衡油脂的分泌。你可以把 $1/4$ 杯已經放涼的洋甘菊茶、6 滴綠花白千層以及各 4 滴的佛手柑和薰衣草放入一個瓶子裡，徹底搖勻後，用棉花球塗抹在臉上。臉上突然開始猛長痘子時，可以將 2 大匙已經放涼的洋甘菊茶、2 小匙金縷梅和 12 滴綠花白千層混合，用來塗抹患部。

綠花白千層精油有助緩解心理疲勞，讓心思專注。若要平衡情緒，可以用 3 份綠花白千層、2 份苦橙葉和 1 份迷迭香擴香。在能量方面，綠花白千層可以活化根輪、臍輪、太陽輪、心輪和喉輪。它對冥想和靈修也有幫助，尤其是在祈求病的醫治的時候。在施行魔法時，你可以用綠花白千層精油幫助你追求公平正義或消除負面能量。

芳香風水學

綠花白千層有驅蟲的作用。當你在戶外用餐時，可以滴幾滴綠花白千層在香茅蠟燭裡。在家裡時，則可以用它和等量的檸檬草和薰衣草擴香。在風水方面，當你想讓家裡某個區域的能量流動得更快一些時，可以用含有綠花白千層精油的蠟燭或風水鹽。

柑橘類精油

本書將介紹由兩種不同的橙子所製造的三種精油。一種是來自甜橙（*Citrus sinensis*）的皮，另外兩種則是來自苦橙（*C. aurantium* syn. *C. vulgaris*）。其中用花朵萃取的稱為「橙花精油」，用葉子萃取的則是「苦橙葉精油」。

甜橙的高度介於 20-40 呎之間，一般認為它是源自中國的一種植物。苦橙的樹形較為矮小，高度在 10-30 呎之間，但木質較硬，也被稱為「塞維利亞橙子」（Seville orange）或「酸橙」。兩種樹都有橢圓形但兩端尖細的常綠葉子以及分成五瓣的白色花朵。苦橙是 12 世紀時最早被引進歐洲的一種橙子。[67]

橙花 *Neroli*

學名：*Citrus aurantium* syn. *C. aurantium* var. *amara*
別名：Orange blossom

橙花精油是以苦橙的花朵萃取而成。它的英文名字之所以叫 neroli，是為了紀念義大利奈羅拉鎮（Nerola）的安・瑪莉・奧西尼公主（Anne Marie Orsini），因為她很喜歡橙花的香味，而且橙花之所以能在 17 世紀時風靡歐洲各地也是因為她的緣故。由於橙花象徵貞潔，因此千百年來一直是新娘捧花的主要花材。在北非和中東，它則被用來烹調和治病。

精油特性與使用禁忌

橙花精油是用苦橙樹的花朵以水蒸氣蒸餾法萃取而成，色澤介於淺黃到咖啡色之間，黏稠度中等，保存期限約 2-3 年。一般認為，橙花是很安全的精油；它沒有光敏性。

調香建議

橙花精油有甜甜的花香味和柑橘味。適合和它搭配的精油包括：洋甘菊、快樂鼠尾草、芫荽籽、乳香、天竺葵、生薑、薰衣草、檸檬、沒藥、玫瑰草、玫瑰和伊蘭伊蘭。蒸餾橙花時所得到的副產品橙花純露是一種很受歡迎的花水，有淡淡、甜甜的花香味。

氣味類別	香調	初始強度	太陽星座
花香味	中調	強至非常強	牡羊座、獅子座

藥用價值

橙花精油可用來治療焦慮症、肌膚乾裂、感冒、便祕、憂鬱、昏厥、流行性感冒、頭痛、發炎、失眠、時差、更年期的不適、經前症候群（PMS）、疤痕、壓力、妊娠紋和眩暈。

橙花是出了名的香氛精油，但它除了讓你芳香宜人之外，還有很多功效。它那迷人的香氣有助緩解焦慮和壓力。你可以把 7 滴橙花、6 滴香蜂草、3 滴廣藿香和 1 盎司基底油混合，再加入你的洗澡水中，慢慢的泡個澡。如果你有經前症候群，可以改用橙花、香蜂草與岩蘭草。

---

67. Foster and Johnson, *National Geographic Desk Reference to Nature's Medicine*, 264.

　　心情憂鬱時，可以用橙花和等量的快樂鼠尾草擴香。若要克服時差，可以把 5 滴橙花、4 滴迷迭香和 3 滴生薑滴入一根呼吸棒，隨時吸嗅。感覺要昏倒或有眩暈現象時，可以把幾滴橙花滴在一張面紙上，以供吸嗅。

　　若要淡化妊娠紋，可以把各 1 大匙的可可脂和橄欖油一起融化，待冷卻後再加入 7 滴橙花和各 5 滴的玫瑰草和永久花，將它混合均勻後再靜置一段時間即可使用。（關於處理可可脂的詳細步驟，請參見第七篇）。如果皮膚乾裂，可以將 1 大匙蘆薈膠、各 2 滴的橙花與玫瑰草以及 1 滴沒藥混合，用來塗抹乾裂的部位。

身心靈照護

　　橙花適用於各種類型的肌膚，尤其是乾燥、成熟和敏感型肌膚。它可以讓肌膚變得緊致、有彈性，也能減少臉部的青筋與細紋。你可以把它和乳香、羅馬洋甘菊和甜杏仁油混合，做成保溼劑。如果是成熟型肌膚，則改用橙花、欖香脂、薰衣草與琉璃苣油。如果是油性肌膚，則用橙花、檸檬和絲柏。

橙花肌膚深層保溼霜

- 2 大匙可可脂（磨碎或削成薄片）
- $2^1/_2$ 大匙玫瑰果油
- 6 滴橙花精油
- 5 滴胡蘿蔔籽精油
- 5 滴乳香精油
- 4 滴玫瑰草精油

　　將少許水放在鍋中，煮滾後離火。把裝了可可脂和基底油的罐子放在這鍋熱水中，不停地攪拌，直到可可脂融化為止。待混合物冷卻後，再重複一次加熱的步驟。等混合物再次冷卻至室溫時，即可加入精油，並充分攪勻。把做好的成品放在冰箱裡，過 5-6 個小時之後再拿出來，等它回復到室溫就可以使用或儲存了。

68. Coombes, *Dictionary of Plant Names*, 56.

69. Foster and Johnson, *National Geographic Desk Reference to Nature's Medicine*, 264.

　　若要促進毛髮生長，可以把 1 大匙基底油、各 2 滴的橙花和迷迭香以及 1 滴生薑精油混合，用來護理頭皮。由於橙花具有抗細菌的特性，因此很適合用來做成體香劑。

　　若要放鬆緊繃的神經、讓心思平靜下來，讓自己能夠安然入睡，可以在睡前用 2 份羅馬洋甘菊和 1 份橙花擴香。橙花可以帶來平靜安詳的感覺並予人一種幸福感。當你需要專注的時候，可以用橙花和羅勒（或迷迭香）擴香。如果要讓情緒保持平衡，可以用 3 份橙花、2 份檸檬和 1 份羅勒。

　　在能量方面，橙花可以活化臍輪、心輪和頂輪。當你要冥想、祈禱病的醫治或做靈療時，它也會有所幫助。在施行蠟燭魔法時，可以用橙花招來愛情與快樂。

芳香風水學

　　橙花不僅可以讓空氣清新宜人，也能消滅那些造成臭味的細菌。此外，它也很適合用來清潔地毯。如果不想讓蠹蛾入侵家中存放床單、枕套的櫥櫃或儲物櫃，可以用橙花加雪松。做法是：將這兩種精油（各 15 滴）混合起來，倒入 1 杯小蘇打中充分拌勻，然後放進一個好看的容器裡，並將它擺在櫥櫃中。在風水方面，如果你希望家裡某個地方的能量能夠流動得緩慢、平靜一些，就可以使用橙花。

甜橙 *Orange*

學名：*Citrus sinensis* syn. *C. aurantium* var. *dulcis*

別名：China orange、Portugal orange、sweet orange

　　我先前提過，一般認為，這種甜橙乃是源自中國，因此難怪它的種名的意思就是「屬於中國的」[68]。它在 15 世紀時被引進歐洲。當時的葡萄牙旅人和貿易商對這種形似太陽、顏色鮮豔的水果都讚譽有加[69]。其後，富貴人家逐漸時興在家裡蓋一座「橘園」（orangerie），亦即一座氣溫較低、用來種植柑橘類植物的特殊溫室。甜橙被引進歐洲之後，很快就成了香料酒的原料之一。

精油特性與使用禁忌

　　甜橙精油是用甜橙的果皮以冷壓方式萃取而成，色澤介於橘黃色到深橘色之間，質地稀薄，保存期限約 9-12 個月。甜橙精油具有光敏性；可能會造成皮膚疼痛、發炎的現象。

調香建議

甜橙精油有一種甜甜的柑橘味。適合和它搭配的精油包括羅勒、黑胡椒、肉桂葉、丁香、快樂鼠尾草、尤加利、薰衣草、檸檬、甜馬鬱蘭、沒藥、廣藿香、檀香和岩蘭草。

氣味類別	香調	初始強度	太陽星座
柑橘味	中調至前調	強	獅子座、射手座

藥用價值

甜橙精油可用來治療焦慮症、支氣管炎、感冒、便祕、咳嗽、發燒、流行性感冒、頭痛、消化不良、發炎、失眠、噁心、季節性情緒失調和壓力。

我們都知道罹患感冒或流感時，喝點甜橙汁可以緩解症狀，但其實使用甜橙精油也可以達到同樣的效果。甜橙精油具有抗菌作用，很適合用來在病人所住的房間擴香，藉以淨化空氣並殺死細菌。發燒時，可以把 6-7 滴甜橙和 1 大匙基底油混合，再加入 1 夸特溫水中，用來溫敷，藉以退燒。

若要緩解消化不良的現象，尤其是在吃得太飽之後，可以把 2-3 滴甜橙以 1 小匙基底油稀釋，用來輕輕地按摩腹部。如果以順時鐘的方向（左邊往上，右邊往下）按摩胃部和腹部，將有助緩解便祕。

舒緩胃部的甜橙複方

- 6 滴甜橙精油
- 2 滴胡椒薄荷精油
- 1 滴黑胡椒精油
- 1 大匙單一或混合的基底油

把所有精油混合起來，再加入基底油即可。沒用完的油要存放在一個有密閉蓋子的瓶子裡。

用芳香浴鹽泡澡可以幫助一個人放鬆並得以面對壓力。只要把各 5 滴的甜橙和快樂鼠尾草精油以及 2 滴丁香加入 4 大匙基底油，然後再和 2 杯浴鹽徹底混合就可以了。

當你因為要在重要的場合中上台而感到焦慮時，可以把甜橙精油滴在呼吸棒中用來吸嗅。如果要緩解季節性情緒失調的症狀，可以用等量的甜橙、生薑和伊蘭伊蘭擴香。

身心靈照護

甜橙在幫助油性肌膚恢復活力方面效果特別好。你可以用 $1/4$ 杯花草茶、1 大匙金縷梅和各 7 滴的甜橙、胡椒薄荷和玫瑰草做成收斂劑。只要把這些材料都放進一個瓶子裡，充分搖勻，然後用棉花球沾取塗抹在臉上就可以了。

柳橙具有消炎和抗菌的特性，在臉上突然冒出痘子來時特別好用。要對付這些痘子，你可以像上面所說的那樣用甜橙、杜松漿果和天竺葵做成收斂劑使用。另外，甜橙不只可以用在臉部，也能用來泡澡或按摩，讓全身的肌膚結實緊致。

甜橙的柑橘香氣能夠幫助頭腦清醒並放鬆緊繃的神經。只要把 1–2 滴甜橙和 1 小匙基底油混合，用來按摩兩邊的太陽穴，就可以達到這樣的效果。除此之外，甜橙也能改善情緒、提振精神，並帶來寧靜安詳與幸福的感覺。方法是：用 3 份甜橙和各 2 份的檸檬與肉桂葉擴香。

在能量方面，甜橙可以活化臍輪、心輪和喉輪，也有助冥想和靈修。在施行蠟燭魔法時，它能為你招來繁榮、快樂與愛情，並幫助你達成目標。此外，甜橙對於夢境的探索也有助益。

芳香風水學

由於甜橙具有抗菌和滅菌的特性，因此很適合用來清潔各種表面，尤其是有油垢的地方。只要把 $1^1/_2$ 杯白醋、$1/_2$ 杯水和 18 滴甜橙精油裝入一個噴瓶裡，就是很好用的清潔劑，但記得每次使用前要先搖勻。你也可以用等量的甜橙、薰衣草與尤加利做成萬用清潔劑。除此之外，用甜橙淨化空氣、清潔地毯並去除異味，效果也很好。你甚至可以用它來驅除一般的害蟲或者煩人的螞蟻。在風水方面，你可以把甜橙用在家中能量停滯的地方。

苦橙葉 *Petitgrain*

學名：*Citrus aurantium* syn. *C.aurantium* var. *amara*

別名：Bigarade petitgrain、true petitgrain

苦橙的英文名 petitgrain 源自法文，意思是「小粒的」，這是因為早期用來製油的都是未成熟的小粒橙子（也被稱為 orangettes）[70]。關於橙葉精油的記載，最早可見於 1694 年法國藥師皮耶·波梅（Pierre Pomet，1658-1699）所撰寫的《藥材歷史》（Complete History of Drugs）一書中[71]。儘管有人會用未成熟的小顆檸檬、橘子、甜橙和其他柑橘類果樹的葉子來製作橙葉精油，但一般認為，用苦橙樹的葉子做出來的精油品質最好。這種精油普遍被用於香水中，包括經典的古龍水。

精油特性與使用禁忌

苦橙葉精油是用苦橙樹的枝葉以水蒸氣蒸餾法萃取而成，色澤介於極淺的黃色到近乎琥珀色之間，質地稀薄，保存期限約 2-3 年。關於這種精油，目前尚未有任何使用禁忌；也沒有光敏性。

調香建議

苦橙葉精油有木頭味、草本味，還有微帶柑橘氣息的花香味。適合和它搭配的精油包括：佛手柑、雪松、肉桂葉、快樂鼠尾草、丁香、天竺葵、杜松漿果、檸檬、玫瑰草、迷迭香、檀香和纈草。

還有一種名為「苦橙花」（Petitgrain sur fleurs）的精油是用苦橙樹的枝葉與花朵以水蒸氣蒸餾法萃取而成，香氣特殊，介於橙花與苦橙葉之間，主要用來製作香氛。

氣味類別	香調	初始強度	太陽星座
辛香味	中調至前調	中等	牡羊座、獅子座

70. *Webster's Third New International Dictionary of the English Language*, 1,690.

71. Poucher, *Poucher's Perfumes, Cosmetics and Soaps*, 165.

藥用價值

苦橙葉精油可用來治療青春痘、焦慮、憂鬱、頭痛、消化不良、失眠、季節性情緒失調和壓力。

若要緩解頭痛，尤其是因用眼過度而引起的頭痛，可以用苦橙葉精油冷敷。方法是將 4 滴苦橙葉、各 2 滴的羅勒和香蜂草與 1 大匙的基底油混合，然後加入 1 夸特的水。用時要先把一條洗臉毛巾泡在水中，然後躺下來把擰了水的毛巾覆蓋在眼睛上。或者，你也可以將 2 滴苦橙葉、各 1 滴的洋甘菊和綠薄荷和 1 大匙的基底油混合，用來按摩太陽穴。

恐慌症發作時，可以把 6 滴苦橙葉、4 滴羅馬洋甘菊和 2 滴維吉尼亞雪松滴進呼吸棒裡，拿來吸嗅，如此將可緩解恐慌的感覺。如果是一般性的焦慮，可以把以上這幾種精油按照 3：2：1 的調配比例拿來擴香。

當我們感受到焦慮和壓力時，就不太可能睡得安穩，因為我們的腦子會一直轉個不停，讓我們難以成眠。這時，如果能在身邊放一個「想夢枕」（dream pillow）就能夠幫助你睡得比較安穩。你可以自己做一個小枕頭，或用現成的棉布袋。

苦橙葉香甜想夢枕

- 2 大匙乾燥的薰衣草花苞
- 2 小匙乾燥的洋甘菊花
- 1 個 3×4 吋的棉布袋
- 20 滴苦橙葉精油
- 5 滴岩蘭草精油

用漏斗把一部分乾燥花放進棉布袋裡。把精油滴在一個棉花球上，再放進袋子裡。然後再用漏斗儘可能把剩下的乾燥花塞進去。把袋子的開口綁緊或縫起來，再把袋子裝進一個塑膠袋裡，放上一個星期的時間，讓棉布袋和棉花球能逐漸吸收精油的香氣。不用的時候，要把想夢枕放在塑膠袋裡，以免香氣散逸。

身心靈照護

就像其他柑橘類精油一樣，苦橙葉也有抗菌作用，因此很適合混合型肌膚和油性肌膚使用。你可以把它加上等量的杜松漿果和薰衣草，做成緊膚水或保溼霜。臉上突然一直冒出痘子來時，可以將 1 大匙荷荷巴油和 2 滴苦橙葉與各 1 滴的天竺葵和佛手柑混合，用來塗抹長痘子的部位。

　　如果你是油性髮質，可以用 2 大匙椰子油、4 滴苦橙葉、3 滴絲柏和 2 滴檸檬做成護髮素。此外，苦橙葉也很適合用來做成體香劑，還能抑制過度排汗的現象。

　　苦橙葉可以讓心情平靜、降低火氣、放鬆緊繃的神經並帶來幸福感。當你感覺頭腦渾沌、神經衰弱時，可以用等量的苦橙葉、杜松漿果和甜橙擴香。

　　在能量方面，苦橙葉能夠活化太陽輪、喉輪和眉心輪，也能幫助你在冥想或祈禱前與大地連結，讓你得以定心。在施行蠟燭魔法時，你可以用它招來好運。

芳香風水學

　　當你想淨化房間裡的空氣並消除異味時，可以用苦橙葉擴香，也可以用它來製作室內噴霧或地毯清潔粉。在風水方面，它能幫助家中能量保持在平衡狀態。

玫瑰草 *Palmarosa*

學名：*Cymbopogon martini* syn. *C. martini* var. *motia,*
C. martini var. *martini, Andropogon martini*

別名：East Indian geranium grass、Indian rosha、rosha oil、Turkish geranium

　　玫瑰草是檸檬草和香茅的親戚，是一種野生的禾本科植物，原產於印度和巴基斯坦，目前在某些地區已有栽培。它的高度可達 6–9 呎，葉子細長，花朵開在挺直、簇生的花莖頂端。玫瑰草的幾個別名中之所以會出現 Indian（印度的）和 Turkish（土耳其的）的字樣是因為有一段時期它是從印度的孟買被運送到土耳其的伊斯坦堡販賣；之所以會出現 geranium（天竺葵）一字，則是因為它會散發出類似天竺葵的香氣。它的學名中的 *martini* 這個字的拼法末尾通常有兩個 i。千百年來，玫瑰草一直被人們用來烹調和治病。由於它有著玫瑰般的香氣，因此經常被用來做為玫瑰的替代品，或者摻入真正的玫瑰精油中。

精油特性與使用禁忌

　　玫瑰草精油是用玫瑰草的葉子以水蒸氣蒸餾法或水蒸餾法萃取而成，色澤介於淺黃色到橄欖綠之間，質地稀薄，保存期限約 2–3 年。大致上它被視為一種很安全的精油，不太會造成皮膚過敏的現象。

調香建議

　　玫瑰草精油有一種甜甜的花香味以及玫瑰般的氣息。適合和它搭配的精油包括：佛手柑、雪松、天竺葵、薰衣草、檸檬、檸檬草、橙花、甜橙、迷迭香、檀香和伊蘭伊蘭。

氣味類別	香調	初始強度	太陽星座
花香味	中調	強	巨蟹座、雙魚座

藥用價值

　　玫瑰草精油可用來治療青春痘、焦慮症、香港腳、瘀傷、皮膚乾裂、皮膚炎、溼疹、發燒、更年期的不適、經前症候群、疹子、傷疤、壓力、妊娠紋和陰道感染。

　　玫瑰草精油除了廣泛被用在香氛中之外，也常被用來處理皮膚問題。用以下配方做成的軟膏可用來緩解皮膚炎、溼疹和一般的疹子。以下配方中的用量所調成的濃度為1%。一般認為，如果要用在臉部皮膚上，這是比較安全的濃度。如果要用在身體上，精油的用量可以加倍。

玫瑰草皮疹藥膏

- $1/4$ 盎司蜂蠟
- 3大匙單一或混合的基底油
- 6滴玫瑰草精油
- 4滴胡蘿蔔籽精油
- 3滴天竺葵精油

　　把蜂蠟和基底油放進一個罐子裡，置於一鍋水中以小火加熱。期間要不停攪拌，直到蜂蠟融化為止。等到混合物冷卻至室溫後即可將精油加入。必要時可調整成品的軟硬度。等到成品完全冷卻後即可使用或儲存。

　　面對壓力時，可以把4滴玫瑰草和各2滴的葡萄柚和迷迭香和1大匙基底油混合，用來按摩太陽穴或擴香。若想舒緩經前症候群，可用2份玫瑰草和各1份的佛手柑和快樂鼠尾草擴香。

身心靈照護

玫瑰草具有補水和滋養的作用，因此對乾燥或受損的肌膚特別有幫助。如果是乾性或成熟型肌膚，可以用將 8 滴玫瑰草、各 5 滴的德國洋甘菊、胡蘿蔔籽和 4 大匙基底油混合，做為保溼油。若想抗皺，則可將各 5 滴的玫瑰草、薰衣草、乳香和檸檬加入 4 大匙琉璃苣油或月見草油中，用來保養。

玫瑰草精油具有收斂和抗菌特性，對油性肌膚也很有幫助。你可以用它和胡椒薄荷和柳橙做成收斂水。如果臉上突然冒出許多痘子或粉刺，可以用玫瑰草、洋甘菊和沒藥。若要平衡臉部油脂的分泌，可用玫瑰草、德國洋甘菊和茴香精油做成緊膚水。

在心緒不寧、神經緊張或精疲力竭時，可以把 4 滴玫瑰草、3 滴檸檬和 1 滴小荳蔻和 1 大匙基底油混合，並加入 1 夸特的冷水中，利用休息的時間在眼睛或額頭處冷敷。若要緩解心靈的疲憊或讓自己心思清明，可以將等量的玫瑰草和雪松滴入呼吸棒中嗅聞。若想創造平靜安詳的氛圍、提升幸福感，可用等量的玫瑰草、佛手柑和天竺葵擴香。

在能量方面，玫瑰草可以活化心輪、喉輪與頂輪，對冥想和靈修也有幫助。你可以用它來淨化祭壇或神聖的空間，也可以用它來幫助自己與大地的能量連結，並使自己得以定心。在傳送祈求療癒的禱告時，不妨在柱狀（或罐狀）蠟燭已經融化的蠟上面滴 1–2 滴玫瑰草精油。在施行蠟燭魔法時，玫瑰草有助消除負面能量並送走你生命中已經不再想要的事物。你也可以用它招來愛情。

芳香風水學

玫瑰草具有抗菌和防腐的作用，很適合用來淨化空氣並去除異味。你可以用玫瑰草加上薰衣草、檸檬或尤加利做成清潔劑，用來清理廚房或浴室的表面。此外，玫瑰草也是有效的防蚊劑，可以讓你無論在家或出門時都不致受到蚊蟲叮咬。在風水方面，你可以用玫瑰草調節家中的風水，減緩能量流動的速度。

廣藿香 *Patchouli*

學名：*Pogostemon cablin* syn. *P. patchouli*

別名：Patchouly、puchaput

廣藿香是一種枝葉濃密的草本植物，可以長到 2-3 呎高。它的莖上長滿絨毛，葉子呈

艷綠色，有香味。它的花朵白中帶紫，長在葉柄的底部。它的屬名源自印度斯坦語中代表「葉子」和「綠色」的兩個字。[72]

　　廣藿香原產於亞洲的熱帶地區，在亞洲和中東各地一度被用來做為藥物。當時的阿拉伯旅人會把廣藿香的葉子塞在枕頭裡面，藉以預防疾病並且延年益壽。此外，廣藿香也一直被視為壯陽藥。在十九世紀初期，由於商人將印度製造的手工披肩運到歐洲時，會把裝滿廣藿香葉子的香袋塞進那些披肩裡面，藉以防蟲，才使歐洲人士注意到了這種植物。當時，廣藿香的氣味成了正宗印度絲綢的標記。到了一百多年後，也就是 1960 和 1970 年代時，它則成為當時的反主流文化的代表性氣味。

精油特性與使用禁忌

　　廣藿香精油是用廣藿香的葉子以水蒸氣蒸餾法萃取而成，色澤介於琥珀色到深橘色之間，黏稠度則介於中到高之間，保存期限約 4-6 年。一般認為廣藿香是很安全的精油。

調香建議

　　廣藿香精油有草本味以及濃郁的土味，而且會隨著時間變得愈來愈深沉濃烈。新鮮的廣藿香精油在尚未熟成時聞起來可能會有些刺鼻。適合和它搭配的精油包括：月桂葉、佛手柑、雪松、洋甘菊、快樂鼠尾草、丁香、天竺葵、薰衣草、柑橘、沒藥、橙花、玫瑰草、玫瑰、檀香和岩蘭草。

氣味類別	香調	初始強度	太陽星座
木頭味	後調	強烈	水瓶座、摩羯座、天蠍座、金牛座、處女座

藥用價值

　　廣藿香精油可用來治療青春痘、焦慮症、香港腳、癬子、皮膚乾裂、刀傷與擦傷、憂鬱症、皮膚炎、溼疹、發燒、頭痛、蚊蟲叮咬、更年期的不適、經痛、傷疤、壓力和妊娠紋。

　　廣藿香具有抗菌特性，可以用來處理刀傷和流膿的傷口以防止感染。用它來塗抹嚴重的青春痘或癬子，比較不會留下疤痕和瘢點。經痛時，可以將各 3 滴的廣藿香、洋甘菊和百里香加入 1 大匙基底油用來按摩腹部，以緩解疼痛。

---

72. Foster and Johnson, *National Geographic Desk Reference to Nature's Medinice*, 282.

廣藿香能夠紓解壓力，因此用它來泡澡，可以幫助你放鬆。如果你習慣淋浴，在洗澡前可以用 8 滴迷迭香、6 滴檸檬草、4 滴廣藿香和 2 大匙基底油按摩身體。或者，也可以用 3 份快樂鼠尾草、2 份苦橙葉和 1 份廣藿香擴香。

身心靈照護

廣藿香能夠幫助成熟的肌膚保持柔嫩。你可以將廣藿香、欖香脂和薰衣草加入由荷荷巴油和玫瑰果油所混合而成的基底油，做成保溼油，讓肌膚恢復活力。眼睛浮腫時，可以用廣藿香和胡蘿蔔籽精油冷敷。由於廣藿香具有收斂作用，因此能夠平衡油脂分泌，很適合油性肌膚和頭髮使用。它也有助抑制頭皮屑。在泡澡後用廣藿香噴一下身體，不僅可以清涼提神，還能抑制體臭。

廣藿香身體噴霧

- 6 盎司水
- 1 大匙金縷梅
- 1 小匙基底油
- 1 小匙佛手柑、廣藿香和薰衣草精油

把水和金縷梅倒入一個噴瓶中。將三種精油以你喜歡的比例混合，然後加入基底油中，再把這些油倒進噴瓶裡就可以了。每次使用前要先搖勻。

廣藿香的氣味具有讓人平靜的效果，可以幫助你改善混亂的情緒，尤其是在你面對生命中突如其來的變故或痛失親人或愛人的時候。你可以把 1 滴廣藿香和 1 滴基底油滴在一隻手的手掌心，再把 1 滴薰衣草滴在另外一隻手的掌心。接著兩手互搓，然後再用雙手罩住鼻子吸氣。當你感覺神經衰弱、心思渾沌的時候，可以用廣藿香和胡椒薄荷提神。

廣藿香可以帶來平靜和幸福的感覺，在冥想或祈禱時特別能夠幫助人與大地連結並定心。在能量方面，廣藿香可以活化所有的脈輪。在施行蠟燭魔法時，廣藿香能幫助你消除負面能量或者斷捨你生命中的某件事物，對公平正義的追求特別有幫助。此外，它也有助招於來快樂與愛情。

---

73. Neal, *Gardener's Latin*, 120.

芳香風水學

　　廣藿香是出了名的驅蟲劑。用它和薰衣草和綠薄荷擴香，可以防蚊。若要防止蠹蛾入侵，可以把大約 15 滴廣藿香滴入 1 杯雪松木屑中。它也能阻斷螞蟻行走的路徑。若要淨化家中空氣並去除異味，可將少許廣藿香加入室內噴霧劑或擴香器中。在風水方面，你可以用它來緩和、安定並平衡能量。

松樹 *Pine*

學名：*Pinus sylvestris*
別名：Forest Pine、pine needle oil、Scotch pine、Scots pine

　　生長在公園或院子裡的歐洲赤松，其高度通常約為 30-60 呎，但生長在野外者，則可達 100 呎。它的針葉對生，呈藍綠色，長度約為 3 吋。它的毬果懸垂於枝條上，呈灰色或淺褐色，長度也在 3 吋左右。它的種名是拉丁文，意思是「屬於森林的」[73]。歐洲赤松原產於歐洲。它的身上有許多部分都可以用來入藥。在殖民時期，它被引進了北美洲。

　　歐洲赤松除了木材可供利用之外，也是松脂、柏油和瀝青的來源。用松樹樹脂做成的松香是小提琴家和其他音樂家用來塗擦琴弓的重要材料。在過去，當松針內的樹脂被去除後，針葉的纖維會被鬆開，用來填充床墊和坐墊，或製成能夠驅除跳蚤和虱子的毯子。

精油特性與使用禁忌

　　松樹精油是用松樹的針葉與嫩枝以水蒸氣蒸餾法萃取而成，呈透明或淺黃色，黏稠度中等，質地有點油，保存期限約 9-12 個月；如果皮膚有過敏狀況，請勿使用這種精油；懷孕婦女和高血壓患者應該避免使用；可能會造成皮膚疼痛、發炎的現象；不要用在 6 歲以下的孩童身上。不過就醫療用途而言，歐洲赤松的精油其實是所有松樹精油中最安全的。

調香建議

　　松樹精油有一種新鮮的木頭味以及淡淡的松脂般的氣息。它往往被稱為「松針精油」。適合和它搭配的精油包括：月桂葉、雪松、尤加利、杜松漿果、薰衣草、檸檬、綠花白千層和迷迭香。

氣味類別	香調	初始強度	太陽星座
木頭味	中調至前調	強	水瓶座、牡羊座、巨蟹座、摩羯座、雙魚座、天蠍座

藥用價值

松樹精油可用來治療關節炎、氣喘、支氣管炎、血液循環不良、感冒、便祕、咳嗽、刀傷與擦傷、流行性感冒、痛風、宿醉、頭蝨、喉頭炎、肌肉痠痛、疥瘡、坐骨神經痛、鼻竇感染、喉嚨痛、扭傷與拉傷、壓力和肌腱炎。

松樹精油具有抗菌和防腐作用，很適合用來治療感冒與流感。鼻塞時，可以把 6 滴松樹、4 滴藍膠尤加利和 2 滴月桂葉滴入呼吸棒中帶在身邊隨時吸嗅，以緩解鼻塞。胸悶時，可以用松樹和尤加利精油按摩胸腔。若要袪痰，可以用等量的松樹與檸檬精油做蒸氣吸入法。喉頭發炎時，則可以用松樹和佛手柑（或乳香）做蒸氣吸入法，以緩解疼痛。

關節炎發作時，可用松樹與冷杉這兩種木頭精油溫熱患處。肌肉痠痛時，可以用松樹精油自製搽劑。儘管有許多人建議用消毒酒精來當搽劑的基底，但酒精會使皮膚過於乾燥，而且對某些人具有刺激性。而金縷梅所含的酒精成分很少，因此很適合用來做為基底。

松樹精油肌肉搽劑

- 1 小匙基底油
- 10 滴松樹精油
- 6 滴冷杉精油
- 1/4 杯金縷梅

把基底油和所有的精油都放進一個瓶子裡，再加入金縷梅即可。使用前必須搖勻。

若要消滅頭蝨，可以將各 3 滴的松樹、薰衣草和檸檬草和 2 大匙基底油混合，用來按摩頭皮和頭髮。接著，用一條毛巾包住頭部，過大約 1 小時之後再用洗髮精洗淨。但事後要記得用熱水將毛巾清洗乾淨。如果得了疥瘡，也可用以上這三種精油來治療。只要將它們（每種各 6 滴）和 1 盎司基底油混合，再放入洗澡水中用來泡澡就可以了。

身心靈照護

松樹精油很少用在護膚或護髮產品中，但由於它具有抗菌特性，因此有助抑制過度排汗現象。在製作體香劑時，不妨添加一些松樹精油或其他你喜愛的精油。如果有腳臭，可以將 6-8 滴松樹精油和 1 大匙基底油混合，再放入一腳盆的溫水中，用來泡腳，就可消除腳臭味。

松樹精油的氣味能使人恢復活力，有助舒緩神經緊張或精神衰弱的現象。當你心靈疲勞或需要心思清明時，可以用它來提振精神。此外，松樹精油能帶來平靜幸福的感覺，也能穩定情緒。想放鬆時，可以用 2 份薰衣草和 1 份松樹擴香。

在能量方面，松樹精油可以活化心輪、喉輪和眉心輪。在預備冥想或禱告時，可用它來幫助自己與大地連結並定心。在施行蠟燭魔法時，它能幫助你消除負面能量、尋求公平正義並招來繁榮富足。

芳香風水學

松樹精油具有極佳的抗菌能力，因此被用在許多市售的產品中。你可以將它加上檸檬與百里香，用來清潔廚房表面。它能淨化空氣、去除異味，也具有驅蟲作用，尤其對蠹蛾特別有效。在風水方面，你可以用它提升家中的能量。

羅文莎葉 *Ravintsara*

學名：*Cinnamomum camphora* syn. *C. camphora* CT 1,8 cineole
別名：*C. camphora* ravintsara、false camphor

由樟樹（*C. camphora*）萃取而成的精油其化學成分會隨著樹木的生長地而有所不同。這種樹雖然以能提煉出樟腦著稱，但生長在馬達加斯加島的樟樹卻只含有少量的樟腦，甚至完全沒有。相反的，它富含一種名為桉油醇（cineole）的成分。這種成分具有強大的療效，而且不像樟腦那般刺鼻。

當植物含有不同的化學結構（chemotype，又稱「化學型」）時，用它們萃取的精油名字當中就會出現 CT 這兩個字母（chemotype 的縮寫）。羅文莎葉的化學型是 1,8 桉油醇。這裡的 1,8 是它的專有名稱的一部分，指的是氧原子與第一和第八個碳原子結合的分子。

樟樹原產於日本和中國，在 19 世紀中葉被引進馬達加斯加。它和當地人千百年來一直用來治病的一個原生種樹木很像。羅文莎葉（ravintsara）這個名字源自馬達加斯加語，意思是「好葉子」，指的是樟樹葉子的療效[74]。由於這兩種樹看起來很像，它們的葉子也都具有療效，於是兩者經常被搞混。此外，人們對它們的稱呼也不同，以致情況愈發混亂。

後來 ravintsara 一字在拉丁語中成了 ravensara。原產於馬達加斯加的樹種有兩個學名，分別是 *Agathophyllum aromatica* 和 *Ravensara aromatica*。其後，有一個香氣有點像大茴香或甘草的亞種被命名為 *R. anisata*，但後來才發現它和 *R. aromatic* 同種。根據某些資料，馬達加斯加的原生種是 *R. anisata*，外來種（即樟樹）則是 *R. armomatica*。究竟市面上以 ravensara、*A. aromatica* 或 *R. aromatica* 的名稱販售的是什麼精油，專家學者的看法不一。

在中國，用 *C. camphora*（通常是 *C. camphora* var. linalool 這個變種）的樹皮和葉子萃取而成的精油被稱為「芳樟精油」（ho wood 或 ho oil）。雖然有時羅文莎葉也被稱為「芳樟葉精油」（ho leaf oil），但這種稱呼並不正確。

精油特性與使用禁忌

羅文莎葉精油是用馬達加斯加樟樹的葉子以水蒸氣蒸餾法萃取而成，成透明無色狀，質地稀薄，保存期限約 2-3 年或更久一些。懷孕期間應該避免使用；不宜用在 6 歲以下的孩童身上；可能會造成皮膚疼痛、發炎的現象。

調香建議

羅文莎葉精油有類似尤加利般的木頭味，還略帶辛香味或胡椒味。適合和它搭配的精油包括：羅勒、白千層、洋甘菊、永久花、薰衣草、檸檬、胡椒薄荷、檀香、綠薄荷和伊蘭伊蘭。

氣味類別	香調	初始強度	太陽星座
木頭味	前調	中等	雙子座、天秤座、天蠍座、金牛座

---

74. Halpern, *The Healing Trail: Essential Oils of Madagascar*, 51.

藥用價值

羅文莎葉精油可用來治療關節炎、氣喘、支氣管炎、水痘、唇皰疹、感冒、咳嗽、流行性感冒、花粉熱、失眠、喉頭炎、肌肉痠痛、灰指甲、帶狀皰疹、鼻竇感染、壓力和百日咳。

羅文莎葉精油具有抗病毒功效，有助治療帶狀皰疹並減輕它所造成的疼痛，也能緩解水痘造成的搔癢，並讓唇皰疹更快痊癒。

羅文莎葉帶狀皰疹凝膠

- 2 大匙蘆薈膠
- 5 滴羅文莎葉精油
- 4 滴天竺葵精油
- 1 滴丁香精油

把所有精油和蘆薈膠混合起來，充分拌勻。沒用完的凝膠要存放在有密閉蓋子的瓶子裡。

羅文莎葉精油能夠祛痰、使呼吸道暢通，因此對呼吸道的疾病特別有效。咳嗽或罹患支氣管炎時，可以用蒸氣浴的方式緩解。做法是：把各 20 滴的羅文莎葉和胡椒薄荷精油滴在一條洗臉毛巾上，接著將毛巾對折再對折，放在淋浴間可以被水流沖到的地面上。如果得了百日咳，可以把 7 滴羅文莎葉和 6 滴快樂鼠尾草滴在呼吸棒裡隨時嗅聞。

氣喘發作時，可以用第八章所提到的簡易蒸氣法緩解。做法是：把 1 杯水煮滾，在其中加 1 滴羅文莎葉精油，然後把臉湊近那杯水，並輕輕地用手把水蒸氣往鼻子的方向拂動。喉頭發炎時，可以用 4 滴羅文莎葉和 3 滴檸檬尤加利做正規的蒸氣吸入法。得了流行性感冒時，可用等量的羅文莎葉和柳橙擴香，藉以淨化病人房間裡的空氣並去除異味，。

身心靈照護

羅文莎葉精油具有抗細菌的作用，有助抑制體臭。你可以用它和薰衣草作成除臭爽身粉。精神緊繃或神經衰弱時可用羅文莎葉精油擴香。它的香味能夠安定神經並帶來幸福

感。用羅文莎葉和胡椒薄荷擴香可以讓疲憊的心靈重新振作，也可讓人心思專注。此外，它也能幫助人們面對失去親人或愛人的傷痛。

羅文莎葉精油可以活化臍輪、太陽輪、心輪和喉輪。

它能幫助人們與大地連結，也能振奮心情，對冥想和靈修特別有益。它也可以被用來淨化神聖的空間。在施行蠟燭魔法時，它有助消除負面能量並招來快樂。

芳香風水學

用羅文莎葉精油擴香可去除異味並消滅造成異味的細菌。如果加上檸檬，聞起來會更加清新潔淨。此外，羅文莎葉也能驅除蒼蠅、蠹蛾、蠹魚以及其他害蟲。在風水方面，羅文莎葉可以用來讓能量保持平衡。

玫瑰 *Rose*

學名：*Rosa damascene*

別名：Bulgarian rose、damask 或 Damascus rose、otto or attar of rose、Turkish rose

千百年來，玫瑰一直象徵著信心、愛情、幸福、激情以及其他特質。它的香氣受到世界各地的人們認可，也是古往今來騷人墨客筆下的題材。它總是讓人聯想到浪漫與誘惑，也是靈性與神祕主義的象徵。

大馬士革玫瑰雖然名字當中有「大馬士革」字樣，但其實並非原產於有「玫瑰國度」之稱的敘利亞，而是來自亞洲。這種玫瑰是一種灌木，可以長到 3-6 呎高。它的花朵呈粉色、單瓣，枝條上佈滿棘刺。考古學家曾經在埃及的墳墓中發現這種玫瑰。一般相信，它是在拉美西斯二世（Ramses the Great，西元前 1279-1213 年）統治期間被引進埃及的。在印度的神話中，毗濕奴（Vishnu）的妻子吉祥天女（Lakshmi）出現時就置身於一朵玫瑰中，因此後來才會有新郎在結婚當天要送給新娘由玫瑰花所提煉的阿塔精油（attar）的習俗。

千百年來，玫瑰精油一直被稱為「奧圖玫瑰精油」（otto of rose 或 rose otto）和「玫瑰阿塔精油」（attar of rose）。購買玫瑰精油時，經常會看到它以上述的名稱販售。儘管玫瑰花瓣可以用水蒸氣蒸餾法萃取，但這種方法產出率很低，以致玫瑰精油非常昂貴。由於業者經常會將玫瑰原精蒸餾成精油，因此在購買時最好要選擇包裝上有註明精油萃取方法的產品。玫瑰純露是最有名的一種花水。

精油特性與使用禁忌

玫瑰精油是用玫瑰的花瓣以蒸氣蒸餾法或水蒸餾法萃取而成，呈淺黃色或橄欖色，質地稀薄，保存期限約 2-3 年；在懷孕期間應該避免使用。

調香建議

玫瑰精油具有濃郁甜美的花香味，而且微微帶有一絲辛香。適合和它搭配的精油包括：佛手柑、洋甘菊、快樂鼠尾草、丁香、天竺葵、薰衣草、沒藥和廣藿香。

氣味類別	香調	初始強度	太陽星座
花香味	前調	非常強	巨蟹座、天秤座、射手座

藥用價值

玫瑰精油可用來治療焦慮症、氣喘、瘀傷、皮膚乾裂、血液循環不良、憂鬱、皮膚炎、溼疹、花粉熱、頭痛、發言、失眠、更年期的不適、經痛、噁心、經前症候群（PMS）、牛皮癬、傷疤、壓力和妊娠紋。

美麗的玫瑰花除了象徵浪漫的愛情之外，也是解決皮膚問題的良藥以及保養肌膚的恩物。若想緩解因皮膚炎、溼疹和牛皮癬所引起的不適，可以用玫瑰精油泡澡。做法是：把 8 滴洋甘菊、4 滴胡蘿蔔籽和 3 滴玫瑰和 1 盎司的基底油混合，再加入澡缸裡的熱水中。

要讓瘀傷加速痊癒，可將各 1 滴的玫瑰與薰衣草和 1 小匙基底油混合，輕輕地塗抹在患部。這個配方也可以用來淡化妊娠紋與疤痕。此外，玫瑰精油具有消炎作用，也有助舒緩乾裂的肌膚。

憂鬱時，可用 2 份玫瑰和各 3 份的快樂鼠尾草和佛手柑擴香。感覺壓力很大時，可以用玫瑰、柑橘與乳香擴香。睡覺前用玫瑰、苦橙葉和洋甘菊擴香可以讓你一夜好眠。

個人身心保養

玫瑰精油適合所有膚質，但對乾性、成熟型和敏感性肌膚特別有益。它除了具有保溼功能外，也能幫助肌膚恢復彈性，讓皮膚變得更加細緻。此外，它還有助減少臉部有如蜘蛛絲般的微細血管擴張現象，並修復因日晒而受損的肌膚。由於眼睛四周的肌膚特別嬌弱，如果眼部卸妝液太過刺激，可能會使它受到傷害。因此，你不妨用能夠滋養肌膚的精油自製眼部卸妝油，然後用指尖塗抹在眼周，再用棉片輕輕地拭淨。

含玫瑰精油的眼部卸妝油

- 2大匙椰子油
- 1大匙玫瑰果油
- 8滴玫瑰精油
- 6滴玫瑰草精油
- 5滴天竺葵精油

　　將椰子油加熱融化（必要時），等它冷卻至室溫後便可加入精油與基底油，並徹底拌勻。做好的成品要存放在一個有密閉蓋子的瓶子裡。

　　玫瑰的香氣會讓人感到舒適自在，有助舒緩緊繃的神經，並幫助我們面對失去親人或愛人的傷痛。若想創造平靜幸福的感受，可以用各2份的玫瑰與柑橘以及1份雪松擴香。玫瑰和洋甘菊與胡椒薄荷搭配時，效果也很好。

　　在能量方面，玫瑰可以活化所有脈輪，並使它們處於平衡狀態。用它來淨化祭壇或冥想空間，效果特別好。它對靈修頗有助益，能幫助你傳送祈求療癒的禱告並呼求天使相助。在施行蠟燭魔法時，可以用它招來快樂、愛情與好運。它也能讓你比較容易記住夢境。

芳香風水學

　　在風水方面，當你提升或安定了家中某個區域的能量時，可以把1-2滴玫瑰精油滴在柱狀（或罐狀）蠟燭已經融化的蠟裡面，藉以維持能量的平衡。用室內噴霧的效果也很好。

迷迭香 Rosemary

學名：*Rosmarinus officinalis*

別名：Compass plant、elf leaf、rosmarine、sea dew

　　迷迭香原產於地中海地區，是一種枝葉繁茂的灌木，有著淺藍色的花朵和狀似松針的葉子，大多生長在法國南部海邊的懸崖上。有人形容它有著大海的氣味並且微帶一絲松樹的氣息。因此，它的屬名才會叫 *Rosmarinus*。這個拉丁字的意思就是「大海的露水」。[75]

古代的希臘、羅馬人除了用迷迭香治病之外，也將它用於婚禮中，以做為忠貞的象徵，在葬禮上也會用它來表示對逝者的懷念。由於當時的人相信這種藥草能增進記憶力，因此古希臘的學生在應考時都會在頭髮上佩戴一小枝迷迭香，希望藉此能通過考試。在中世紀時期，歐洲人會食用糖漬的迷迭香花朵，藉以預防瘟疫。其後，人們也會在醫院中焚燒迷迭香的枝葉，藉此熏蒸病房並殺死空氣中的細菌。此外，他們還會把迷迭香鋪在地上，一來可以淨化家中空氣，二來可驅蟲。

精油特性與使用禁忌

迷迭香精油是用迷迭香的葉子與花朵以水蒸氣蒸餾法萃取而成，呈無色或淺黃色，質地濃稠，保存期限約 2-3 年；在懷孕期間應避免使用；有癲癇或高血壓的人士也不宜使用；皮膚敏感的人使用後可能會有疼痛、發炎的現象；不要用在孩童身上。

調香建議

迷迭香精油有薄荷味和草本味，還微帶一絲木頭味。適合和它搭配的精油包括：佛手柑、雪松、肉桂葉、快樂鼠尾草、欖香脂、乳香、天竺葵、薰衣草、甜馬鬱蘭、綠花白千層、苦橙葉、松樹、羅文莎葉和百里香。

氣味類別	香調	初始強度	太陽星座
草本味	中調至前調	強	水瓶座、牡羊座、獅子座、射手座、處女座

藥用價值

迷迭香精油可用來治療青春痘、關節炎、氣喘、支氣管炎、血液循環不良、感冒、咳嗽、刀傷與擦傷、皮膚炎、溼疹、昏厥、流行性感冒、痛風、頭蝨、頭痛、消化不良、時差、經痛、肌肉痠痛、疥瘡、扭傷與拉傷、壓力、肌腱炎、靜脈曲張和百日咳。

要緩解感冒時胸悶或鼻塞的現象，可用 3 滴迷迭香和各 2 滴的鼠尾草和百里香做蒸氣吸入法。罹患慢性疾病或頭痛時，可單獨用迷迭香擴香。

迷迭香具有溫熱、鎮痛的作用，可緩解天氣寒冷時關節疼痛僵硬的現象。當然，泡個熱水澡也是減輕肌肉痠痛的好方法，而且還能在寒冷的冬夜裡讓整個身子都暖和起來。

---

75. Barnhart, ed., *The Barnhart Concise Dictionary of Etymology*, 671.

讓全身都溫暖的迷迭香冬日泡澡配方

- 2杯浴鹽（或海鹽）
- 4大匙單一或混合的基底油
- 5滴迷迭香精油
- 4滴甜馬鬱蘭精油
- 3滴冷杉精油

把鹽放在一個玻璃碗或陶碗裡。把基底油和所有精油混合起來，加入乾料中，並充分拌勻。

要緩解靜脈曲張所造成的不適並促進血液循環，可把 6-7 滴迷迭香和 1 大匙基底油混合，用來按摩患部。如果有人昏倒了，只要把 1-2 滴迷迭香滴在一張紙上供其吸嗅，就可幫助當事人清醒。

身心靈照護

迷迭香具有抗菌和收斂作用，很適合油性肌膚使用，尤其是在臉上猛長痘痘的時候。若要淡化妊娠紋，可將5滴迷迭香與1大匙基底油混合，用來輕輕的按摩腹部。若要消除頭皮屑並促進毛髮生長，可以把迷迭香精油加入質地清爽的基底油中，用來按摩頭皮。迷迭香也適合中性髮質使用。

迷迭香精油能夠幫助人們平衡情緒、面對傷痛並增進幸福感。就像古希臘的學生在頭上佩戴迷迭香枝葉一般，我們也可以利用迷迭香的氣味讓自己更加專注。在能量方面，迷迭香有助活化根輪、太陽輪、喉輪和眉心輪。

在靈性方面，迷迭香可用來聖化祭壇或神聖空間，也有助傳送祈求療癒的禱告。在施行蠟燭魔法時，可用迷迭香招來愛情與好運、消除負面能量並增強保護性的能量。此外，它對直覺的開發、夢境的記憶和前世的探索都有幫助。

芳香風水學

迷迭香具有抗菌和抗霉菌特性，很適合用來清理廚房和浴室的表面。只要把各 $1/2$ 杯的白醋和水裝入一個噴瓶裡，再加上 10 滴迷迭香搖勻就可以使用了。用迷迭香擴香，可以淨

化家中空氣，使其清新宜人。此外，它也可用來防治蟲害，尤其是蚊子。在風水方面，迷迭香可用來提升能量並促進能量的流動。

兩種鼠尾草精油

鼠尾草有好幾百品種，很容易搞混。本書只介紹快樂鼠尾草（*Salvia sclarea*）和西班牙鼠尾草（*Salvia lavandulifolia*）這兩種精油。由普通鼠尾草（*Salvia officinalis*）──或稱「達爾馬提亞鼠尾草」（Dalmatian sage）──所萃取的精油不在我們討論之列。這是因為普通鼠尾草精油富含一種名為「側柏酮」的化學成分，如果經由口服，對人體具有毒性，因此使用時必須非常小心，而西班牙鼠尾草雖然具有與普通鼠尾草類似的特性，卻不含側柏酮，氣味也不像普通鼠尾草那般刺鼻，因此是很好的替代品。

至於「白鼠尾草」（*Salvia apiana*）則是美洲原住民心目中的神聖藥草。用這種鼠尾草浸泡的油在市面上可以買得到，但它的精油卻並不多見。市售的「藍色鼠尾草精油」則是由道格拉斯艾蒿（*Artemisia douglasiana*）和三齒蒿（*A. tridentata*）萃取而成。這兩種植物雖然經常被稱為「白色鼠尾草」（white sage），但事實上它們並不是真正的鼠尾草，不可和白鼠尾草混為一談。

快樂鼠尾草 *Clary Sage*

學名：*Salvia sclarea*

別名：Clary、clary wort、clear eye、muscatel sage、see bright

快樂鼠尾草的植株高約 2–3 呎，葉子寬闊，呈橢圓形，邊緣有鋸齒，且葉面有皺褶。它的花朵細小，有些白、紫相間，有些則是粉色，屬輪狀花序，長在多葉的花莖上。快樂鼠尾草的種名源自拉丁文中的 clarus 一字，意思是「清澈的」[76]。這是因為千百年來，它一直被用來治療眼睛方面的疾病。過去，德國人在釀造某幾種啤酒和麥芽酒時，偶爾會以它來取代啤酒花。有些業者則會在價格較為便宜的酒中加入快樂鼠尾草，以製造出類似麝香葡萄酒一般的濃烈香氣，因此有時它也被稱為「麝香葡萄酒鼠尾草」（muscatel sage）。

---

76. Coombes, *Dictionary of Plant Names*, 176.

精油特性與使用禁忌

快樂鼠尾草精油是用快樂鼠尾草的葉子與花朵以水蒸氣蒸餾法萃取而成，色澤介於無色到淡淡的黃綠色之間。它的黏稠度介於低到中等之間，保存期限約 2-3 年。懷孕及授乳期間不宜使用；服用鎮靜劑或巴比妥酸鹽時也應避免。

調香建議

快樂鼠尾草精油有一種甜甜的、帶些堅果氣息的草本味。適合和它搭配的精油包括小荳蔻、雪松、芫荽籽、乳香、天竺葵、杜松漿果、薰衣草和柳橙。

氣味類別	香調	初始強度	太陽星座
草本味	中調至後調	強	水瓶座、天秤座、天蠍座

藥用價值

快樂鼠尾草可用來治療青春痘、焦慮症、氣喘、癤子、咳嗽、憂鬱、頭痛、失眠、喉頭炎、更年期的不適、經痛、偏頭痛、肌肉痠痛、經前症候群、疹子、喉嚨痛、壓力和百日咳。

快樂鼠尾草和西班牙鼠尾草精油都可以用來治療頭痛，但快樂鼠尾草的效果更好一些，因為它具有鎮靜神經的作用，有助放鬆神經、穩定情緒並減輕壓力，而緊張、情緒與壓力都有可能是造成頭痛的原因。快樂鼠尾草和薰衣草及香蜂草混合後的香氣格外具有安撫心靈的效果。你可以用下面這個配方來擴香，或者以基底油將這三種精油稀釋成 1% 的濃度，用來塗抹太陽穴。如果要搽在手腕上，可以稀釋成 2% 的濃度。

緩解頭痛的快樂鼠尾草擴香複方

- 3 份快樂鼠尾草精油
- 2 份薰衣草精油
- 1 份香蜂草精油

把所有精油混合起來，放進擴香器內。

快樂鼠尾草也可以緩解偏頭痛。你可以將它加上羅馬洋甘菊、薰衣草、甜馬鬱蘭和綠薄荷（比例自行決定），用來擴香，也可以將這幾種精油加入基底油中，用來塗搽手腕。若要緩解經前症候群，可用快樂鼠尾草和藏茴香（或茴香）。若要緩解月經來臨前的疼痛，可

將各 8 滴的快樂鼠尾草和玫瑰草加入 2 大匙基底油，用來按摩腹部。或者，你也可以用這幾種精油來熱敷。要改善產後緊張和憂鬱的現象，可用 3 份快樂鼠尾草、2 份玫瑰（或橙花）和 1 份佛手柑擴香。

要緩解更年期的熱潮紅，可將各 4 滴的快樂鼠尾草和綠薄荷和 1 大匙基底油混合，再加入 1 夸特的冷水中，用來冷敷。如果有夜間盜汗的情況，可以把各 3 滴的快樂鼠尾草和綠薄荷加入 1 大匙基底油中，用來按摩頸背和雙腳。要緩解更年期的疲勞，可以把各 1 滴的快樂鼠尾草和胡椒薄荷滴在一張面紙上，用來吸嗅。

快樂鼠尾草具有止痙攣的作用，能夠緩解咳嗽及支氣管痙攣的現象。如果有需要，可將 8 滴快樂鼠尾草和 4 滴冷杉滴入一根呼吸棒，用來嗅聞。

身心靈照護

快樂鼠尾草富含抗氧化物，是成熟型肌膚的恩物，可以收斂毛孔、改善膚質並減少細紋，對眼睛四周的嬌嫩肌膚特別有幫助。此外，快樂鼠尾草也具有抗菌作用，對油性肌膚有益，能夠對抗青春痘以及偶爾冒出的粉刺。你可以用 $1/4$ 杯已經放涼的洋甘菊茶、1 大匙金縷梅以及各 6 滴的快樂鼠尾草、佛手柑和綠薄荷做成收斂水。

快樂鼠尾草對乾性、中性和油性髮質都有益處。只要把 $1^1/2$ 大匙椰子油、1 大匙可可脂、6 滴快樂鼠尾草以及各 3 滴的天竺葵和月桂葉混合起來，就可以做成很好的護髮素，能改善毛髮分叉的現象。另外，快樂鼠尾草也有助抑制頭皮屑。由於它可以對抗那些造成臭味的細菌，因此也很適合用來做成體香劑。

快樂鼠尾草尤其能夠幫助人們保持情緒上的平衡並面對生命中的變故。用 3 份快樂鼠尾草、2 份伊蘭伊蘭和 1 份雪松擴香，可以改善心情並創造平靜安詳的氛圍。神經緊張時，可用快樂鼠尾草加上牛膝草（或柑橘）和絲柏擴香。想要心思清明時，可用快樂鼠尾草、檸檬草和黑胡椒。

在能量方面，快樂鼠尾草可以活化臍輪、喉輪和眉心輪，也可以幫助你在冥想或靈修時獲得更深刻的體驗。在施行蠟燭魔法時，它可以招來快樂。此外，它也能讓你更記得住你的夢境。

芳香風水學

快樂鼠尾草具有抗細菌作用，是很好的除臭劑。你可以把它加上薰衣草和橙花，讓床單、枕套聞起來更清香。在風水方面，快樂鼠尾草可以讓快速流動的能量緩慢下來，並讓它達到平衡狀態。

西班牙鼠尾草 *Spanish Sage*

學名：*Salvia lavandulifolia* syn. *S. hispanorum*

別名：Lavender-leaved sage、lavender sage、narrow-leaved sage、Spanish lavender sage

　　鼠尾草的屬名源自拉丁文中的 salvare 一字，意思是「被拯救」或「安全的」[77]。西班牙鼠尾草就像它的親戚普通鼠尾草一樣，是一種常綠的灌木，葉子同樣是灰綠色的，但葉面較為狹窄。它的花朵細小，呈藍紫色。整株都有類似穗花薰衣草（*L. latifolia*）的香氣，樟腦味則比真正薰衣草更濃。它的種名 *lavandulifolia* 是「葉子像薰衣草」的意思。

　　西班牙鼠尾草原產於西班牙和法國南部的山區。在西班牙人心目中，它是能治百病的萬靈丹，甚至還可讓人延年益壽。在中世紀時期，它被用來預防瘟疫。在西班牙料理中，它是最常用的一種鼠尾草。

精油特性與使用禁忌

　　這種精油是用西班牙鼠尾草的葉子以水蒸氣蒸餾法萃取而成，呈淡黃色，質地稀薄，保存期限大約2-3年。在懷孕和授乳期間應該避免使用；且不宜過量。

調香建議

　　西班牙鼠尾草精油有一種新鮮的草本味，有點像是松樹但又散發著樟腦的氣息。適合和它搭配的精油包括佛手柑、雪松、香茅、快樂鼠尾草、尤加利、杜松漿果、薰衣草、檸檬和迷迭香。

氣味類別	香調	初始強度	太陽星座
草本味	中調	強	水瓶座、雙魚座、金牛座、射手座

---

77. Foster and Johnson, *National Geographic Desk Reference to Nature's Medicine*, 318.

藥用價值

西班牙鼠尾草可用來治療青春痘、關節炎、氣喘、癤子、血液循環不良、感冒、咳嗽、刀傷與擦傷、皮膚炎、溼疹、發燒、流行性感冒、頭痛、消化不良、發炎、喉頭炎、更年期的不適、經痛、肌肉痠痛、壓力和靜脈曲張。

快樂鼠尾草和西班牙鼠尾草都能舒緩肌肉痠痛，但西班牙鼠尾草還具有消炎、溫熱作用，能緩解關節炎所造成的疼痛。

西班牙鼠尾草深層舒緩按摩油

- 2 大匙單一或混合的基底油
- 6 滴西班牙鼠尾草精油
- 4 滴迷迭香精油
- 2 滴芫荽籽精油

把所有的油充分混合。沒用完的油要存放在有密閉蓋子的瓶子裡。

除了以上複方之外，你也可以用鼠尾草、絲柏和檸檬做成類似的按摩油，以促進血液循環並舒緩靜脈曲張所造成的不適。消化不良時，用鼠尾草輕輕的按摩胃部和腹部即可改善。

得了感冒或流感時，可用鼠尾草舒緩胸悶和鼻塞。只要用 4 滴鼠尾草、3 滴藍膠尤加利和 1 滴百里香做蒸氣吸入法，即可幫助呼吸道暢通。家中有人生病時，可用西班牙鼠尾草擴香，藉以淨化病人房間裡的空氣。罹患喉頭炎時，用等量的鼠尾草和松樹擴香或做蒸氣吸入法，就可改善症狀。

鼠尾草具有抗菌特性，可用來做為刀傷和擦傷時的急救藥物。只要把 1 小匙荷荷巴油和各 1 滴的鼠尾草、松紅梅和甜橙精油混合起來就可以使用了。長了癤子時，用 6 滴鼠尾草精油熱敷，即可緩解疼痛。

身心靈照護

西班牙鼠尾草能讓頭皮保持健康。只要把 4 滴西班牙鼠尾草和 1 大匙基底油混合，用來按摩頭皮即可。有頭皮屑的困擾時，可用各 2 滴的鼠尾草和檸檬（或萊姆）。若想促進毛髮生長，可用鼠尾草加羅勒（或絲柏）。如果有汗水過多的問題，可用鼠尾草泡澡或將它加上檸檬草和苦橙葉，做成體香劑，以消除體臭。這個配方對腳臭也有效。

西班牙鼠尾草能讓我們的情緒保持在平衡狀態。在面臨人生中的變故時，可以用 2 份鼠尾草以及各 1 份的欖香脂和萊姆擴香。需要頭腦清楚、心思專注時，可用等量的西班牙鼠尾草與快樂鼠尾草擴香。感覺神經緊繃、精神衰弱時，可將 7 滴鼠尾草、4 滴玫瑰草和 3 滴葡萄柚滴入一根呼吸棒中，隨時嗅聞。

在能量方面，鼠尾草可以活化喉輪與頂輪。它的香氣能幫助我們與大地連結，在準備要冥想時特別有用。西班牙鼠尾草對靈修也有助益，能幫助我們傳送祈求療癒的禱告並表達感恩之意。在施行蠟燭魔法時，可用它來消除負面能量並招來富足。

芳香風水學

想要讓家中的空氣清新宜人並去除異味時，可用西班牙鼠尾草擴香或做成室內噴霧。此外，它也很適合用來做成地毯清潔粉。如果要讓衣櫥氣味清新，可用西班牙鼠尾草加杜松漿果和少許雪松。在風水方面，鼠尾草可用來減緩流動過快的能量。

檀香 *Sandalwood*

學名：*Santalum spicatum* syn, *S. cygnorum*

有許多種好不同科的樹木都叫「檀香」（sandalwood），但只有 *Santalum* 這個屬的檀香才被視為真正的檀香。在所有檀香木當中，又以印度檀香（*S. album*）品質最佳。不幸的是，這種檀香由於太受歡迎，因此遭到濫伐，目前已經瀕臨滅絕，且被「國際自然保護聯盟」（International Union for Conservation of Nature，簡稱 IUCN）列為「易危物種」。但不要灰心，因為澳洲政府已經立法規範採收檀香木的行為，以確保它能永續生存，同時澳洲檀香（*S. spicatum*）的品質也逐漸受到世人所認可。

澳洲檀香木高度約在 10–20 呎之間。就像其他檀香樹一般，它也有半寄生根。它的種名源自拉丁文中的 spica 一字，意思是「大釘」，指的是它那又窄又尖的葉子[78]。19 世紀期間，澳洲的檀香木主要是用來製造中國人拜拜用的香。

---

78. Boland et al., *Forest Trees of Australia*, 658.

精油特性與使用禁忌

檀香精油是用澳洲檀香的根與心材以水蒸氣蒸餾法萃取而成，色澤介於近乎透明到淺棕色之間，黏稠度則介於中度到高度之間，保存期限約 4-6 年；可能會造成皮膚疼痛、發炎或過敏的現象。

調香建議

檀香精油有木頭味、些許香脂味以及微微的甜味。它的香氣雖然沒有印度檀香那般醇厚，但也很適合用來做為定香劑。適合和它搭配的精油包括西印度檀香、佛手柑、黑胡椒、丁香、天竺葵、薰衣草、沒藥、廣藿香、玫瑰和岩蘭草。

氣味類別	香調	初始強度	太陽星座
木頭味	後調	中等	水瓶座、巨蟹座、獅子座、雙魚座、處女座

藥用價值

澳洲檀香精油的化學成分與印度檀香不同。至於它究竟有哪些療效，迄今尚未有深入的研究，但它的若干特性已經為人所知。它可以用來治療青春痘、癤子、支氣管炎、咳嗽、刀傷與擦傷、失眠、疹子、鼻竇感染和壓力。

研究人員發現：澳洲檀香可以有效對抗造成呼吸道感染和皮疹（尤其是膿疱症）的金黃色葡萄球菌。此外，由於它具有抗菌特性，因此它也是絕佳的急救用藥。下面這種油膏可以用來治療癤子和疹子。

檀香急救藥膏

- $1/8$ 盎司蜂蠟
- 2 大匙芝麻油
- 10 滴檀香精油
- 8 滴薰衣草精油

把蜂蠟和基底油放入一個罐子，置於一鍋水中以小火加熱，期間要不停攪拌，等到蜂蠟融化後便可離火。將罐子從熱水中取出，待其中的混合物冷卻至室溫後便可加入精油。必要時可調整藥膏的軟硬度。等到成品完全冷卻後就可拿來使用或儲存起來了。

要緩解鼻竇感染，可用各 3-4 滴的檀香和生薑做蒸氣吸入法。此外，由於檀香具有祛痰作用，因此它也能緩解咳嗽。家中有人生病時，可以在病人所住的房間裡用檀香擴香，以殺死空氣中的細菌。

身心靈照護

檀香具有收斂作用，可以抑制油性肌膚的油脂分泌，並對抗偶爾冒出來的粉刺。只要把 $1/4$ 杯自己喜歡的花水或花草茶、1 大匙金縷梅以及各 8 滴的檀香和佛手柑放入一個瓶子裡搖勻，就可以做成收斂水，然後再用棉花球沾取並塗抹在臉上。用檀香泡澡有助消除體臭和腳臭。此外，它也能用來和其他精油一起做成體香劑。

檀香精油有助維持情緒平衡，並予人平靜、幸福之感，在我們面對悲傷和失落時尤其有用。在能量方面，它能活化每一個派輪，也能讓所有脈輪保持在平衡狀態。

自古以來，檀香就被當成香來焚燒。它的香氣能幫助人們與大地的能量連結，對冥想和靈修都有助益。你可以用它來聖化祭壇或神聖空間、傳送祈求療癒的禱告或幫助你與天使接觸。在施行蠟燭魔法時，你可以用它消除任何一種形式的負面能量，並招來快樂、好運與愛情。同時，它也能給你更多的能量，讓你得以追求公平正義或達成自己的目標。此外，它還能讓你更記得住自己的夢境。

芳香風水學

檀香具有抗菌特性，是很好用的清潔劑。你可以把 2 杯水、2 大匙卡斯提亞皂以及各 7 滴的檀香和檸檬放進一個噴瓶搖勻，用來噴灑各處表面，然後再用溼布擦乾。家中有異味時，可以用檀香、丁香和薰衣草擴香，以淨化空氣，使其變得清新宜人。檀香也很適合用來為地毯除臭。當你希望緩和家中某個區域的能量並使它的流動變慢時，可以在那裡擺一根含有檀香精油的蠟燭或風水鹽。

茶樹 *Tea Tree*

學名：*Melaleuca alternifolia*
別名：Narrow-leaved paperbark、tea tree

茶樹是一種常綠樹木，有像紙一般的樹皮、針狀的樹葉和穗狀的紫色或淡黃白色花朵，高度可達 20 呎左右。它原產於新南威爾斯，但在澳洲其他地區也有栽種。它的屬名源自希

臘文中的 melas 和 leukos 這兩個字。它們分別是「黑色」和「白色」的意思，這是因為它的葉子和樹皮在顏色上呈現明顯的對比[79]。它的種名 *alternifolia* 則是「葉子互生」的意思。

澳洲土著用茶樹治病已有千百年的歷史。當英國的探險家庫克船長看到澳洲的土人用這種樹的葉子泡茶時，便稱之為「茶樹」。一般認為，茶樹精油是大自然中效果最強的抗菌劑，在二次世界大戰期間，它是澳洲陸軍的標準配備之一。後來，隨著愈來愈多的軍人也開始使用，它便逐漸有了「澳洲仙丹」（wonder from down under）的稱號。

精油特性與使用禁忌

茶樹精油是用茶樹的葉子和嫩枝以蒸氣蒸餾法或水蒸餾法萃取而成，呈無色或淡淡的黃綠色，質地稀薄，保存期限約12–18個月；可能會造成過敏現象。

調香建議

茶樹精油有微微的辛香氣和樟腦味。適合和它搭配的精油包括：黑胡椒、快樂鼠尾草、丁香、絲柏、天竺葵、永久花、杜松漿果、薰衣草、檸檬、甜馬鬱蘭、松樹、羅文莎葉和迷迭香。

氣味類別	香調	初始強度	太陽星座
草本味	中調至前調	中等	摩羯座、雙魚座、射手座

藥用價值

茶樹精油可用來治療青春痘、氣喘、香港腳、水泡、癤子、支氣管炎、燒燙傷、水痘、唇皰疹、感冒、咳嗽、刀傷與擦傷、發燒、流行性感冒、頭蝨、發炎、昆蟲叮咬、股癬、灰指甲、野葛中毒、疹子、帶狀皰疹、鼻竇感染、陰道感染、疣和百日咳。

茶樹精油可以對抗細菌、真菌和病毒，所以一瓶茶樹精油簡直就等於是一整個急救箱。它能幫助我們的身體對感染源做出反應。受傷時，可以用 2-3 滴茶樹和 1 小匙金縷梅（用來稀釋茶樹精油）清理傷口。這個配方也可用來減輕因為遭到蚊蟲或蜜蜂叮咬所引起的不適。

79. Foster and Johnson, *National Geographic Desk Reference to Nature's Medicine*, 354.

被黃蜂叮咬、疼痛不堪時，可以把 2 滴茶樹、1 滴羅勒和 1 小匙金縷梅混合，用來塗抹患部。被壁蝨咬到，又癢又腫的時候，可以直接用 1 滴茶樹精油塗抹患部，以止癢消腫並預防感染，然後再和你的醫生連絡。要防止蚊蟲叮咬，可以將 $1/2$ 小匙薰衣草以及各 $1/4$ 小匙的茶樹和雪松加入 1 小匙基底油中，然後連同 6 盎司的水和 1 大匙金縷梅一起放入一個噴瓶中，在外出之前噴灑在裸露的肌膚上。

茶樹就像它的親戚白千層和綠花白千層一樣，能夠有效緩解呼吸道疾病。同時，它也具有抗菌效果，可以用來在病人所住的房間中擴香，藉以淨化空氣，並預防感染源擴散。你可以單獨用茶樹精油擴香，也可以用 2 份茶樹再加各 1 份的松樹和百里香。此外，你也可以把 2 滴茶樹加入 1 小匙基底油中，做成簡易的按摩油，用來按摩胸腔部位。茶樹由於具有祛痰作用，因此對支氣管炎和百日咳也很有效果。

身心靈照護

茶樹可以用來調理油性肌膚，讓皮膚變得緊緻，還能平衡油脂分泌，並消除粉刺。用茶樹來蒸臉，可以清潔毛孔，讓阻塞的毛孔暢通。此外，茶樹還有抑制頭皮屑的功效，並且可以用在體香劑中，藉以消除體臭。

想要平衡情緒、讓自己思緒清明時，可以用各 1 份的茶樹、快樂鼠尾草和絲柏擴香。在能量方面，茶樹可以活化臍輪、太陽輪和心輪，也可用來淨化供冥想的聖壇四周的能量。將它用在蠟燭魔法中，有助消除負面能量。

芳香風水學

茶樹能夠對抗病毒、細菌和真菌，增強自製清潔劑的功效。它不僅有淨化和除臭的效果，也能去除霉斑、消滅黴菌。下面這個配方可用來清潔浴缸、瓷磚或洗碗機，但要避免用在大理石表面，否則可能會造成損傷。將茶樹用於瓷磚表面之前，應先做小面積的測試。

茶樹除霉劑

- 1杯水
- 1杯醋
- $1/2$ 小匙茶樹精油

把所有材料放在一個噴瓶裡搖勻，並噴灑在發霉之處，靜置1分鐘之後再擦掉。

上面這個配方也可以用來驅趕蚊蟲，尤其是蜘蛛、蠹蛾、蒼蠅和蠹魚，但這時要把茶樹的份量加倍，改成 1 小匙。做好的噴劑可以噴灑在蟲子出入之處。至於風水方面，你可以把茶樹用在能量需要平衡的地方。

百里香 *Thyme*

學名：*Thymus vulgaris* CT linalool
別名：common thyme、English thyme、sweet thyme、white thyme、wild marjoram

百里香是一種枝葉濃密的草本植物，原產於地中海地區。它的葉子呈橢圓形，花朵細小，有粉紅、淺紫或藍紫等顏色，成簇生長。其植株高約 1 呎左右。它的屬名源自希臘文中的 thymos 一字，意思是「勇氣與力量」[80]。古時的希臘與羅馬人不僅用它來烹調，也用它來治病與防腐。當時有許多藥方都會用到百里香。同時，人們也用它來熏蒸自家的居室，藉以預防傳染病。儘管各種資料說法不一，但一般相信：百里香是被越過阿爾卑斯山脈的羅馬人帶到了歐洲的其他地方和英國，而且很快就成了家家戶戶的庭園和藥櫥中不可或缺之物。

精油特性與使用禁忌
百里香精油是用百里香的葉子與花朵以水蒸氣蒸餾法萃取而成，色澤介於透明到淡黃色之間，黏稠度中等，質地有點油。它的保存期限約為 2–3 年；懷孕婦女與高血壓人士應該避免使用。

關於百里香精油
關於百里香精油的種類，我們務必要有一些認識。百里香經過第一道蒸餾手續後所產生的精油名為「紅百里香」（red thyme），因為它的顏色可能是淡紅色、紅褐色或紅橙色。將同樣的植物原料再蒸餾一次後所得出的精油名為「白百里香」，呈透明或淡黃色。

就像其他幾種精油一般，不同產地的百里香所提煉出的精油其化學成分可能會有很大的差異。不同種類的百里香精油會以不同的化學型（用 CT 這兩個字母代表）標示。百里

---

80. Peter, ed., *Handbook of Herbs and Spices*, 297.

香有大約六、七個化學型，每個的療效都不盡相同。本書所介紹的是名為「沉香醇」（CT linalool）的化學型。它比其他的百里香精油溫和，可供那些對較強的化學型敏感的人士使用。

調香建議

百里香精油有草本味以及淡淡的甜香。適合和它搭配的精油包括：西印度檀香、佛手柑、丁香、葡萄柚、薰衣草、橙花、松樹、迷迭香和綠薄荷。

氣味類別	香調	初始強度	太陽星座
草本味	中調至前調	強	雙子座、天秤座、金牛座

藥用價值

百里香精油可用來治療青春痘、關節炎、氣喘、支氣管炎、瘀傷、燒燙傷、橘皮組織、血液循環不良、感冒、咳嗽、刀傷與擦傷、皮膚炎、耳朵痛、溼疹、流行性感冒、痛風、宿醉、頭蝨、頭痛、發炎、蚊蟲叮咬、失眠、喉頭炎、更年期的不適、經痛、肌肉痠痛、疥瘡、坐骨神經痛、鼻竇感染、喉嚨痛、扭傷與拉傷、壓力和扁桃腺炎。

百里香可以用來治療各種呼吸道疾病，因為它具有溫熱和乾燥的作用，有助消除胸悶與鼻塞。如果家中有人得了流行性感冒，可在病人所住的房間用它擴香，以達到消毒的效果。也可將百里香滴入呼吸棒嗅聞，以舒緩鼻竇感染所引起的發炎與不適。若要增強效果，可用各 5 滴的百里香、羅文莎葉與胡椒薄荷。這個配方也可以用來做蒸氣吸入法。此外，百里香還能緩解溼疹、皮膚炎和青春痘所引起的發炎和疼痛現象。

百里香藥膏

- $1/2$ 盎司蜂蠟
- 3 大匙甜杏仁油
- 2 大匙琉璃苣油
- $1/4$ 小匙百里香精油
- $1/4$ 小匙玫瑰草精油

把蜂蠟和基底油放進一個罐子裡，置於一鍋水中以小火加熱，並不停攪拌直到蜂蠟融化為止。然後，將罐子從熱水中取出，等到混合物冷卻至室溫後即可加入精油。必要時可調整混合物的軟硬度。等到成品完全冷卻後就可以使用或儲存了。

若要舒緩因緊張而引起的頭痛，可以把8滴百里香和1大匙基底油混合，再加入1夸特的冷水中，用來冷敷額頭、太陽穴或頸背等部位。如果因宿醉而頭痛，可以把幾滴百里香滴在一張面紙上，用來吸嗅。

身心靈照護

百里香可用來當成油性肌膚的收斂劑，以改善粉刺。由於它具有抗菌特性，因此很適合用在體香劑中。若要淨化頭皮並促進毛髮生長，可用4-5滴百里香加上1大匙基底油來按摩頭皮。

悲傷時，可用百里香改善心情、平衡情緒。在能量方面，百里香可以活化根輪、喉輪和眉心輪。冥想時，它可以幫助你與大地連結並定心，也適合用來聖化祭壇。在祈求療癒時，用它擴香會特別有效。在施行蠟燭魔法時，可用它招來快樂、愛情與好運。

芳香風水學

你可以把百里香加入家用的表面清潔劑，以達到殺菌的效果。用百里香和佛手柑（或檸檬）擴香，可使家中空氣無比清新，還能消除異味。此外，百里香也有防蟲的功效。在風水方面，它能促進能量流動。

岩蘭草 Vetiver

學名：*Vetiveria zizanioides* syn. *Andropogon muricatus*
別名：Khus、vetivert

岩蘭草原產於印度南部和印尼，是一種高大的熱帶禾本科植物，莖幹挺直，葉片狹長。它的種名的意思是它長得像野米[81]。岩蘭草的根系會向下延伸，深入地裡，形成綿密的網狀結構，因此在印度它一直被用來防止土壤侵蝕。從前它的纖維也會被用來織成蓆子、

籃子和遮篷。這些篷子被打溼後，會散發出岩蘭草特有的香氣，因此還兼具防蟲的效果。同時，印度人還會用岩蘭草編成扇子。這種扇子具有雙重功效，不僅能夠搧涼，還能散發出令人心曠神怡的香氣。因此當岩蘭草在 19 世紀被引進美國時，南方地區的婦女很快也開始用起這種扇子。

精油特性與使用禁忌

岩蘭草精油是用岩蘭草的根以水蒸氣蒸餾法萃取而成，呈琥珀、橄欖或深棕色，質地黏稠，保存期限約4-6年。大致上來說，岩蘭草是很安全的精油。

調香建議

岩蘭草精油有濃郁的木頭香味，且略帶煙薰味，同時還隱隱有著一絲甜香，而且這甜香會隨著時間日益濃厚。適合和它搭配的精油包括歐白芷（根）、小荳蔻、快樂鼠尾草、絲柏、天竺葵、薰衣草、橙花、甜橙、廣藿香、玫瑰、檀香和伊蘭伊蘭。

氣味類別	香調	初始強度	太陽星座
木頭味	後調	非常強	摩羯座、天秤座、金牛座

藥用價值

岩蘭草精油可用來治療青春痘、焦慮症、關節炎、血液循環不良、刀傷與擦傷、憂鬱、發炎、失眠、更年期的不適、肌肉痠痛、經前症候群、扭傷與拉傷、壓力和肌腱炎。

岩蘭草具有消炎和止痙攣的作用，能夠溫暖僵硬的肌肉並減輕關節炎的疼痛。你可以把 5 滴岩蘭草、7 滴薰衣草、3 滴杜松漿果和 2 大匙基底油混合，做成按摩油，以舒緩患部的不適。此外，岩蘭草也有催情的效果。你可以將它和甜橙與伊蘭伊蘭混合，用來做成按摩油，和你的伴侶互相按摩以增進情趣。

扭傷或拉傷時，可以用 3 滴岩蘭草、各 2 滴的洋甘菊和月桂葉以及 1 大匙基底油冷敷患部。此外，岩蘭草也具有鎮靜效果，可以讓人睡得更加安穩。你可以在上床前一個小時左右，用 1 份岩蘭草、各 2 份的薰衣草和橙花擴香，或者也可以把這三種精油（每種各 1 滴）加入 1 小匙基底油中，用來按摩手腕或頸背。

81. Neal, *Gardener's Latin*, 135.

身心靈照護

岩蘭草具有收斂效果，很適合油性和混合型肌膚使用。只要把 $1/4$ 杯胡椒薄荷茶、1 大匙金縷梅、7 滴岩蘭草以及各 3 滴的香蜂草和苦橙葉混合起來，就可以做成很好用的收斂水。岩蘭草也能保護乾燥和成熟型的肌膚，讓它恢復活力並讓膚色更加均勻。此外，你也可以把各 4 滴的岩蘭草、玫瑰草和乳香和 4 大匙椰子油混合，做成簡易的保溼油。

在出門前，可以先用岩蘭草防蚊。只要把 4 滴岩蘭草和 $1/2$ 小匙基底油混合，再連同 2 盎司的水一起倒入噴瓶中搖勻，並噴灑在裸露的肌膚上就可以了。你也可以把岩蘭草和你喜愛的精油混合，做成體香劑。

在斯里蘭卡和印度，岩蘭草被視為「平靜之油」。它的鎮靜和放鬆效果人盡皆知。當你感到焦躁不安時，可以用 2 份岩蘭草和各 1 份的迷迭香和柑橘擴香。岩蘭草有助釋放負面情緒，安定身心。它也能穩定衰弱和緊繃的神經。你可以用以下的配方來擴香，讓自己得以徹底放鬆，或幫助自己在冥想和靈修時能與大地連結並定心。

岩蘭草安心擴香複方

- 3 份岩蘭草精油
- 2 份絲柏精油
- 1 份廣藿香精油

把所有精油混合起來，再放入擴香器即可。

在能量方面，岩蘭草可活化根輪、太陽輪、心輪、喉輪、眉心輪和頂輪。冥想時，如果在已經融化的燭蠟上滴 1–2 滴岩蘭草精油，可以讓你達到靈性平衡的狀態。在施行蠟燭魔法時，可以用岩蘭草招來富足、好運與愛情。此外，它也可以讓你更能記住自己的夢境。

芳香風水學

印度人認為岩蘭草對驅趕蠹蛾特別有效，因此稱它為「蛾根」（moth root）。他們往往會在床單、枕套之間放幾片岩蘭草根，讓蠹蛾不敢靠近。你在戶外野炊時，除了點一根香茅蠟燭之外，也可以在已經融化的燭蠟上滴幾滴岩蘭草，以增添效果和香氣。在家時，你可以把含有岩蘭草精油的擴香瓶放在敞開的窗戶附近，以防止蟲子進入。在風水方面，岩蘭草可以用來讓流動過快的能量變得比較緩慢、平靜。

伊蘭伊蘭 *Ylang-Ylang*

學名：*Canango odorata* var. *genuine* syn. *Uvaria odorata*

別名：Ilang-ilang

　　伊蘭屬的植物有兩個變種，一個叫 *genuine*，另一個叫 *macrophylla*。兩者所提煉出的精油並不相同，分別是伊蘭伊蘭和卡南迦（Cananga）。伊蘭伊蘭的花香味較濃，通常也較受人喜愛。它是香奈兒五號香水的成分之一。

　　伊蘭伊蘭樹原產於印度南部、馬來西亞、菲律賓和該區的其他島嶼。它是熱帶常綠樹，葉片光滑，花朵呈黃色，花瓣下垂達 6-8 吋長，頗為壯觀。它除了木材和纖維可以利用之外，也是庭園觀賞植物。

　　伊蘭伊蘭精油最特別的地方在於它分成好幾個等級。之所以能如此，是透過分餾或限制蒸餾時間的方式達成的。製造商會將植物原料持續蒸餾長達 15 個小時，並且每隔一段時間就用虹吸管分批提取精油。用這種方式所萃取出來的精油中，最高的等級是在蒸餾 60-90 分鐘後提取的，屬於「特級」（extra）精油，香氣最為濃郁厚重。「一級」（Grade 1）精油則是在蒸餾 4 小時後所提取的。一般認為，「特級」和「一級」精油無論在療效或香氣方面都是最好的。「二級」（Grade 2）精油是在蒸餾 7 小時之後提取的。「一級」和「二級」普遍被用在化妝品中。「三級」則經過 10 個小時的蒸餾，通常被用來為肥皂等產品增添香氣。至於「完全」（complete）等級的精油則可能經過整整 15 個小時的蒸餾，或是由「一級」、「二級」（有時還包括「三級」）精油混合而成。

精油特性與使用禁忌

　　伊蘭伊蘭精油是用伊蘭伊蘭樹的花朵以水蒸氣蒸餾法萃取而成，色澤介於無色到淡黃色之間，黏稠度中等，保存期限約為 2-3 年。一般認為，伊蘭伊蘭是頗為安全的精油；應適量使用；過度使用可能會導致頭痛與噁心。

調香建議

　　伊蘭伊蘭精油有極其甜美的花香以及微微的辛香。適合和它搭配的精油包括佛手柑、小荳蔻、快樂鼠尾草、丁香、芫荽籽、茴香、檸檬、萊姆、沒藥、苦橙葉、玫瑰、茶樹和岩蘭草。伊蘭伊蘭是很好的定香劑。

氣味類別	香調	初始強度	太陽星座
花香	中調至後調	中等	雙魚座、金牛座

藥用價值

　　伊蘭伊蘭精油可用來治療青春痘、焦慮症、憂鬱、蚊蟲叮咬、失眠、更年期的不適、經前症候群、季節性情緒失調和壓力。

　　要緩解憂鬱或季節性情緒失調的症狀，可以用伊蘭伊蘭沖個熱騰騰的澡。想要創造令人舒服自在的氛圍，可以用等量的伊蘭伊蘭、佛手柑和生薑擴香。感覺心情焦慮、壓力很大時，可以將各 1 滴的伊蘭伊蘭、洋甘菊、薰衣草和天竺葵加入 1 小匙基底油中，用來塗搓太陽穴或手腕。在睡前使用這個配方，可以讓你睡得更加安穩。

　　伊蘭伊蘭精油對更年期和經前症候群各種不適的症狀和情緒的波動特別有效。用含有伊蘭伊蘭的浴鹽慢慢的泡個澡往往能發揮神效，可以緩解疼痛並鎮靜緊張的神經。

伊蘭伊蘭女人時光浴鹽

- 2 杯浴鹽（或海鹽）
- 2 大匙小蘇打（可免）
- 4 大匙單一或混合的基底油
- 5 滴伊蘭伊蘭精油
- 4 滴絲柏精油
- 3 滴甜馬鬱蘭精油

　　把所有乾料放在一個玻璃碗或陶碗中。再將基底油和精油混合，加入乾料中並徹底拌勻。

　　長久以來，伊蘭伊蘭一直被視為催情之物。它那具有異國風情的香氣可以充當情趣按摩油的基底。你不妨試試不同比例的伊蘭伊蘭、西印度檀香和橙花，以找出最適合你和你的伴侶的組合。

身心靈照護

伊蘭伊蘭適合幾乎所有膚質，但由於它能夠平衡皮脂分泌，因此對混合型肌膚和油性肌膚特別有益。你可以將它和等量的羅馬洋甘菊與柑橘做成收斂劑、緊膚水或潤膚油。由於它能平衡油脂分泌，因此對乾性或油性的頭皮以及頭皮屑的問題也頗有幫助。你可以用4-5滴伊蘭伊蘭和1大匙基底油做成頭皮護理油，在洗髮前滴幾滴在指尖，用來按摩頭皮。此外，伊蘭伊蘭也能促進毛髮生長。

伊蘭伊蘭之所以廣受歡迎，除了它那迷人的香氣之外，也是因為它能平衡情緒，並幫助人們面對生命中的各種變故。它能予人安詳與幸福的感覺，有助鎮定緊繃的神經並緩解怒氣。只要用各3份的伊蘭伊蘭與雪松，加上2份的玫瑰草擴香就可以達到這個效果。

在能量方面，伊蘭伊蘭能夠活化臍輪、太陽輪和心輪。它的香氣能夠振奮心情，對冥想和靈修都有助益。在施行蠟燭魔法時，它可以招來快樂與愛情。

芳香風水學

家裡如果有哪個地方的能量過強或流動太快，你可以在該處用伊蘭伊蘭擴香，或者放一罐含有伊蘭伊蘭的風水鹽，也可以在已經融化的燭蠟上滴2滴伊蘭伊蘭。

第七篇

基底油與
其他材料

　　除了極少數例外，所有精油都必須經過稀釋才能直接用在人體上，否則可能會造成疼痛、發炎或其他問題。基底油又被稱為「基礎油」（base oil），因為它們可以為精油打底。大多數基底油的氣味都很清淡，不像芳香油脂那般強烈，因此通常不會干擾精油本身的香氣。但基底油並不光是為精油打底而已，它們本身也有療效，可以和精油一起產生協同作用。本篇將探討12種最常用的基底油。每一則介紹都包含它們各自的俗名、學名和別名以及相關的歷史與背景資訊，並說明它們的特性、療效和約略的保存期限。

　　此外，在本篇當中，我們也將介紹兩種浸泡油。所謂「浸泡油」就是把植物原料浸泡在基底油中所做成的油。其中，金盞花油和聖約翰草油都是用花朵浸泡而成。我們除了描述這兩種油的特性之外，也將介紹幾種製作浸泡油的方法，並教你如何自製這種油。

　　除了基底油之外，精油也經常和其他物質一起使用。因此在本篇中，我們也將介紹其他幾種常用的材料，其中之一便是蘆薈膠。除了說明蘆薈膠的特性之外，我們也將教你如何從自家種的蘆薈中採集膠質。此外，我們也將介紹蜂蠟、可可脂、乳木果油以及其他幾種我覺得有必要加以說明的材料。最後，我們將告訴你如何自製花水。如果你是花水的愛用者，不妨照著試試看。

基底油介紹

　　基底油是用植物含有脂肪的部分提煉而成。它們可以很快的吸收精油，讓精油均勻的散佈其中，達到稀釋的效果。大多數的基底油都是用種子、核仁或堅果製成，但也有一些（例如酪梨和橄欖）是用水果提煉的。那些對堅果過敏的人應該避免使用以堅果製成的基底油。此外，由於基底油是來自植物的脂肪組織，因此如果存放不當，它們也會像一般油脂一樣產生油臭味。它們應該像精油那樣，被存放在密閉的深色瓶子裡，遠離日光與人工照明的光線。

甜杏仁油 *Almond, Sweet*

學名：*Prunus dulcis* syn. *P. amygdalus* var. *dulcis*

　　最早種植杏仁的地區是中亞和西南亞，但有些植物學家相信甜杏仁是西亞幾種野生杏仁的天然雜交種。甜杏仁樹適應能力很強，即使在很貧瘠的土壤上也能生長。在西元前1700年時，中東地區的人已經開始栽培這種樹木了[82]。到了中世紀時期，甜杏仁雖然價格不菲，但已經是歐洲料理中常用的食材。當時的人會用各種不同的方式將它做成佳肴，其中甜甜的杏仁蛋白軟糖（marzipan）至今仍是許多人愛好的美食。

　　甜杏仁的學名中的 *dulcis* 那個字是「甜」的意思[83]。不要把甜杏仁油和用苦杏仁（*P. amygdalus*）所提煉的油搞混了。後者的用途是調味以及為化妝品增添香氣。

　　甜杏仁油是用杏仁果的核仁提煉而成，呈極淺的淡黃色，有微微的甜香和堅果香。它富含礦物質、維他命和蛋白質，是質地清淡的萬用油，可以軟化、滋養肌膚，並幫助肌膚保持水分。它適用於各種膚質，對乾性和敏感性肌膚尤其有益。它有助緩解皮膚疼痛發炎的現象，改善溼疹。此外，由於它不容易被肌膚吸收，因此很適合用來做為按摩油。它適用於乾性或油性髮質，能夠促進毛髮生長。而且它很溫和，可以用在孩童身上。它的保存期限大約12個月。

---

82. Rosengarten, *The Book of Edible nuts*, 4.
83. Harrison, *Latin for Gardeners*, 145.

杏桃核仁油 *Apricot*

學名：*Prunus armeniaca*

　　杏桃原產於中國和日本，在古代是很珍貴的貿易商品，尤其是在印度。幾千年來，它在印度一直都很受歡迎。直到現在，它的果實、樹皮和種子仍是中藥的藥材。有些杏桃就像它們的親戚桃子一般有著毛茸茸的外皮。當年，它們被那些從中東地區返鄉的羅馬人帶進了歐洲。它的俗名 apricot 是源自阿拉伯文中的 al birqûq 這個字，意思是「早熟的」。[84] 在中世紀時，杏桃經由亞美尼亞被帶進了美國，因此被稱為「亞美尼亞李子」（Armenian plum）。它是最早被引進北美地區的水果之一。到了 18 世紀末期，加州的西班牙傳教團已經開始種植杏桃了。目前，最普遍被種植的品種叫做「山杏」（*P. armeniaca*）。

　　杏桃核仁油是用杏桃的核仁提煉而成。它有淡淡的堅果香，顏色介於透明中泛黃到淡黃色之間。它的質地清爽，很容易被吸收，還可軟化肌膚。它富含礦物質和維他命，適合各種膚質，對乾性、成熟型和敏感性肌膚尤其有益。此外，它具有消炎作用，能夠緩解皮膚疼痛、發炎或搔癢的現象。它也適合乾性和油性髮質使用。它的保存期限約為 6-12 個月。

酪梨油 *Avocado*

學名：*Persea Americana*
別名：Alligator pear、Spanish pear

　　酪梨原產於墨西哥和中美洲，在好幾千年之前就已經有人栽培。考古學上的證據顯示：早在西元前 8000-7000 年間，墨西哥人就已經開始食用酪梨了[85]。16 世紀時，西班牙的探險家在祕魯的市場上發現了酪梨，後來便將它帶回加勒比海和歐洲地區。到 17 世紀時，酪梨已經進入不列顛群島。第二次世界大戰後，地中海地區也開始栽種酪梨了。

　　avocado 這個字是西班牙探險家依照阿茲特克人對酪梨的稱呼所發的音。它的原意是「睪丸」，這和酪梨的外型有關[86]。此外，由於它的質地和形狀的關係，它也被稱為「鱷梨」（alligator pear）。

84. Toussaint-Samat, *A History of Food*, 583.

85. Nandwani, ed., *Sustainable Horticultural Systems*, 156.

酪梨油是用酪梨的果實提煉而成，質地濃稠，呈橄欖綠色，有甜甜的堅果香以及微微的草香。它富含必需脂肪酸、蛋白質、礦物質和維他命，尤其是維他命A和維他命E。它具有很強的滲透力，可讓肌膚保持水分並得到滋養，很適合乾性、成熟型和因日照而受損的肌膚。它具有消炎作用，能夠緩解皮膚炎和溼疹。但由於它質地厚重，通常最好和質地比較清爽的基底油調和使用。此外，酪梨油也能滋養乾燥的頭髮，抑制頭皮屑並促進毛髮生長。它的保存期限大約6-12個月。

琉璃苣油 *Borage*

學名：*Borago officinalis*
別名：Bee Bread、burrage、star flower

琉璃苣是一種枝葉濃密的庭園植物。它之所以出名是因為它那一簇簇下垂的星形藍色花朵會分泌芳香的花蜜。古希臘人喜歡用琉璃苣為酒品增添風味，也用它來治療多種疾病。據說琉璃苣它能讓人快樂（其實那可能只是酒精的作用），因此古羅馬作家暨博物學者普林尼稱它為 Euphrosinum（能為人帶來快樂的植物）[87]。根據民間傳說，琉璃苣能使人產生勇氣。在中世紀時期，它被用來做成能改善心情並降溫退燒的滋補飲料。直到現在，草藥醫師仍會用它來處理發燒和皮膚問題，並作為溫和的抗憂鬱劑。

琉璃苣油是用琉璃苣的種子提煉而成，呈淺黃色，有淡淡的甜香，經常和質地比較清爽的調和合使用。它富含必需脂肪酸、礦物質和維他命，適用於各種膚質，對乾性或成熟型肌膚尤其有益。它具有輕微的收斂作用，能平衡油性肌膚的油質分泌，是珍貴的護膚油，能讓肌膚保持水分並增進彈性。此外，它還能淡化疤痕和妊娠紋，並緩解因皮膚炎、溼疹和牛皮癬所造成的發炎和不適。它雖然滲透力很強，但可能會讓皮膚稍微有油膩感。它的保存期限大約6個月。

86. Ibid.

87. Bonar, *The MacMillan Treasury of Herbs*, 50.

椰子油 *Coconut*

學名：*Cocos nucifera*

數千年來，椰子一直被世界各地的人們當成食材和藥材。椰子樹由於具有諸多用途（其中最重要的是為小島上的居民提供食物和飲水[88]），因此又被稱為「生命之樹」（tree of life）。在古時，椰子油也被用來照明。至今它仍然在傳統醫學（例如中醫和阿育吠陀醫學）中扮演了一定的角色，而且是科學界持續研究的對象。

椰子油是用乾燥的椰子肉（也就是椰子殼內那層白色的物質）榨取而成。市售的椰子油分成兩種：一種是經過精煉的椰子油，也稱為「分餾椰子油」（fractionated coconut oil，簡稱 FCO）。另一種則是未精煉的椰子油，或稱「初榨椰子油」（virgin coconut oil，簡稱 VCO）。精煉的椰子油無色無味，但也比較沒有療效。

初榨椰子油呈淡黃色或黃白色，有明顯的椰香味，在 70℉（21℃）以下的氣溫中會凝結成固態。它和質地較清爽的油調和使用時，效果很好。椰子油富含必需脂肪酸、礦物質和維他命，適合所有膚質使用，對於乾燥、成熟型或因日晒而受損的肌膚尤其有益。同時，它還具有消炎作用，有助改善溼疹、牛皮癬和皮膚炎，並且能淡化疤痕。除此之外，椰子油也能滋養頭髮，適合乾性和中性的頭髮使用，且能促進毛髮生長。而且它非常穩定，沒有保存期限。

月見草油 *Evening Primrose*

學名：*Oenothera biennis*
別名：Evening star、King's cure-all、night light、night willow herb

月見草是生長在北美洲大草原上的野花。它的底部有蓮座狀的寬大葉片，莖幹呈直立狀，高度可達 3–5 呎。它雖然不是真正的報春花（primrose），但因為它長得很像較矮小的英國原生種報春花，因而被稱為「夜晚的報春花」（evening primrose）。月見草在夜間開花。它的花朵呈黃色，有香味，花謝後會結出一簇簇圓柱狀、包覆著種子的蒴果。它之所以也被

---

88. Small, *Top 100 Food Plants*, 186.

稱為「夜光花」（night light），是因為它的花朵含有少許磷光物質，在夜晚時會發出肉眼可見的微弱光線。過去，美國原住民會用月見草的根泡茶，並用其他的部分治病。早期的英國移民會用它那帶有檸檬香氣的葉子調味，到了18世紀時則將它當成藥材使用。

月見草油是用月見草的種子榨取而成，色澤介於淡黃色到金黃色之間。它的質地細膩，有甜香，且微帶堅果味。它富含維他命、礦物質和必需脂肪酸，很容易被人體吸收，能滋潤肌膚，並使它保持水分，對乾性或乾裂的肌膚特別有益。此外，它還能讓成熟的肌膚恢復活力，並有助改善溼疹和牛皮癬。它的保存期限大約是6個月。

榛果油 *Hazelnut*

學名：*Corylus avellana*

別名：Cob nut、English hazel

榛樹原產於歐洲。曾經有好幾千年的時間，它一直是歐洲人很重要的食材。英國人經常以它當樹籬，偶爾也會將它入藥。它的屬名和俗名分別來自希臘文和盎格魯撒克遜語，指的是榛果殼那有如帽兜或無邊呢帽一般的形狀[89]。17世紀時，榛樹被引進了美洲。又小又圓的榛果被稱為 cob，較大的則被稱為 filbert。但這是一個誤稱，因為 filbert 其實是歐洲榛樹（*C. maxima*）的堅果。儘管如此，在英文中，hazelnut 和 filbert 這兩個字經常都可以替換使用。

榛果油是用榛果的核仁提煉而成，有微微的甜香和堅果香，油色淡黃，質地細緻，很容易被皮膚吸收。它含有各種維他命、礦物質、必需脂肪酸和蛋白質，適合所有膚質使用。由於它具有輕微的收斂作用，因此能幫助油性肌膚平衡油脂分泌。它除了能緩解發炎狀況外，也能保護皮膚。除此之外，它也很適合用來護髮。榛果油的保存期限大約是12個月。

---

88. Rosengarten, *The Book of Edible Nuts*, 95.

荷荷巴油 *Jojoba*

學名： *Simmondsia chinensis*
別名： Coffee bush、dear nut、goat nut、wild hazel

　　荷荷巴樹生長在較高緯度的地區，是沙漠裡的一種灌木，可以活到一百歲以上。它的蒴果裡面有一到三顆種子，也被稱為「荷荷巴果」或「荷荷巴豆」。美國原住民以它的種子為食物，並用它的油來烹調和治病。墨西哥的科阿韋拉（Coahuila）部落用荷荷巴的種子做出了一種飲料，被後來的歐洲移民調整後用來做為咖啡的替代品。18 世紀時，荷荷巴樹被引進了西班牙，但一直未受商界的重視，直到 1930 年代有人發現荷荷巴油是一種液態蠟，很適合用來取代昂貴的鯨油時，情況才為之改觀。

　　荷荷巴油呈清澈的金黃色，有著柔和的堅果香和微微的甜香，質地清爽。在室溫之下，它呈液態狀，但溫度到達 50°F（10℃）時就變成固態。它的滲透力很強，而且成分和人體的皮脂很像，因此對皮膚特別有好處。它富含蛋白質和礦物質，適合各種膚質使用，可以為肌膚補充水分、增進肌膚彈性並疏通阻塞的毛孔，也能減少細紋。由於它具有消炎作用，因此可以舒緩皮膚疼痛、發炎的狀況。此外，它也能滋潤乾燥的頭皮並抑制頭皮屑，對中性與油性髮質的效果很好。這種油非常穩定，可以無限期保存。

橄欖油 *Olive*

學名： *Olea europaea*

　　橄欖樹生長速度緩慢，且樹幹粗糙而扭曲。它曾經是古代文明中主要的果樹。西元前 4000 年到 3000 年間，它在近東地區被馴化，成了當地珍貴的食物與油脂來源[90]。古代的希臘與羅馬人想出了許多用橄欖油來調理、烹調並保存食物的方法，也用它來製造香水、肥皂與藥物，甚至還用它點燈照明。由於橄欖樹和女神雅典娜有關，因此它也成為和平、安全與智慧的象徵。在西班牙，橄欖油被用來製造卡斯提亞皂。在第八世紀時，這種肥皂乃

---

90. Alcock, *Food in the Ancient World*, 87.

是家家戶戶必備的奢侈品。在中世紀期間的北歐地區，橄欖油乃是昂貴的商品，只有富貴人家才用得起。

　　橄欖油是用橄欖樹的果實壓榨而成，氣味自然很像橄欖。它的顏色呈較深的淺綠色，質地較油。由於它比較黏稠厚重，因此通常會和質地比較清爽的油調和使用。如果想要充分享受橄欖油的治療與美容效果，最好購買特級冷壓初榨的油品。這種油富含礦物質、維他命、蛋白質與必需脂肪酸，最適合乾性或成熟型肌膚使用，可以滋養肌膚並幫助肌膚保持水分。它能舒緩疼痛發炎的皮膚並淡化疤痕和妊娠紋，也可以當成護髮油使用，藉以修復受損的頭髮並減少頭皮屑。橄欖油的保存期限可達 2 年。

玫瑰果油 *Rosehip Seed*

學名：*Rosa rubiginosa, R. moschata, R. canina*

別名：sweet briar rose、musk rose、dog rose

　　玫瑰果油是用三種玫瑰的果實（玫瑰果）提煉而成。玫瑰果亦稱 haw 或 rose haw。在很早以前，玫瑰果就已經被用來入藥。在史前時期的若干遺址中曾經發現玫瑰果的遺跡。它們很可能已經被當時的人當成食物或藥材。在這三種玫瑰中，因莎士比亞的戲劇《仲夏夜之夢》而贏得了不朽名聲的鏽紅薔薇（sweet briar rose，學名 *R. rubiginosa*）原本是歐洲的庭園植物，後來被移植到北美洲。犬薔薇（dog rose，學名 *R. canina*）則是生長在鐵道旁和牧草地上的野薔薇。由於它也經常出現在沙灘上，因此又有「沙灘玫瑰」（beach rose）的稱號。因香氣濃郁而備受喜愛的「麝香薔薇」（musk rose，學名 *R. moschata*）在幾百年前就已經有人栽種。它的原產地不詳，但一般相信它是來自喜馬拉雅山地區。

　　玫瑰果油顧名思義乃是用玫瑰果實裡的種子提煉而成，顏色介於略帶淺粉色到泛著金光的淡紅色之間。它帶著些許泥土的氣息，質地清爽，容易吸收，而且富含維他命、必需脂肪酸以及能夠抗老化的 omega-3 和 omega-6 脂肪酸，適用於各種膚質，對乾性或成熟型肌膚更具滋養的效果。此外，玫瑰果油還能減少細紋，改善臉部微血管擴張的現象，並且淡化疤痕和妊娠紋。對於容易長青春痘的皮膚，它有助平衡油脂分泌。它具有消炎作用，能改善溼疹和牛皮癬。它的保存期限約為 6-12 個月。

芝麻油 *Sesame*

學名：*Sesamum indicum*

說到芝麻，人們總會想到《阿里巴巴與四十大盜》當中「芝麻開門！」的魔咒。這句話的靈感可能是來自芝麻的種子莢會突然爆開，發出類似彈簧鎖打開時的聲音。一般認為，芝麻是最古老的含油種子植物。考古學上的證據顯示，早在大約西元前 3000 年時，位於現今的巴基斯坦地區的印度河谷的人民就已經懂得利用芝麻了。[91] 一般相信，芝麻的人工栽植就是始自這個地區，而後逐漸擴及整個近東和地中海地區。關於芝麻的記載最早出現在西元前 256 年時的埃及。其中提到芝麻油可以用來治病[92]。此外，古代的梵文是用同一個字來代表「油」和「芝麻」。由此可見，芝麻的使用已經有悠久的歷史。在印度和巴比倫地區，芝麻油曾經被用來當成宗教儀式中的祭品。直到現在，芝麻油仍然被廣泛用來烹調並為食物增添風味。

芝麻油是用芝麻的種子提煉而成，呈淡黃色，有甜甜的堅果香氣，黏稠度為中至高度。它不太容易被吸收，會在皮膚上形成一層油膜，因此很適合當成按摩油。芝麻油富含礦物質和維他命，尤其是維他命 E。它能讓肌膚保持水分，也具有保護肌膚的作用，能促進傷口癒合並修復受損的肌膚。由於它具有消炎作用，因此有助緩解頭皮的搔癢並抑制頭皮屑。它的保存期限約為 6–12 個月。

葵花油 *Sunflower*

學名：*Helianthus annuus*

向日葵的屬名是為了紀念希臘神話中的太陽神海利歐斯（Helios），而它那有如黃色光芒般的碩大的頭狀花序也確實會隨著太陽的方向轉動。儘管向日葵的品種有 80 個之多，但最具代表性的仍屬 *H. annuus* 這個品種。它的植株高度可達十呎以上，且它的頭狀花序可達 4–12 吋寬。這種向日葵原產於北美洲的大草原上。美國原住民將它當成食材、藥材、染料

---

91. Kiple and Ornelas, eds, *The Cambridge World History of Food*, vol. 1,413.

92. Kiple and Ornelas, eds, *The Cambridge World History of Food*, vol. 1,414.

和裝飾物，也將它用在各種儀式（尤其是戰舞）中。當歐洲的移民抵達美國時，北美洲已經有許多地區的定居部落以向日葵為作物了。

　　葵花油是用向日葵的種子提煉而成，顏色介於淡黃色到金黃色之間，有淡淡的堅果香。未精煉的葵花油富含必需脂肪酸、礦物質和維他命，其中尤以維他命 A、D 和 E 的含量最高。它的質地清爽，很容易吸收，能滋潤並軟化肌膚，適合各種膚質使用。此外，它還能修復因日照而受損的皮膚，也能淡化疤痕並減少細紋。同時，它還具有消炎作用，能改善青春痘與溼疹。它的保存期限約為6–12個月。

浸泡油

　　有些很受歡迎的基底油是用其他種植物浸泡而成。這類浸泡油通常都用來烹調，其中最受歡迎的便是迷迭香風味油和大蒜風味油。此處我們要介紹的是金盞花油和聖約翰草油。這兩種浸泡油通常是以葵花油為基底。如果你要自行製作，可以用任何一種油當基底油。至於你做出來的浸泡油質地和香氣如何、保存期限有多久，就要視你所用的基底油而定。

金盞花油 *Calendula*

學名：*Calendula officinalis*
別名：Marigold、pot marigold、poet's marigold、Scotch marigold

　　金盞花雖然通稱「萬壽菊」（marigold），但不要把它和「法國萬壽菊」（*Tagetes patula*）和「非洲萬壽菊」（*T. erecta*）這兩種很受歡迎的庭園花卉搞混了。金盞花原產於歐洲南部，一直是備受人們重視的藥草和調味料。古代的埃及人用它來治病，希臘和波斯人則將它當成調味料，並用來為食物上色。在中世紀時，它有「窮人的番紅花」之稱。人們用它來將奶油染色，並為燉菜和湯品勾芡。由於它具有消炎和抗菌作用，因此普遍被用在草藥中。

　　金盞花浸泡油色澤介於淡綠色到鮮豔的金黃色之間，有土味，特別適合乾燥或龜裂的皮膚，能發揮舒緩和軟化肌膚的功效。它可以用來當成刀傷、燒燙傷和晒傷的急救藥，也有助淡化疤痕與臉部因微血管擴張而出現的青筋。

聖約翰草油 *St. John's Wort*

學名：*Hypericum perforatum*

別名：Rosin rose、Sweet amber

有些人把聖約翰草當成野草，但事實上，它是歷史悠久的民間藥草。古代的希臘、羅馬人經常用它來治病並保健。一直到今天，它仍然被用來治療各種疾病（包括創傷的處理），並被做成各種紅、黃染料。

聖約翰草會開出一簇簇星型的艷黃色花朵。儘管它因為在「施洗約翰」的瞻礼日（6月24日）前後開花，因此被取名為「聖約翰草」，但事實上，在更早之前的異教徒所舉行的夏至慶典中就已經開始用到它了。wort 這個字源自古英文中的 wyrt 一字，意思是「植物」或「藥草」。[93]

用聖約翰浸泡的油呈艷紅色，有土味。它可以用來做為刀傷、燒燙傷和晒傷的急救藥，也能緩解溼疹與牛皮癬所造成的不適。由於它具有消炎作用，因此有助緩解各種痠痛，但它可能會造成過敏現象。因此，你千萬不要在出門晒太陽之前使用這種油，否則可能會增進光敏感反應。

如何自製浸泡油？

要製作浸泡油，有兩種方法：「冷泡法」與「熱泡法」。「冷泡法」比較簡單，但需要花比較多的時間。「熱泡法」適合用來處理植物較堅硬的部位，例如根部、果實與種子。「冷泡法」則適合用來浸泡對溫度較為敏感的葉子與花朵。此處所要介紹的兩種浸泡油都是以花朵製作，因此比較適合使用冷泡法。

製作金盞花油時，可使用新鮮的花朵或乾燥花。但製作聖約翰草油時則一定要使用新鮮的花朵。採集花朵的最佳時機是在花上的露水已乾但尚未受到午後炎陽照射時。此外，把花朵剪下時，動作一定要輕。

---

93. Durkin, The Oxford Guide to Etymology, xxxviii.

浸泡油配方

- 1 品脫油
- $^1/_4$ 杯乾燥的花草（揉碎）
- 或 $^3/_4$ 杯新鮮的花草（切碎）

把花朵放在一個玻璃罐子裡，慢慢的把油倒進去。用一把奶油刀輕輕的攪拌幾下，讓氣泡釋出。之後的幾個小時先不要蓋上蓋子，以便讓多餘的空氣可以逸散。如果大多數的油都被花朵吸收了，可以再倒一些，直到花朵都被油蓋過為止。把蓋子蓋上後，要輕輕的搖晃一下罐子，然後將它放在室溫中靜置 4-6 個星期，之後再把油過濾到一個深色的玻璃瓶裡儲存。

花朵如果泡在油裡超出 4-6 個星期，有可能會發霉。如果你希望浸泡油的味道更濃厚一些，可以把新鮮的花朵放在一個玻璃罐子裡，然後把已經濾過的浸泡油倒進去，再繼續浸泡4-6 個星期。如果你用的是新鮮的花朵，在儲存期間要記得隨時察看瓶子裡是否有任何凝結物，因為新鮮的花朵在油中釋出的水氣可能會導致細菌生長。

其他常用的材料

除了精油與基底油之外，我們如果能夠熟悉配方中可能會用到的其他材料，將可使我們在製作藥劑、個人保養用品和家庭用品時得以做出最適當的選擇。在本篇中，我們除了介紹這些材料外，也將說明部分材料的基本使用法。

蘆薈膠 *Aloe Gel*

學名：*Aloe vera* syn. *A. barbadensis, A. vulgaris*

蘆薈是大家所熟悉的室內盆栽植物。一般人的廚房裡往往會有一盆，以便在燒燙傷時用來急救。它是多年生的植物，葉子富含汁液，有時甚至可以長到將近 2 呎長。蘆薈膠位於蘆薈的葉子內部，顏色很淡，呈半透明狀，帶著微微的草香。蘆薈葉被割下來的時候，其基部會分泌一種黃色的汁液，名叫「蘆薈苦膠」（bitter aloe）。這種汁液和蘆薈膠不同。它聞起來

很可能有點臭。事實上，「蘆薈苦膠」也存在於蘆薈葉的表皮下面，被稱為「乳汁」。這種汁液不能用來塗抹肌膚，也不能用來內服。

從自家種的蘆薈中採收蘆薈膠可能是挺麻煩的一件事。相形之下，用買的就比較簡單了，但在購買前有幾件事情需要注意。由於之前發生了好幾起與蘆薈膠有關的消費者訴訟案件，因此相關單位便針對市售的蘆薈膠做了一項調查，結果發現：市面上好幾個大牌子所販售的產品裡面根本不含任何蘆薈的成分。所以，購買時務必要注意成分標示。首先，為了避免接觸到殺蟲劑，最好購買有機的蘆薈膠。其次，你要看成分說明裡有沒有「蘆薈肉」（inner leaf）或「連皮帶肉」（whole leaf）這類字樣。「蘆薈肉」表示該產品裡面只有蘆薈膠，而「連皮帶肉」則表示其中可能含有一些「蘆薈苦膠」。除此之外，還要留意成分當中是否含有對羥基苯甲酸酯（parabens）、香料（通常是化學合成的）以及石化製品。

在市售的蘆薈膠當中，有些可能含有「鹿角菜膠」。這是從紅藻中提煉的一種物質，可以當成增稠劑使用，在素食料理中經常被用來取代明膠（動物膠）。在成分標示上，你可能還會看到一個術語：安定的（stabilized）。它的意思就是該產品有使用一些添加物以防止膠質變黑並失效。這類添加物通常是具有防腐效果的檸檬酸（請參見後文）或抗壞血酸（即維他命C），也可能是用來抑制霉菌的己二烯酸鉀（potassium sorbate）。己二烯酸鉀是一種己二烯酸鹽，存在於某些水果中，但市售的產品中所用的通常是化學製品。

不過，你也不用灰心，因為在消費者的壓力之下，有些廠商已經開始研發新的製程，避免使用化學製品。你只要稍微上網查一下，就可以找到讓你安心的產品。蘆薈膠呈淡色、半透明狀，有新鮮的草香。它除了是家喻戶曉的燒燙傷恩物之外，還能用來處理傷口、痔瘡和疥瘡，也是製作尿布枕藥膏的絕佳基底。蘆薈膠具有保溼功能，適用於大多數膚質，包括油性肌膚。它也能用在頭皮上，藉以抑制頭皮屑。它的保存期限大約6個月。

如何採集蘆薈膠

如果你想要自己採集蘆薈膠，必須要有至少1呎長的蘆薈葉，這樣才能採到足夠的份量。超市裡的農產品部門有時會販售蘆薈葉。有了葉子之後，你要把它的頭尾切掉，然後再把它豎起來，讓它直立幾分鐘，以便讓蘆薈苦膠流出來。

當你準備好時，就可以把蘆薈葉放在一塊大型的砧板上，用一把比較鋒利的刀子把表皮上的刺去除，然後再把葉子切成大約5吋長、1吋寬的長條，這樣會比較容易操作。接著，你要像片魚肉那樣，小心翼翼的用刀子順著表皮下方劃過，把皮去除。這時候剩下的就是一整塊蘆薈膠了。你可以把它切成小塊，用攪拌機打成糊狀。如果攪拌的過程中出現泡沫，可以等個一分鐘，待泡沫消散後再繼續攪打。做好的蘆薈膠放在冰箱裡可以保存大約一週。

蜂蠟 *Beeswax*

蜂蠟是蜜蜂分泌、用來形成蜂巢結構的物質，自古以來就是人們保養肌膚的恩物。它在室溫之下會呈固態狀，在製作油膏、軟膏或藥膏時經常被用來調整成品的軟硬度。它對肌膚有保護作用，可以使我們的皮膚免於接觸到空氣中的過敏原。

蜂蠟也可以用來製作蠟燭。一般認為它是做蠟燭的上好材料，因為它可以中和灰塵和異味，改善空氣品質。用純蜂蠟製成的蠟燭過了一段時間之後，表面往往會形成一層霜狀的白膜。這是一種自然的現象，名叫「白霜」（bloom），並不會影響蠟燭的品質。如果你不喜歡那種粗糙的感覺，可以把蠟燭放在窗台上，讓太陽晒一會兒，那層膜薄就會消失了。

市售的蜂蠟分成方塊狀、長條狀和丸狀。丸狀的蜂蠟也被稱為「蠟錠」（pastilles）、「蠟珠」（pearls）或「蠟豆」（beads）。方塊狀的蜂蠟可以像乳酪那樣被磨成碎屑。這樣會比較容易計量，也比較容易融化。丸狀的蜂蠟用起來很方便，但價錢較高。我發現最經濟實惠的方法就是購買一條1盎司（相當於2大匙）的蜂蠟。如果你需要的用量較少，可以把它切成兩半，每半各 $1/2$ 盎司，甚至還可以再次切半。在切之前，你不妨把整條蜂蠟裝進一個塑膠袋裡，然後放在一碗溫熱的自來水中浸泡大約10-15分鐘，這樣會比較好切。

在購買蜂蠟時（尤其是要用來製作護膚用品時），最好要買經過過濾的、化妝品等級的蜂蠟，因為未經過濾的蜂蠟會含有些許花粉、蜂蜜和蜂窩的碎屑，但經過過濾的蜂蠟則沒有這個問題，而且氣味也沒那麼重，比較不會干擾精油本身的香氣。此外，經過過濾的蜂蠟會比較容易和其他材料（例如精油）混合，混合起來也會比較均勻。而且，用過濾過的蜂蠟所製成的蠟燭各部分燃燒的速度會比較平均。蜂蠟的成分標示上如果有「純淨」（pure）或100%純淨（100% pure）的字樣，表示它並未摻雜任何其他種類的蠟。在購買用來護膚的蜂蠟時，要確定你買到的是化妝品等級或有機的等級。

蜂蠟剛剛被分泌出來的時候是白色的，但會逐漸被花粉染色，到最後可能會變成淺琥珀色、黃色乃至像奶油糖果一般的褐色。就像蜂蜜一般，它最終的顏色如何，取決於蜜蜂所採集的花粉種類。儘管蜂蠟經過過濾之後會變得比較白，但許多業者為了讓它看起來更加純白無暇，往往會用化學藥劑加以漂白。因此，在購買白色的蜂蠟時要千萬小心。

將蜂蠟用在藥膏或護膚產品中，除了可以保護肌膚外，也能讓皮膚得以呼吸。它具有保溼的功能，會讓肌膚變得比較溼潤、柔嫩。它所含有的維他命 A 和 E 能促進細胞再生，對乾性和成熟型肌膚尤其有益。同時，它還能減少細紋與皺紋。由於它具有抗菌作用，因此可以用在油性肌膚上，尤其是在長青春痘或粉刺的時候。此外，它也適合敏感性肌膚使用，還能緩解痔瘡的疼痛、幫助乾裂的肌膚癒合並且淡化妊娠紋。

果仁油脂

我們早餐吃吐司時所塗抹的果仁醬質地都很柔軟、滑順，但可可脂和乳木果油卻是比較硬，只是不像蜂蠟那般堅硬。市面上賣的可可脂和乳木果油有的呈方塊狀，有的是罐裝的，兩者都很容易磨碎。我發現用削皮刀把它們削成薄片，就很方便計算用量。在購買這兩種果仁油時，要注意閱讀成分標示，以免買到含有添加物的產品。市售的可可脂和乳木果油有些可能含有石蠟、石油、羊毛脂、芳香油脂（不是精油）和人工染料。相關的注意事項我們將在個別的介紹中加以說明。

果仁油脂融化的溫度比蜂蠟低，但它們需要加熱兩次。在自製用品時，你要把你需要的份量磨碎或削成片狀，然後和基底油一起放在一個玻璃罐子裡。接著，你要用鍋子裝少許水，將它煮滾後離火，再把罐子放在熱水中，並不停的攪拌，等到乳脂融化後，就可將罐子取出，讓它冷卻至室溫。這時你可能會發現裡面出現了一些顆粒或團塊。

這時，你要再度把那鍋水煮沸，然後讓它離火，並且再次把罐子放進熱水中。期間你要不停攪拌罐中的混合物，直到裡面的顆粒或團塊消失為止。然後，你就可以把它從熱水中取出，讓它再度冷卻至室溫，之後便可加入精油拌勻。拌好的乳脂要放入冰箱冷藏 5-6 個小時之後再取出。等它回復到室溫後就可以使用或儲存了。有時，成品裡面可能會有一些雜色的斑點，但這很正常，因為堅果的油脂就是這樣。裡面雖然可能會再次出現一些小顆粒，但它們一接觸到皮膚就會融化。

可可脂 Cocoa Butter

學名：*Theobroma cacao*

可可脂顧名思義乃是來自可可樹。它是用可可樹的種子（可可豆）做成的，是巧克力中的重要成分。脫殼的可可豆經過碾磨之後就成為液態的「可可膏」。業者會把可可膏加以壓榨，將其中的脂肪（也就是可可脂）與可可粉分離。然後，在製造巧克力的過程中，可可脂又會再度與可可粉混合。可可脂雖然顏色很淡，但還是有微微的巧克力香氣。只要將它加上牛奶、糖和其他幾個成分，就成了我們吃到的白巧克力。

可可脂在許多種商品中扮演了增稠劑的角色。它一接觸到體溫就會融化，但速度沒有椰子油那麼快。

　　未經精煉的可可脂呈淡黃色，有巧克力的香味，且含有各種珍貴的營養素。精煉過的可可脂則是用化學方法脫色、去味，因此無色也無味，但可惜的是連營養素也消失了。未精煉的可可脂可能含有天然的沉澱物，融化後會出現在油脂表面，但只要用細棉布過濾就可以去除。可可脂因為含有脂肪的緣故，過一段時間之後，它的表面可能會像蜂蠟一般出現一層霜狀的白膜，但並不影響品質。

　　可可脂含有維他命 E 以及各種維他命和礦物質，是絕佳的保溼劑，對乾性、成熟型和敏感性肌膚尤其有益。它具有修復作用，能夠改善皮膚乾裂、溼疹、皮膚炎和牛皮癬。它也能舒緩乾燥、搔癢的頭皮，是很好的護髮油。它的保存期限約為 2-3 年。

乳木果油 *Shea Butter*

學名：*Vitellaria paradoxa* syn. *Butyrospermum parkii*

　　乳木果油是一種天然的脂肪，來自西非的乳木果樹的種子。這種枝幹扭曲、有著革質葉子的樹木生長在稀樹草原。它還有一個眾所皆知的法文別名叫 karite tree。至於 shea 這個名字則源自塞內加爾語對該樹的稱呼 shétoulou，意思就是「樹奶油」。[94]

　　數千年來，乳木果油一直在人們的日常生活中扮演著重要的角色，除了被用來治病、護膚之外，也被用來照明、取暖及烹調。在古埃及時期，它是很貴重的貿易商品。

　　未精煉的乳木果油呈淡黃色，有一種宛如煙薰般的堅果香氣。精煉過的乳木果油呈白色，沒有味道，但也缺乏療效和營養價值。未精煉的乳木果油富含維他命 A 和 E、必需脂肪酸和礦物質。它具有滋養和保水的作用，對乾性或成熟型肌膚尤其有益。它能修復乾裂的肌膚並減少（或避免）妊娠紋。在治療溼疹、牛皮癬和其他肌膚方面的炎症時，可以用它來當精油的基底。它能舒緩乾燥、搔癢的頭皮，是很好的護髮油，也能緩解被蚊蟲叮咬的不適。事實上，它一直被用來做為驅蟲劑。保存期限約為 1-2 年。

---

94. Goreja, *Shea Butter*, 5.

檸檬酸 *Citric Acid*

檸檬酸是柑橘類水果和其他幾種果實中自然生成的有機酸，被用來保存食品，或為食物和軟性飲料增添酸味。它也被稱為「檸檬鹽」或「酸味鹽」，可以做為清潔劑，也能軟化水質。它一旦和水及小蘇打混合，就會開始嘶嘶冒泡。

檸檬酸分成兩種，一種是粉狀，另一種則是液狀，這兩種在雜貨店的罐頭區或藥局都可以買得到。製作蒸氣浴球時用的都是粉狀的檸檬酸。

但要注意的是：市面上大多數的檸檬酸都不是來自水果，而是人工的產物。業者會先用糖餵養黑麴菌（*Aspergillus niger*），等它發酵後再用硫酸處理過，就成了檸檬酸。幸好現在已經有一些小型的廠商開始用非基改的水果或甘蔗來製造檸檬酸了。

浴鹽 *Epsom Salt*

礦物名稱：硫酸鎂

浴鹽是一種無機化合物，在英文中之所以被命名為 epsom salt，是因為它的療效是在 17世紀時英國的「埃普索姆」（Epsom）這個地區被發現的。它被用來治療關節炎、瘀傷、發炎、肌肉痠痛、牛皮癬、扭傷與拉傷。

浴鹽可以在雜貨店或藥局裡買到。但最好買 USP（美國藥典）等級的，因為這種等級的浴鹽品管比較嚴謹，比較適合用來保養。五金店裡所賣的浴鹽通常是農用等級或工業用等級，不像 USP 等級那麼純淨。

花水 *Flower Water*

我在第二章中曾經提過，花水是以蒸餾法萃取精油的過程中所得到的芳香副產品，名為「純露」（hydrosol）。花水可以在市面上買到，也可以在家裡自製。要製造花水，有三種方法。它們分別是：熱泡法、冷泡法（或稱「浸漬法」）和蒸氣蒸餾法。無論你選擇的是哪一種方法，都要等早晨的露水乾透後才能採集花朵，而且在把花瓣摘下來時動作一定要輕。

　　熱泡法的步驟：把花瓣放進一個梅森罐裡。將些許水煮滾，靜置片刻，再倒進裝著花瓣的罐子裡。水量要足以把花瓣淹沒。然後就可以把蓋子蓋上，讓花瓣在裡面浸泡 3-4 個小時，之後再加以濾除。冷泡法比較簡單：把花瓣放進一個梅森罐，然後在罐裡倒入足以淹沒那些花瓣的水，接著再把蓋子蓋上，讓花瓣在裡面浸泡約 24 小時，然後再將它們濾除。

　　蒸氣蒸餾法比較複雜一些，但挺好玩的，你不妨試試看。要用這種方法製作花水，你需要一個大型的不鏽鋼鍋子（湯鍋或煮龍蝦用的鍋子都很好用）以及兩個玻璃或陶瓷小碗。做法是：把一個碗倒扣（碗底朝上），放在鍋子中央，當成底座。再把另外一個碗正面朝上的放在第一個碗上面，做為承接盤。然後把花瓣和水加入鍋中。水量應該剛好到上面那個碗的底部。這時就可以把鍋蓋翻面，蓋在鍋子上，以便把凝結的水氣導入承接盤裡。當水開始沸騰時，就可以把火關小。為了讓水氣更快凝結，你不妨在鍋蓋上放置冰塊。

　　為了省事，你可以把冰塊放進一個大塑膠袋裡，然後把一張廚房紙巾放在鍋蓋上，再把那袋冰塊放在紙巾上。蒸餾的過程中可能需要再加幾次冰塊。等到已經蒸餾了 30-40 分鐘之後，就可以把火關掉了。關火後，要等鍋子已經冷卻時再把承接盤裡的花水倒出來。這些花水經過冷卻後，就可以裝進有密閉蓋子的罐子裡了。

　　用熱泡法或冷泡法製作出來的花水就算放在冰箱裡，也只能放個幾天。但用蒸餾法做成的花水就可以保存好幾個月。不過，由於它的成分主要是水，因此就算放在冰箱裡，還是可能會變質。如果看到花水變得混濁了，或者聞起來味道「怪怪的」，就可以丟掉了。

水 Water

　　市面上各種瓶裝水和家庭過濾裝置多得不可勝數，讓許多人搞不清楚水到底分成哪幾種，也讓人感到迷惑：在自製保健和保養用品時，到底應該使用哪一種水呢？

　　「公共自來水」必須符合環保署所訂定的規範，並且經過處理、消毒和定期的檢驗。「過濾水」基本上就是把氯氣濾除的自來水。除了沒有氯氣之外，其中的鉛含量也較少。「礦泉水」乃是從地下冒出、已經過天然的方式過濾的水。至於瓶裝的礦泉水則必須符合「食品與藥物管理署」（Food and Drug Administration，簡稱 FDA）所訂定的規範。

　　所謂的「純水」，乃是以去離子化、蒸餾或逆滲透等方式處理過的地下水或自來水。它也必須符合 FDA 的規範，將雜質減到極少的程度。但在這個過程中，礦物質也被去掉了。

　　「蒸餾水」顧名思義就是經過蒸餾的水。當水遇熱變成水蒸氣時，其中的礦物質、金屬

和污染物都會被去除。「蒸餾水」其實也是純水的一種。

　　再回到先前的問題：我們在自行製作藥劑、保養用品和家庭用品時應該使用哪一種水呢？在我看來，只要是你願意飲用並用來烹調的水都可以使用。畢竟，能讓你安心喝下肚子的水，你也應該能放心的用在自己的身體上。

金縷梅 Witch Hazel

學名：*Hamamelis virginiana*

別名：American witch hazel、spotted alder、winterbloom

　　金縷梅是一種枝葉濃密的灌木。它的註冊商標便是它那黃色的花朵。這些花盛開於秋末，形狀有如皺皺的緞帶，也像是盤踞在枯枝上的蜘蛛，為秋日單調黯淡的風景平添了許多色彩與生氣。金縷梅原產於北美洲東部，過去一直被切羅基（Cherokee）、齊佩瓦（Chippewa）和易洛魁（Iroquois）以及其他部族用來治療各種疾病。不久後，來到美國的歐洲移民也開始跟進。它的英文俗名中的 witch 這個字乃是來自一個古英文字，意思是「彎折」，指的是它那柔軟易彎的枝條。[95]

　　顧名思義，金縷梅萃取物就是用金縷梅萃取而成。萃取的方法是以溶劑（通常是酒精）加以處理。由於萃取的部位是富含丹寧酸的樹葉與樹皮，因此金縷梅萃取物具有很強的收斂與乾燥效果。業者往往會將它再蒸餾一到兩次，以去除部分的丹寧酸。

　　在美國藥局和超市中販售的金縷梅通常都是用金縷梅的枝條以水蒸氣蒸餾法萃取而成。這種金縷梅萃取液雖然比較溫和，且不含丹寧酸，但還是有很強的收斂作用。基本上，它算是一種純露。為了防止腐敗，其中通常含有 14-15% 的酒精。這種金縷梅萃取物的保存期限約為 2-3 年。市面上也可以買到不含酒精的金縷梅萃取物，但它的保存期限只有大約 6-12 個月。以下的資訊只適用於用蒸餾法萃取的金縷梅。

　　這種金縷梅具有收斂及抗菌效果，最適合油性肌膚和容易長青春痘的膚質使用。如果是成熟型肌膚，使用後務必要搽上保溼霜。乾性肌膚的人如果使用金縷梅，皮膚可能會變得過於乾燥。不過，金縷梅有消炎作用，能緩解皮膚疼痛、發炎的現象，改善眼周的浮腫並舒緩痔瘡所造成的不適。此外，它還能改善靜脈曲張和臉部的青筋，並減輕扭傷部位的腫脹。對於刀傷、擦傷、瘀傷、昆蟲咬傷、溼疹和牛皮癬，它也頗為有效。

---

95. Small and Catling, Canadian Medicinal Crops, 64.

總結

　　正如我先前所言，芳香療法的功用不只是薰香而已。自古以來，人類一直深受精油吸引，並用它們來靈修、治病並薰香。現代人也依循前人的步履，開始嘗試用精油來調製香氛。儘管香氣之美，每個人的感受不一，但我們在剛開始調製自己的獨門複方時，不妨先依照各種精油的香調和氣味類別來選擇合適的精油。之後，當我們用這些複方來製作美容用品時，再根據自己的喜好加以調整，讓我們能置身於自己所喜愛的香氣中。

　　在本書中，我們談到了人類的嗅覺與記憶和情感之間的密切關連。精油能夠帶來幸福感，而且有益靈修。用精油來調整人體脈輪的能量也能增進我們總體性的快樂與健康。此外，有鑑於香氛蠟燭已經成為許多場合中不可或缺的一部分，因此我們在本書中也談到了如何運用精油來為我們的生活創造一些小小的奇蹟。

　　精油除了薰香之外，還能做成各種外用的膏藥，藉以對抗感染、解決肌膚問題、舒緩肌肉痠痛以及減輕關節疼痛等等。除了具有保健功能之外，許多精油還能用來清潔家中環境、淨化家中空氣並驅趕害蟲，讓我們不必使用有害的化學產品。除此之外，我們還可以根據中國古老的風水學，用精油調整家中能量，讓自己更加幸福安康。

　　誠如先前所言，我們不需要很多精油就能做出可以治病的藥方、個人保養用品或家庭用品。就像從前那些擅於使用「單方」治病的藥草醫師，我們也可以享受自己喜愛且手邊現有的精油，並加以充分運用，以便獲取最大的效益。

附錄
度量衡換算表

下面這幾個換算表可以幫助你在調配各種製劑時計算每種材料的用量。儘管其中包括精油滴數的估算表，但請記住：每種精油的黏稠度不一，因此所用的滴數也不盡相同。下面這個表格是以黏稠度較低的精油為準，因為這類的精油數量最多。如果你用的是較為黏稠的精油，可能需要先測試一下。方法是：把較稀的精油和較稠的精油各滴 1 滴在一個盤子上，比較兩者的大小，然後再據以調整你的用量。

概略的滴數換算表

滴數	小匙	毫升	盎司
20-24	$1/4$	1	
40-48	$1/2$	2	
80-100	1	5	$1/6$

稀釋比例表

基底油	1小匙 / 5ml	2小匙 / 10ml	1大匙 / 15ml	2大匙 / 30ml
精油（1%）	1-2滴	2-3滴	3-5滴	6-10滴
精油（2%）	2-3滴	4-7滴	6-10滴	12-20滴
精油（3%）	3-5滴	6-10滴	9-16滴	18-32滴

2 小匙 / 10ml 基底油的稀釋比例

濃度比例	0.5%	1%	1.5%	2%	2.5%	3%
精油	1滴	2滴	3滴	4滴	5滴	6滴

液量／體積換算表

小匙	大匙	杯	盎司	毫升
1	1/3			5
1^1/$_2$	^{1}/$_2$		^{1}/$_4$	7.5
3	1		^{1}/$_2$	15
	2	^{1}/$_8$	1	30
	3	^{1}/$_6$	1^1/$_2$	45
	4	^{1}/$_4$	2	60
1小匙＋5大匙		^{1}/$_3$	2^1/$_3$	80
	6	^{3}/$_8$	3	90
	8	^{1}/$_2$	4	120
2小匙＋10大匙		^{2}/$_3$	5^1/$_2$	160
	12	^{3}/$_4$	6	177
	14	^{7}/$_8$	7	207
	16	1	8	237

關於作者

桑德拉‧凱因斯是靈氣治療師，也是「吟遊詩人、預言家與德魯伊會社」
（Order of Bards, Ovates & Druids）的成員。她喜歡以自己的獨特方法探
索這個世界，並將這些方法與靈修結合。她所有的著作皆是以此為基礎。
桑德拉曾經居住於紐約市、歐洲與英國，目前寓居美國新英格蘭地區的
海邊。她喜愛透過園藝、健行、賞鳥與海上皮艇運動與大自然連結。
請參見她的網站：www.kynes.net.

" Translated from "

Llewellyn's Complete Book of Essential Oils：
How to Blend, Diffuse, Create Remedies, and Use in Everyday Life

Copyright © 2019 Sandra Kynes
Published by Llewellyn Publications
Woodbury, MN 55125 USA
www.llewellyn.com
Chinese complex translation copyright © Maple Publishing Co., Ltd., 2021
Published by arrangement with Llewellyn Publications, a division of Llewellyn
Worldwide LTD. through LEE's Literary Agency

女巫的日常精油魔法

出　　　版／楓樹林出版事業有限公司
地　　　址／新北市板橋區信義路163巷3號10樓
郵 政 劃 撥／19907596　楓書坊文化出版社
網　　　址／www.maplebook.com.tw
電　　　話／02-2957-6096
傳　　　真／02-2957-6435
作　　　者／桑德拉·凱因斯
翻　　　譯／蕭寶森
企 劃 編 輯／陳依萱
校　　　對／周季瀅
港 澳 經 銷／泛華發行代理有限公司
定　　　價／480元
出 版 日 期／2021年6月

國家圖書館出版品預行編目資料

女巫的日常精油魔法 / 桑德拉·凱因斯
作；蕭寶森翻譯. -- 初版. -- 新北市：
楓樹林出版事業有限公司, 2021.06
面；　公分

ISBN 978-986-5572-32-7（平裝）

1. 香精油 2. 調和分析 3. 芳香療法

346.71　　　　　　　110005476